건축의장 · 조형 · 설계를 위한

건축표현기법 Architectural Design Presentation

윤천근 · 강혁진 · 허병이 · 진영서 공저

기 문 당

머리말

건축적 표현을 보다 효과적으로 전달하기 위한 프레젠테이션(presentation)의 중요성은 아무리 강조해도 지나치지 않을 것이다. 건축표현에서 동일한 내용이라도 명료하고 더욱 돋보이게 할 수 있는 다양한 표현방법과 개성있는 표현기법이 요구되어지고 있다.

건축 의장 및 조형, 그리고 설계를 연구하며 학생들에게 강의하고 실습을 지도해 오면서 건축표현기법의 실습 내용을 쉽게 이해하고 활용할 수 있는 교재의 필요성을 절실하게 느끼고, 평소 수집해 온 강의자료를 정리하고 새로운 내용을 보완하여 책으로 펴내기로 하였다.

이 책은 건축의장과 건축조형, 그리고 건축설계에서 필요한 표현기법 내용들을 건축디자인의 순서에 입각하여 단계적으로 구성하였다.

기초적인 표현에서 시작하여 건축의장 표현, 건축계획 · 설계과정 표현, 건축조형 표현, 건축설계 도면작성 표현, 투시도 표현, 패널 및 모형 표현, 그리고 포트폴리오 등 상세한 내용까지 표현방법 및 표현실습 자료를 제시함으로써 건축과 관련된 표현기법을 공부하는 학생들을 위한 교재로 적합하도록 편성하였다.

그동안 독자들의 요구에 부응하여 부록에 건축표현실습과 조형실습의 다양한 실례를 수집하여 지속적으로 증보판에 추가하여 왔다. 그러나 아직 책의 내용에 미숙한 부분이 다소 있을 것으로 생각되나, 이는 앞으로도 꾸준히 증보판에서 수정 · 보완해 나갈 것을 약속드리며, 아무쪼록 건축표현기법을 배우려는 독자들에게 유용한 책이 될 수 있을 것으로 기대한다.

끝으로 이 책의 출판을 기꺼이 허락해 주신 기문당의 강해작 사장님과 편집부 여러분들께 감사드립니다.

저 자

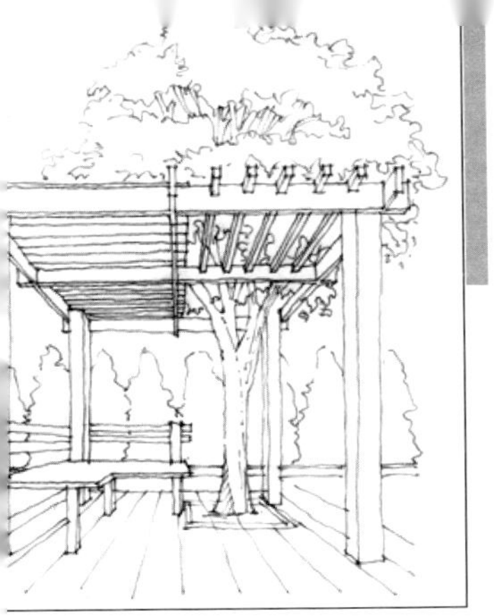

차 례

1. 개요 7

1.1 건축표현기법의 개념 9
1.2 건축표현기법 및 표현방법 9
1.3 건축표현기법용 도구 10

2. 기초 표현요소 13

2.1 선긋기 15
2.2 글자 18
2.3 기호 21
2.4 인물 24
2.5 조경 25
2.6 자동차 33
2.7 음영 38

3. 건축의장 표현요소 43

3.1 디자인 구성요소 45
3.2 디자인 구성원리 52

4. 건축계획 · 설계과정 표현요소 57

4.1 개념도 59
4.2 공간구성 66
4.3 블록(block) & 매스(mass) 68
4.4 공제 및 부가 75
4.5 스터디 모형(study model) 78

5. 건축조형 표현요소 79

5.1 현관 81
5.2 기둥 82
5.3 창호 84
5.4 바닥 86
5.5 가구 87
5.6 계단 및 코어 90
5.7 발코니 93
5.8 지붕 94
5.9 파라펫 및 옥탑 95

6. 건축설계 도면작성 표현 97

6.1 배치도 99
6.2 평면도 101
6.3 입면도 103
6.4 단면도 105

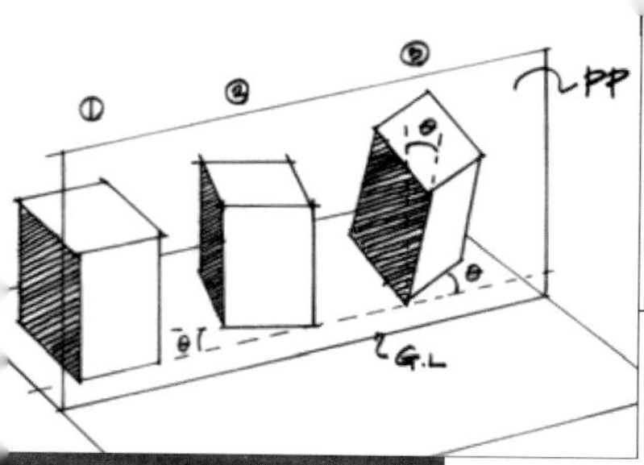

7. 투시도 표현 107

7.1 투시도의 종류 및 원리 109
7.2 작도방법 111
7.3 작도순서 118
7.4 표현효과 122

8. 패널 및 모형 표현 129

8.1 패널 131
8.2 모형 135
8.3 작품사례 142

9. 포트폴리오 151

9.1 포트폴리오의 표현방법 153
9.2 제작 형태 및 내용 153

부록 I -건축표현실습 159

1. 기초 표현실습 161
2. 건축의장 표현실습 167
3. 크로키 및 데생 표현실습 183
4. 건축계획 · 설계과정 표현실습 187
5. 건축조형 표현실습 197
6. 건축설계 도면작성 표현실습 208
7. 투시도 표현실습 216
8. 패널 및 모형 표현실습 221

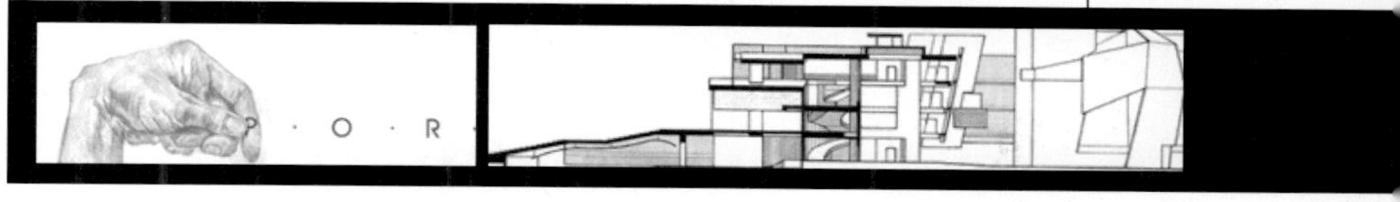

부록 II -조형실습 231

1. 동일 유닛을 이용한 조형실습 233
2. 선재를 이용한 조형실습 235
3. 면재를 이용한 조형실습 237
4. 선재를 이용한 건축물 실습 240
5. 면재를 이용한 건축물 실습 246
6. 선 + 면재를 이용한 건축물 실습 248
7. 면 분할 및 공간구성 실습 251
8. 재활용품을 이용한 의자디자인 실습 254
9. 휴게공간 환경디자인 실습 255
10. 교량디자인 실습 256

- 참고문헌

Chapter 1.

개 요

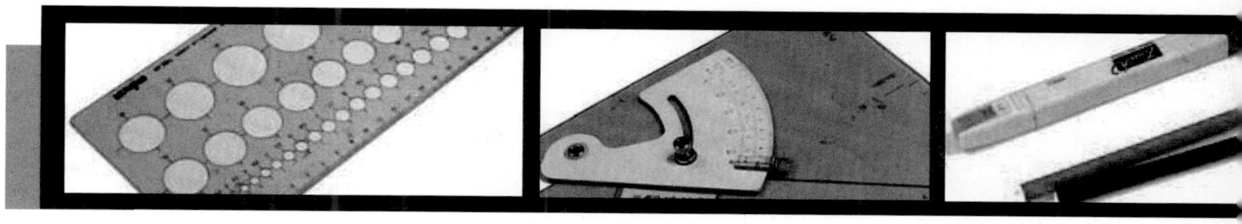

1.1 건축표현기법의 개념
1.2 건축표현기법 및 표현방법
1.3 건축표현기법용 도구

1.1 건축표현기법의 개념

건축디자인은 건축물 내·외부가 외관상의 미감을 가질 수 있도록 형태, 채광, 음향, 색채 등 전분야에 걸쳐 종합적인 효과를 나타내기 위한 건축의 창작이라고 할 수 있다.

미적 표현이 되기 위해서는 미(beauty)를 인식하고 창조해 나가는 것이 중요하며, 흥미와 관심을 갖고 미를 추구하는 능력을 배양한다면 독창적인 창작을 할 수 있는 능력을 갖게 되는 것이다.

건축가는 자신이 의도하는 건축적 표현을 전달하기 위하여 언어, 도면, 모형 등의 표현수단을 활용하여 의사전달을 하는 것이 가장 효과적일 것이다. 그러므로 건축에 있어서 건축적 표현을 효과적으로 전달하기 위한 수단으로 시각에 호소하는 표현기법이 중요한 역할을 하게 된다.

인간의 시각적 전달 방법은 동굴 벽화에서부터 미술적이고 구술적인 측면을 결합시킨 상형 문자체가 나타나 있는 고대 이집트의 분묘건축에 이르기까지 약 25,000여년 동안 지속되어 왔다고 할 수 있다. 중세 화가들은 공간연출에 대해 아이디어를 원시적으로 묘사하였으며, 르네상스 시대의 건축가들은 투시도법에 수학적인 법칙을 사용하였고, 르네상스 시대에 사용된 표현기법 중에는 오늘날에도 변형되어 사용되고 있다.

표현기법은 건축물을 탄생시키기 위한 가장 기본이 되는 기술이다. 즉 건축에 관한 많은 아이디어(idea)가 표현기법을 통하여 표현되고 이해됨으로써 건축이 시작되고 완성되는 것이다.

따라서 표현기법은 건축가들이 건축적 표현을 보다 효과적으로 전달하기 위해 다양한 표현수단을 정확하게 이해해야 할 기본적이고 전문적인 기술이라고 할 수 있다.

1.2 건축표현기법 및 표현방법

건축디자인은 설계과정뿐만 아니라 도면의 완성도에서 효과적인 표현 및 기법에 대한 요구가 커지고 있는 실정이다. 그리고 오늘날의 컴퓨터 활용기법의 발달은 새로운 유형의 창조보다는 주로 기존 표현기법을 더욱 정교하게 하는 역할을 해왔다고 할 수 있다.

그러므로 건축디자인 표현과정에서 건축적 사고와 개념, 그리고 건축도면을 신속하고 효과적으로 시각화할 수 있는 프리핸드 드로잉(freehand drawing)표현 능력의 개발이 중요하다고 할 수 있다.

건축디자인에서 프리핸드 표현기법은 건축가의 창조적인 건축적 표현을 상대방에게 전달하는데 표현시간을 단축시키는 가장 효과적인 방법이며, 자신만의 자연스러운 표현방법으로 효과적인 프레젠테이션(presentation)을 적용할 수 있도록 제공해 주고 있다.

건축가는 자신이 생각하는 것을 표현하기 위해 어떤 표현방법을 선정하게 되는데, 표현 목적과 내용의 특성에 따라 다이어그램, 도식화, 도면, 모형 등을 선택한다. 건축의 기능 및 동선을 표현하는 방법은 다이어그램이 많이 사용되며, 건축물을 수평으로 절단하여 각 실의 유기적인 관계를 표현하는 평면도와 건축물을 수직으로 절단하여 수직적인 치수와 마감재료를 표현하는 단면도, 그리고 형태나 공간을 표현하는 방법으로는 모형이 좋다.

현재 일반적으로 사용하고 있는 표현방법은 종이 등의 평면상에 표현하는 방법과 입체로 표현하는 방법으로 구분할 수 있다. 평면적인 표현방법은 스케치, 다이어그램, 도면(배치도, 평면도, 입면도, 단면도 등), 투시도, 조감도 등이 있으며, 입체적인 표현방법은 이미지 스케치 수준의 스터디 모형(study model)과 더불어 실물과 가깝게 표현된 완성 모형 등이 있다.

1.3 건축표현기법용 도구

(1) 기본 도구

건축표현기법에 사용되는 도구는 다음과 같이 샤프, 홀더 또는 연필, 각도자 또는 자, 지우개, 삼각스케일, 템플릿, 마커펜 또는 색연필 등 용도에 적합한 도구를 준비하여 효율적으로 사용할 수 있도록 한다.

- 건축표현기법용 도구

기본도구	형 태	용도 및 비고
샤프 및 샤프심		· 일반용 : 0.9mm 샤프 및 HB 또는 B 샤프심 · 정밀한 선 : 0.7mm 샤프 및 HB 또는 B 샤프심
홀더 또는 연필		· 홀더 : 굵은 선을 요하는 곳에 사용하며, HB 또는 B · 연필 : HB 또는 B 연필심을 사용함.
삼각자, 자유 삼각자 또는 직선자(30cm 또는 50cm)		· 45°, 45°, 90°와 30°, 60°, 90°로 된 2개가 1쌍으로 되어 있는 삼각자 · 삼각자의 각도조절을 임의로 할 수 있는 자유 삼각자 · 테두리선, 수직축선, 도면 Layout 등의 용도로 사용 가능한 길이의 직선의 자
삼각 스케일	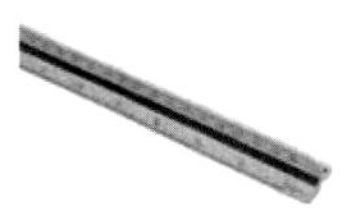	· 실물 크기의 확대, 축소를 위한 삼각형 상하변에 1/100, 1/200, 1/300, 1/400, 1/500, 1/600 축척 눈금의 스케일
템플릿	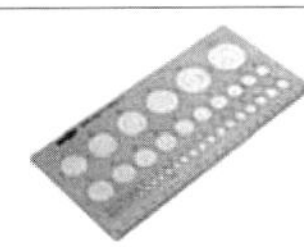	· 원형을 크기별로 형태를 뚫어 놓은 얇은 아크릴, 셀룰로이드 판
마커펜 또는 색연필	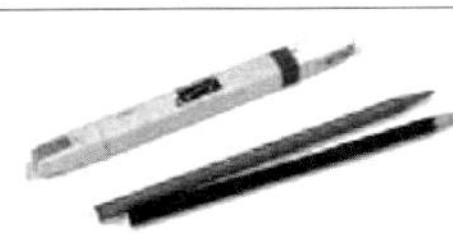	· 마커펜 : 간단한 스케치, 컬러링 등 투시도에 사용하며, 유성과 수성 마커펜이 있고 끝부분도 넓은 펜과 가는 펜이 있음. · 색연필 : 간단한 컬러링 등에 사용함.
지우개		· 제도용 지우개

(2) 도면의 크기 및 용지

① 도면의 크기

제도용지의 크기는 한국산업규격에서 규정한 종이의 재단 치수(KS A 5201)에 따라 'A' 열을 사용함을 원칙으로 하며, 도면은 길이 방향을 좌우 방향으로 놓은 위치를 정위치로 한다.

제도용지의 세로와 가로의 비는 1 : $\sqrt{2}$ 이며, A0(841×1,189)의 넓이는 대략 $1m^2$ 정도이고 도면을 접어서 보관할 경우에는 A4(210×297)의 크기로 접는다.

• 제도용지의 크기

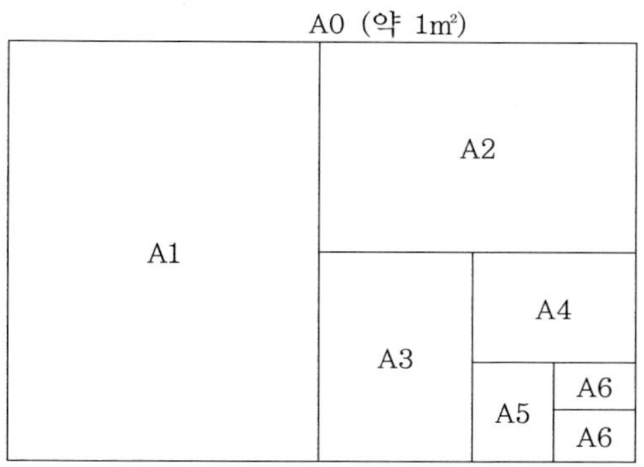

(단위 : mm)

번호	A0	A1	A2	A3	A4	A5	A6
치수	841×1,189	594×841	420×594	297×420	210×297	148×210	105×148

② 도면의 여백

도면은 제도용지의 크기에 따라 모서리에 여백을 두는데, 테두리선의 여백은 다음과 같다.

•테두리선

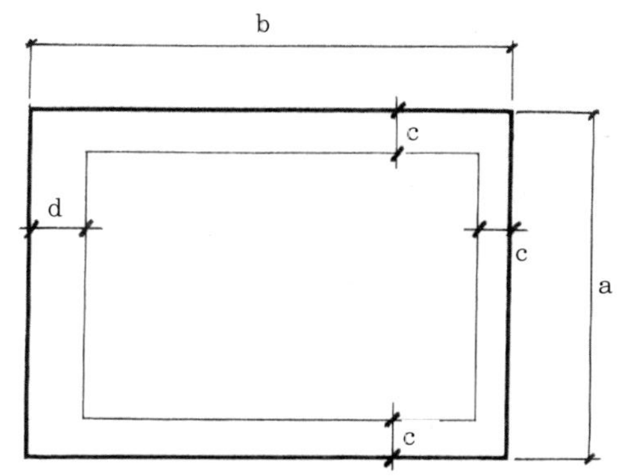

• 제도용지의 크기에 따른 테두리선 여백

(단위 : mm)

제도용지의 치수		A_0	A_1	A_2	A_3	A_4	A_5	A_6
a × b		841×1,189	594×841	420×594	297×420	210×297	148×210	105×148
c(최소)		10	10	10	5	5	5	5
d (최소)	철하지 않을 때	10	10	10	5	5	5	5
	철할 때	25	25	25	25	25	25	25

③ 제도용지

제도용지는 순백색으로 질이 좋은 도화용지인 켄트지(kent paper)와 트레이싱지(tracing paper)를 주로 사용한다.

트레이싱지는 투명도, 순백도, 조밀도로 구분한다. 표면이 매끈한 종이는 플로터 출력용으로 사용되며, 연필 작업을 위해 적당히 거칠은 종이가 좋다.

Chapter 2.

기초 표현요소

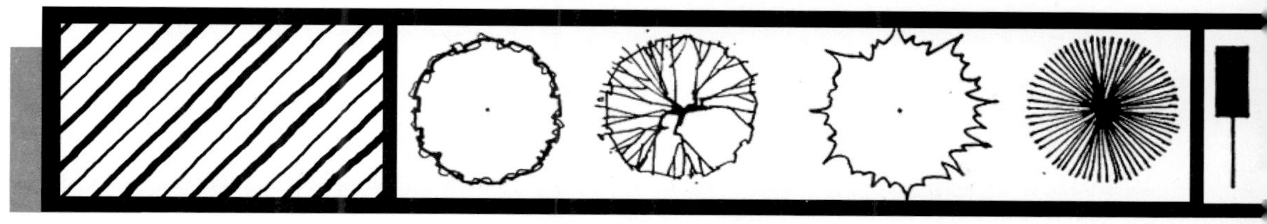

2.1 선긋기
2.2 글자
2.3 기호
2.4 인물
2.5 조경
2.6 자동차
2.7 음영

2.1 선긋기

건축 도면은 선에 의해 작성되며, 선의 강약 및 선의 종류에 따라 효과적인 도면을 표현할 수 있으며, 연필은 제도판과 보통 60° 정도의 기울기를 유지하는 것이 좋다.

(1) 선의 이해

선은 외형이나 질감, 그 방향성 운동이라는 성질을 지니고 그에 의해 형태와 공간이 표현된다. 선을 연속해서 사용하면 새로운 형태나 표면의 질감 상태, 장식적인 패턴을 형상화할 수 있다.

선은 자를 사용하여 작도하는 선과 프리핸드 드로잉(freehand drawing)으로 표현하는 개념도, 이미지 스케치(image sketch) 등에 활용된다. 건축표현은 요구 및 조건에 의해 논리적으로 설정된 아이디어를 전달하기 위해 우선 자연스럽게 표현할 수 있는 프리핸드에 의한 선(line)에 의존하게 된다.

(2) 선의 작도방법

① 자를 이용한 선

② Freehand 선

(3) 선의 종류

프리핸드 드로잉의 적용은 보이는 대상을 파악하여 그 형태를 표현하고 이해시키기 위해 가장 눈에 띄는 부분부터 윤곽선을 그리기 시작한다. 윤곽선이 표현에 있어 가장 기본이며, 사물의 형태, 성질, 구조, 기하학적 특징, 무게, 밀도, 재질감 등을 입체적이고 종합적으로 이해할 수 있도록 세심한 관찰력이 요구된다.

선은 성질과 모양 및 굵기에 따라 명칭과 용도가 다르다.

실선은 보이는 물체를 표시하는 선으로 굵은 실선은 건축물의 단면선, 외형선 등의 윤곽선을 그릴 때 사용하고, 가는 실선은 치수선, 인출선, 재료표시선, 해칭선 등을 그릴 때 사용한다.

점선은 보이지 않는 물체를 표시하는 선이며, 일점쇄선은 중심선, 기준선 등을 표시할 때 사용된다.

• 용도별 선의 사용법

구 분		표 현	용 도	작성도구	필기구 잡는 법
보조선	치수 보조선	1.200	치수 기입	0.5mm 샤프	
	도면보조선 (가선)		보조선	0.5mm 샤프	필기구 잡는 법 (자 사용)
실선	굵은 실선		단면선, 외벽선	0.9mm 홀더 및 샤프	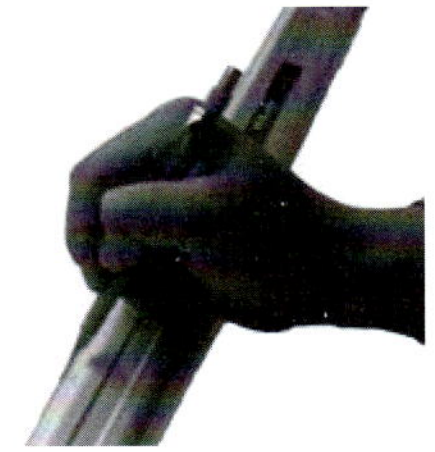
	중간 실선		치수선, 인출선	0.7mm 샤프	
	가는 실선		입면, 빗금, 창문	0.5mm 샤프	
점선	점 선		숨은선	0.5mm 샤프	
	일점 쇄선		중심선, open부위	0.7mm 샤프	필기구 잡는 법 (프리핸드)
	이점 쇄선		대지 경계선	0.9mm 샤프	
프리핸드선	굵 은 선		단면선, 외벽선	0.9mm 샤프	
	가 는 선		창호 표현	0.7mm 샤프	
	해 치 선		건물 및 수목 음영 표현	0.5mm 샤프	

(4) 선의 성질

•연필의 위치(프리핸드 선)　　•선의 굵기

수직으로 세운 위치

약간 누인 위치

45° 경사진 위치

충분히 누인 위치

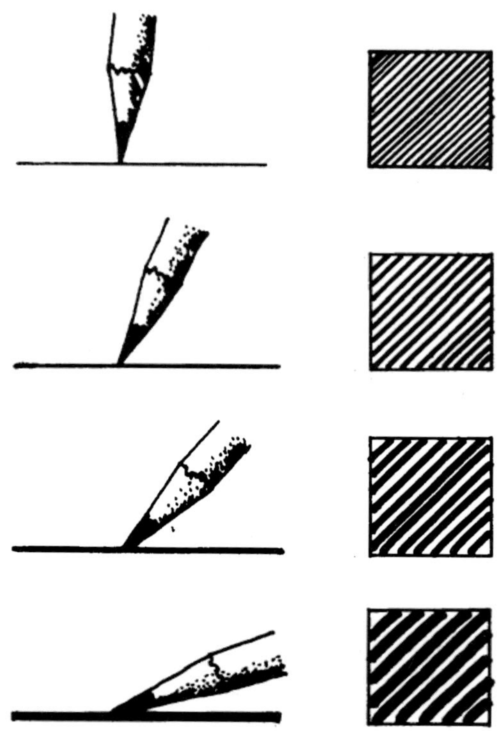

(5) 선의 표현

용도에 따라 선의 굵기를 구분하여 선긋기를 할 때는 처음부터 끝까지 일정한 힘을 주면서 일정한 속도로 작도한다. 또한 필기구를 시계방향으로 180° 회전시키고 다시 시계 반대방향으로 180° 회전시키면서 긋는다.

전체 선에서 처음과 끝부분은 악센트를 주어 중간 부분과 구별한다.

① 필기구 잡는법(자 사용)

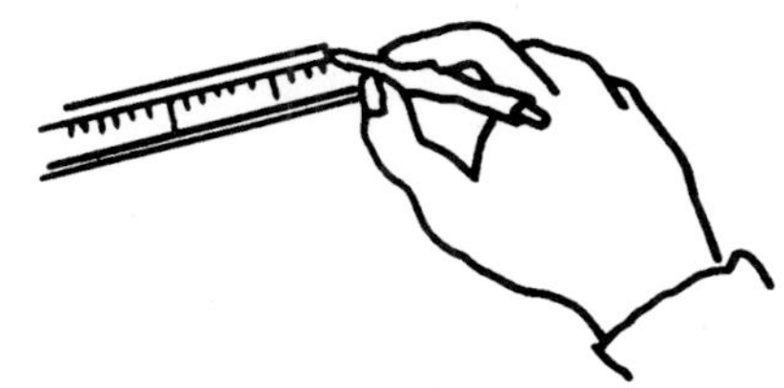

② 필기구 잡는법(프리핸드)

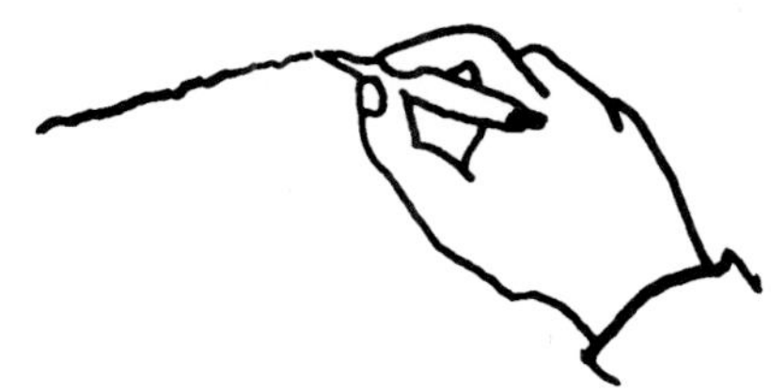

자를 사용하여 선긋기 연습을 할 때에는 선의 종류와 강약을 고려하며, 프리핸드 선긋기 연습은 팔목을 이동시켜 가면서 강하게 표현되도록 연습한다.

직선(자 사용)

프리핸드 선

건축디자인의 도입부분에서 아이디어의 표현 능력은 자연스러운 프리핸드 선이 기본이 되며 중요한 역할을 한다. 프리핸드 선은 자를 사용하여 작도하는 선과 달리 필기구를 회전시켜 가면서 긋지 않아도 되며, 일정한 힘을 주면서 그어 나가며 직선에 가깝게 작도할 수 있도록 한다.

2.2 글자

도면의 글자는 도면 전체에 표현되는 요소로서 일정한 정자체를 사용하는 것이 효과적이며 시간 단축을 위해 빨리 쓸 수 있도록 숙달시켜야 한다.

아무리 잘 그린 도면일지라도 글자가 미숙하면 눈에 들어오지 않으며, 반대로 어설픈 도면도 효과적인 글자로 인하여 정리되어 보이므로 글자는 도면에 생명력을 불어넣는 역할을 한다.

(1) 글자 크기

글자 크기는 도면명과 도면 내부의 글자 표현 등 위계를 미리 정하여 도면 작성시 반영하여 통일성을 부여하도록 한다.

글자를 구성하는 하나 하나의 선은 시작과 끝이 분명해야 한다. 글자의 크기와 간격은 일정하게 하며, 글자의 시작과 끝부분을 약간 겹치게 하거나 강하게 눌러 줌으로써 뚜렷하게 보이도록 한다. 또한 글자 크기의 가로와 세로의 비율은 1:1, 1.5:1, 2:1로 가로가 넓은 글자가 도면처리에 안정감과 강조적 표현이 가능하다.

효과적인 도면의 글자를 쓰기 위해서는 수직 및 수평획을 유지하여 곧은 정자체인 고딕으로 연습하며, 도면의 글자에서 수직획은 반드시 수직선이어야 한다. 수직획의 수직선을 위해 자를 사용하여 표현할 수 있으며, 수평획에 각도를 줄 수도 있다.

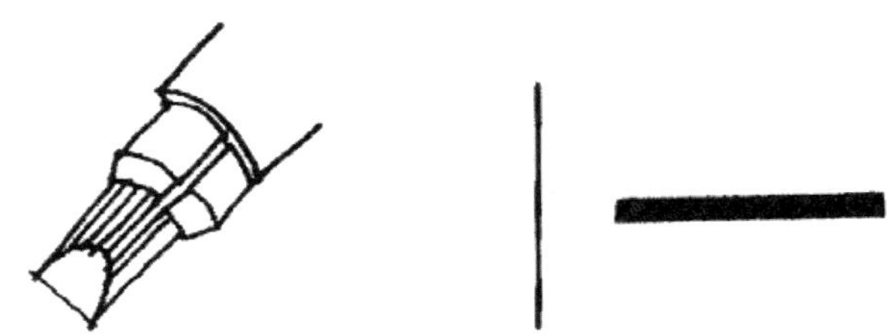

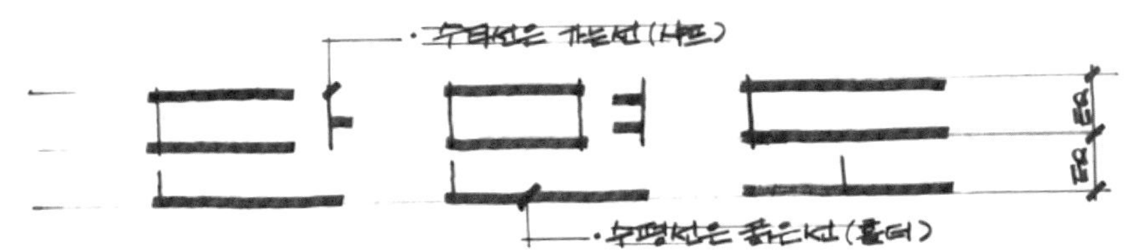

도면명의 표현은 도면의 질을 좌우하므로 명확한 글자를 쓰기 위해서 홀더심을 '삽' 모양으로 갈아 수직 · 수평선의 두께를 다르게 함으로써 글자의 위계감과 리듬감을 주는 것이 좋다.

도면명 글자는 도면의 전체 범위를 결정하고 완성된 도면이 정리되어 보이게 하는 역할을 하며, 글자의 크기는 도면의 길이를 고려하여 작성하도록 한다.

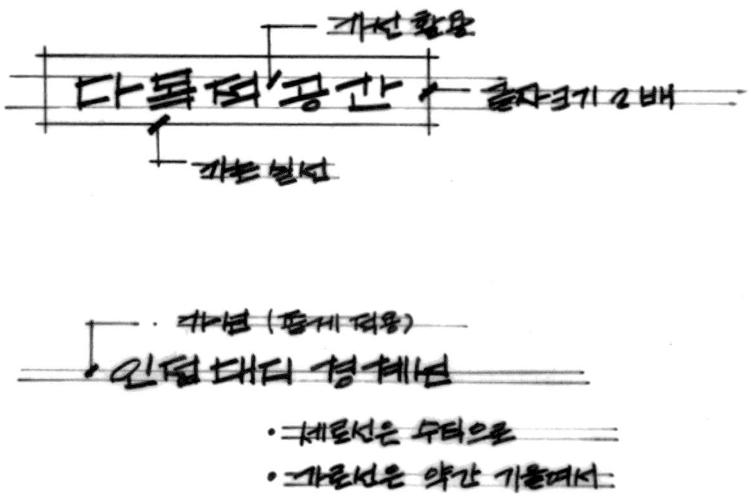

도면 내부의 글자표현은 전체적으로 통일성을 고려하여 일정한 정자체를 사용하는 것이 효과적이며, 홀더심의 '삽' 대신 샤프를 사용하도록 한다.

그리고 글자 표현이 미숙한 경우에는 글자 보조선을 활용하여 보완하도록 하며, 보조선은 어느 정도 강하게 표현하는 것이 완성된 도면과 글자를 일체화시키는데 효과적이다.

● 작성 예

•실습 예

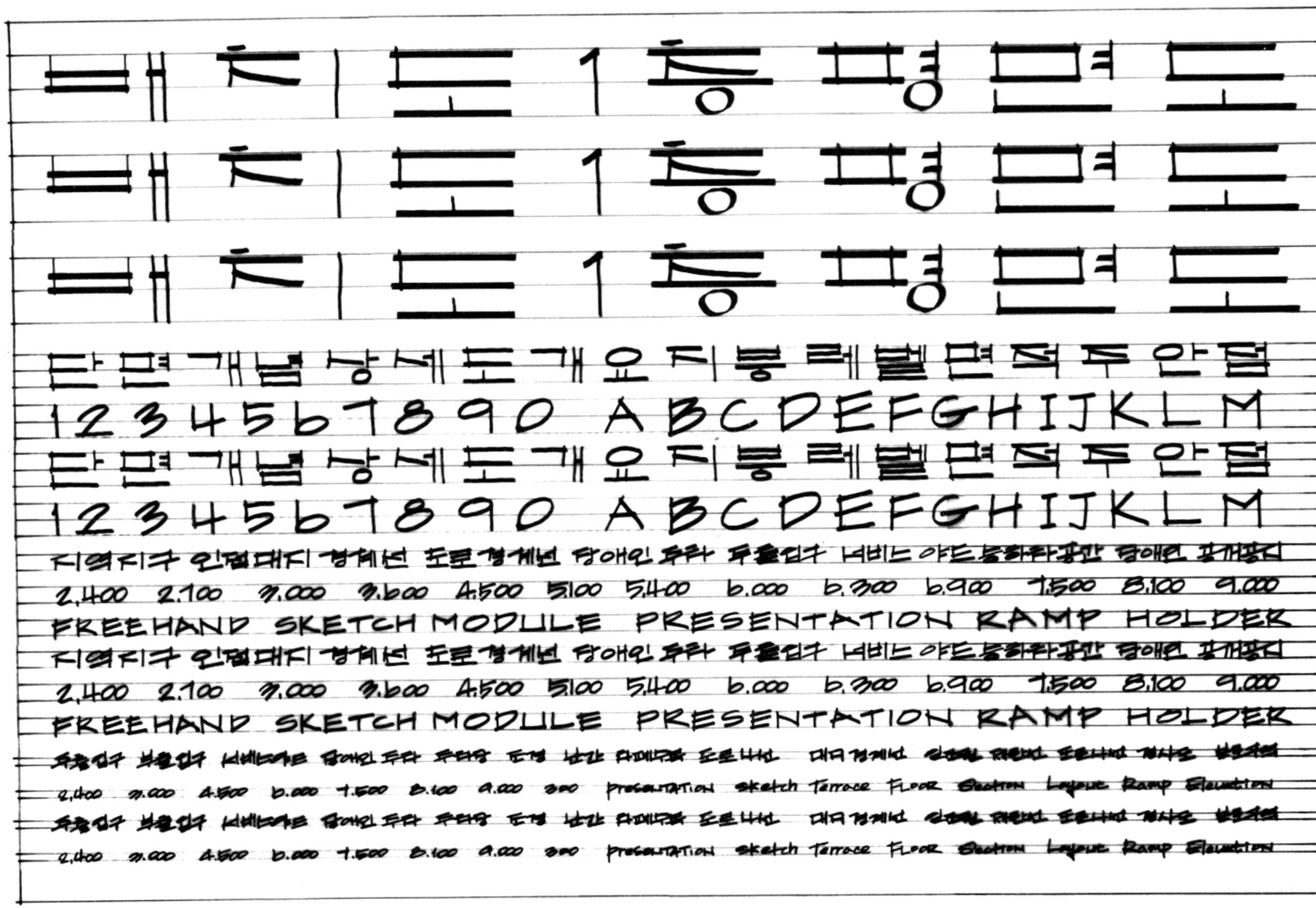
배치도 1층 평면도
배치도 1층 평면도
배치도 1층 평면도
1 2 3 4 5 6 7 8 9 0 A B C D E F G H I J K L M
1 2 3 4 5 6 7 8 9 0 A B C D E F G H I J K L M
2,400 2,100 3,000 3,600 4,500 5,100 5,400 6,000 6,300 6,900 7,500 8,100 9,000
FREEHAND SKETCH MODULE PRESENTATION RAMP HOLDER
2,400 2,100 3,000 3,600 4,500 5,100 5,400 6,000 6,300 6,900 7,500 8,100 9,000
FREEHAND SKETCH MODULE PRESENTATION RAMP HOLDER

2.3 기호

도면작성시에는 여러 가지 공통된 기호가 필요하며, 도면에서 사용되는 기호는 기존 건축제도통칙(KS F 1501)에 의해 사용해야 하는 부분과 기타 창조적인 부분으로 나눌 수 있다. 각각 기호의 크기 및 표현방법을 숙지하고 여러 가지 기호가 제시된 경우에는 자신이 선호하는 형태를 선정하여 적용하도록 한다.

기호는 가능한 한 효과적이고 독특한 형식으로 표현하여 창조적인 도면 표현이 되도록 한다.

(1) 도면명

도면의 글자와 잘 어울리는 것을 사용하도록 하며, 다양한 형태를 고안하여 자신만의 독특한 형식의 기호로 표현하도록 한다.

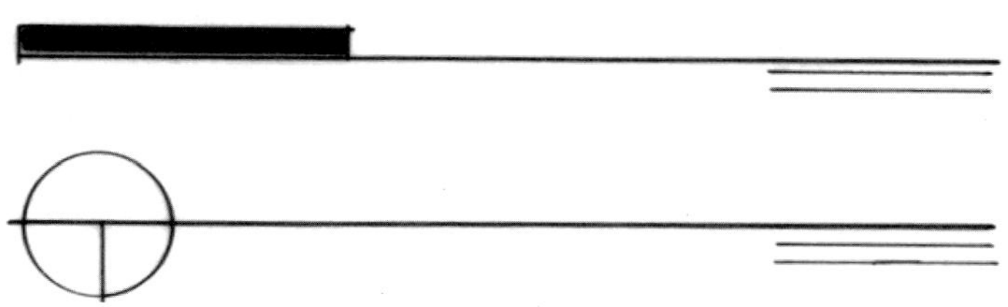

(2) 방위

위치도 및 배치도에 반드시 방위표시를 하도록 하며, 가능한 한 도면의 위쪽 부분에 북향(北向)이 위치하도록 도면을 배치한다.

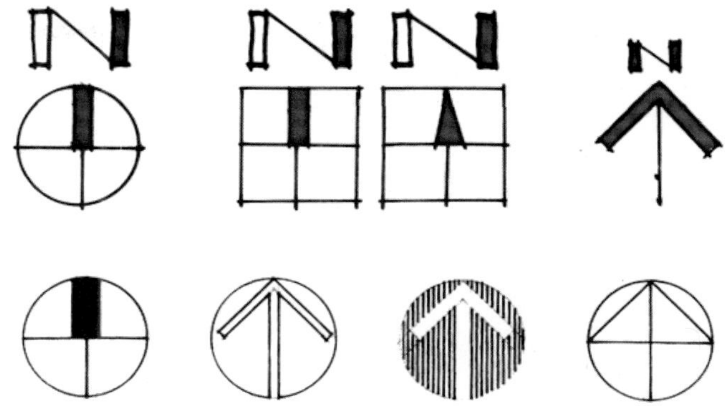

(3) 출입구

동선의 출발점을 표현하는 기호로서 강하게 부각시켜서 인식할 수 있도록 하며, 단순한 기호 차원을 넘어서 보행자 및 차량 출입구 등 흐름을 표현하는 수단으로서 적용한다.

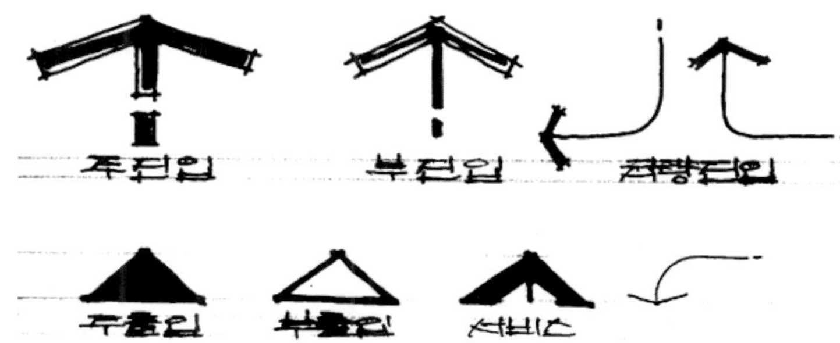

(4) 축선

축선은 반복해서 적용되는 기호로 시간이 최대한 절약될 수 있어야 하며, 간단하고 한눈에 알아볼 수 있는 기호를 사용하며, 적용글자 역시 다양하게 선택한다.

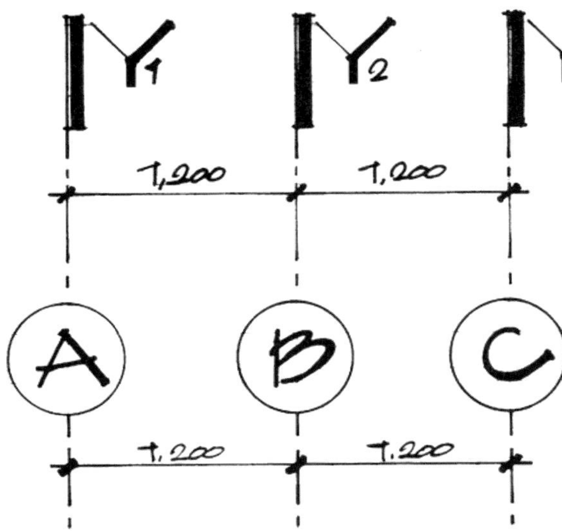

(5) 단면 절단 기호

평면에 반드시 표기되어야 할 표현 기호로써, 단면 개념을 가장 극대화할 수 있는 곳을 선택하여 표현한다.

(6) 레벨 기호

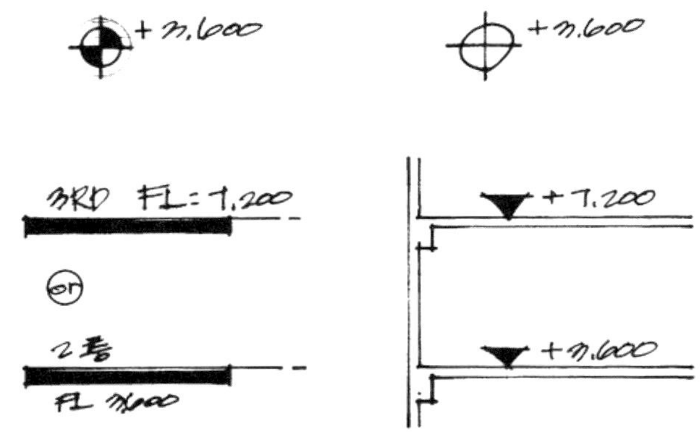

(7) 개념도 기호

개념도는 단순 명료하게 전달되어야 하므로 기호의 표현도 단순하고 강하게 표현한다.

(8) 동선 표현

보행자 및 차량 동선 등 계속되는 시간의 흐름과 이동방향을 나타내는 기호로 단순 명료하게 표현한다.

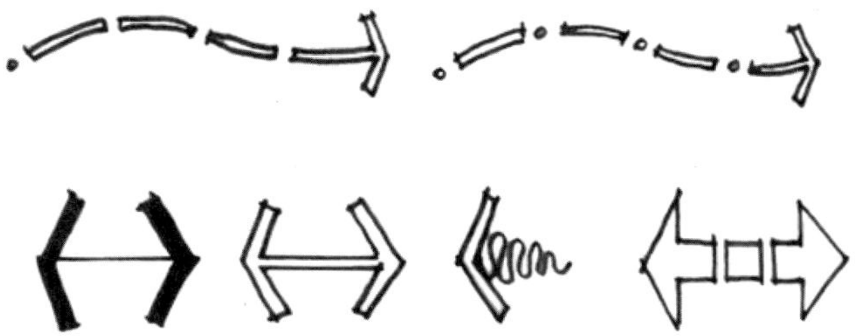

(9) 시점 및 조망

대지분석 사진의 촬영 지점 및 조망의 방향을 위치도에 표시하고, 투시도의 시점은 건물을 바라본 지점 및 방향을 표현하는 것으로 배치도에 표시한다.

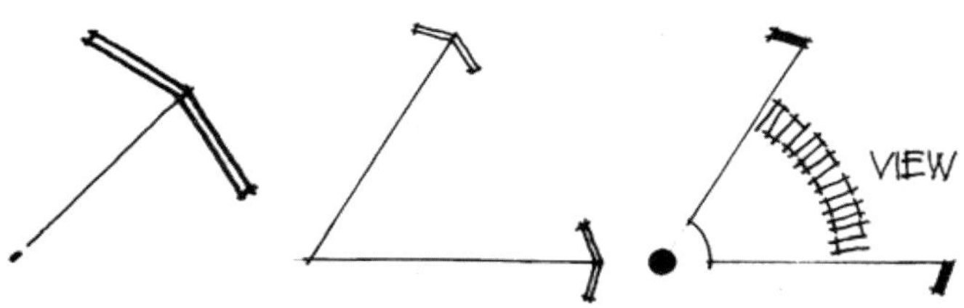

(10) 공간 영역화 경계

계획 및 개념도 작성시 주로 사용되는 표현으로 배치계획의 중요한 개념을 설정하는 기호이다.

① 공간 영역

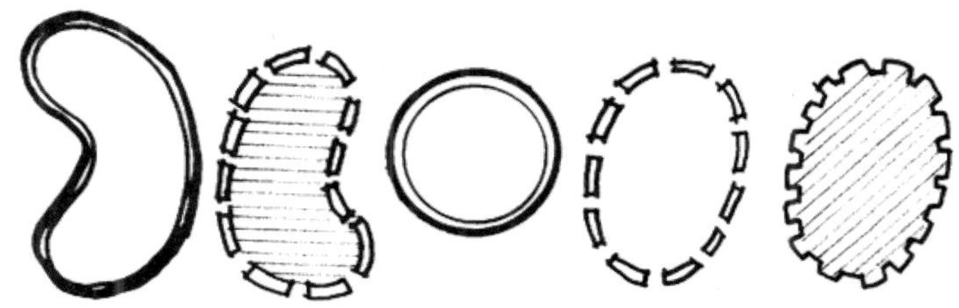

② 경계 영역

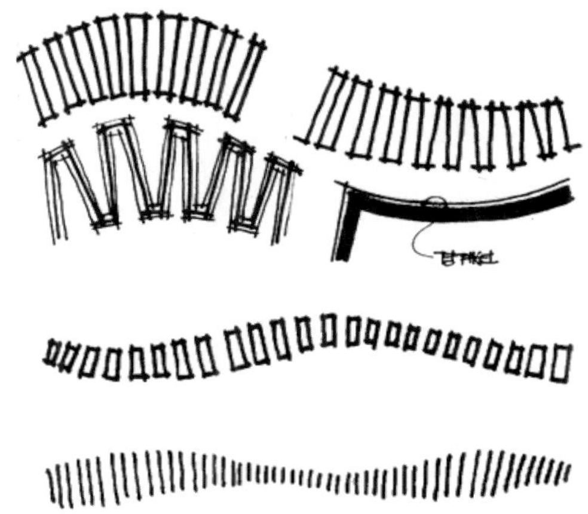

2.4 인 물

인물의 표현은 건축도면의 입면도, 투시도 등에서 크기(scale)의 기준으로 사용되는 중요한 요소로 가능한 한 인물 외곽선을 간략화하여 특징을 단순하게 표현하도록 한다. 인물의 표현은 입면 및 단면에 적용되는 표현을 그대로 적용하고, 시점에 따른 인물 표현은 시점에 가까울수록 인물의 외곽을 자세히 표현하며, 그림자는 적정 크기로 지면에 수평하게 한다. 이때 그림자의 크기는 건물 투시도의 그림자에 적용된 각도와 같은 크기로 한다.

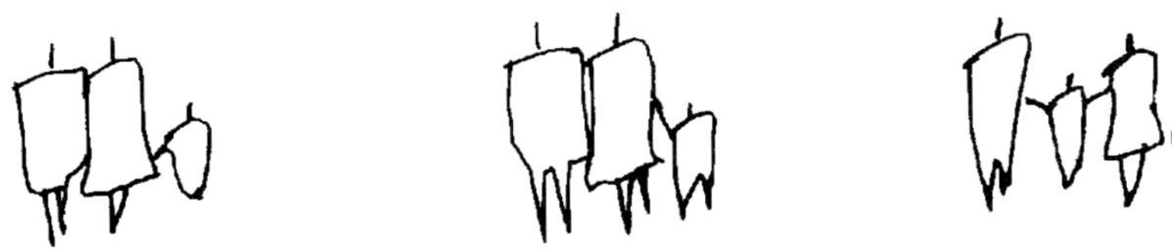

- 1단계 : 사람의 윤곽을 그린다.
- 2단계 : 윤곽을 다듬는다.
- 3단계 : 디테일을 첨가하여 자세히 그린다.

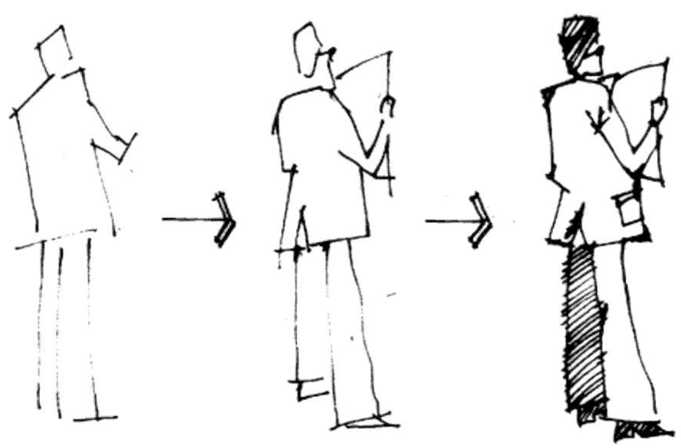

2.5 조경

환경과 적절히 조화된 건축은 인간뿐만 아니라 건축환경에 영향을 미치는 중요한 내용이다. 조경 표현요소는 수목, 바닥 패턴, 보도와 도로 경계턱, 분수, 가로등, 국기 게양대 등이 있으며, 수목표현은 크게 배치 및 수목 표현과 입면, 단면 수목표현, 그리고 투시도 수목 표현으로 구분되어 적용된다.

1. 교목

1) 교목의 표현순서

① 교목 외곽선 가선 및 원 중심에 나무심을 그린다.

② 외곽부분에 강조된 수목경계선 및 상징화된 가지 등을 그려준다.

③ 수목경계선 밖으로 45° 방향의 그림자 영역을 작성한 후, 그림자를 사선 또는 홀더로 깊이감과 수목의 풍성함을 표현한다.

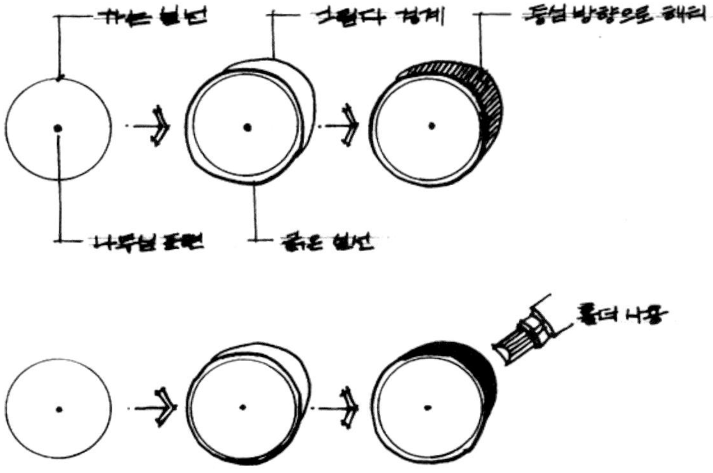

2) 교목의 종류

교목(arbor)과 관목(shrub)은 수종의 특성에 의해 구분된다. 교목은 줄기가 곧고 굵으며 높이가 높은 나무로 소나무, 은행나무, 감나무 등 다양한 종류가 있다.

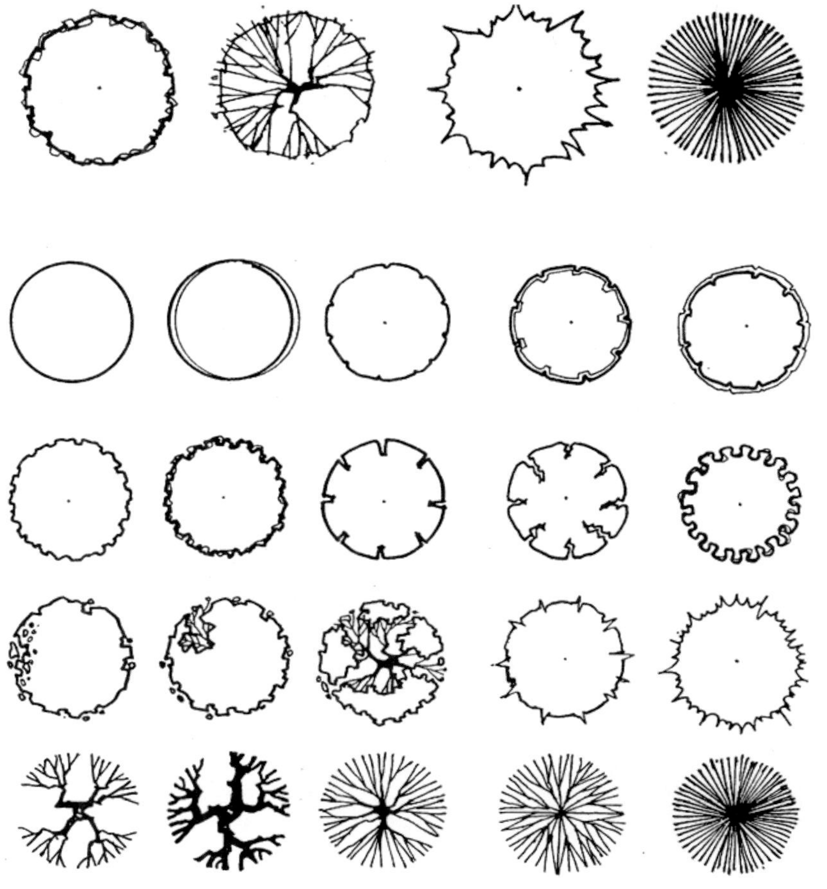

3) 일반교목 표현

수목 표현시 윤곽의 크기는 대략 수목의 성숙시 퍼지는 수관의 크기를 나타내도록 한다. 또한 활엽수는 윤곽을 부드러운 질감으로 표현한다.

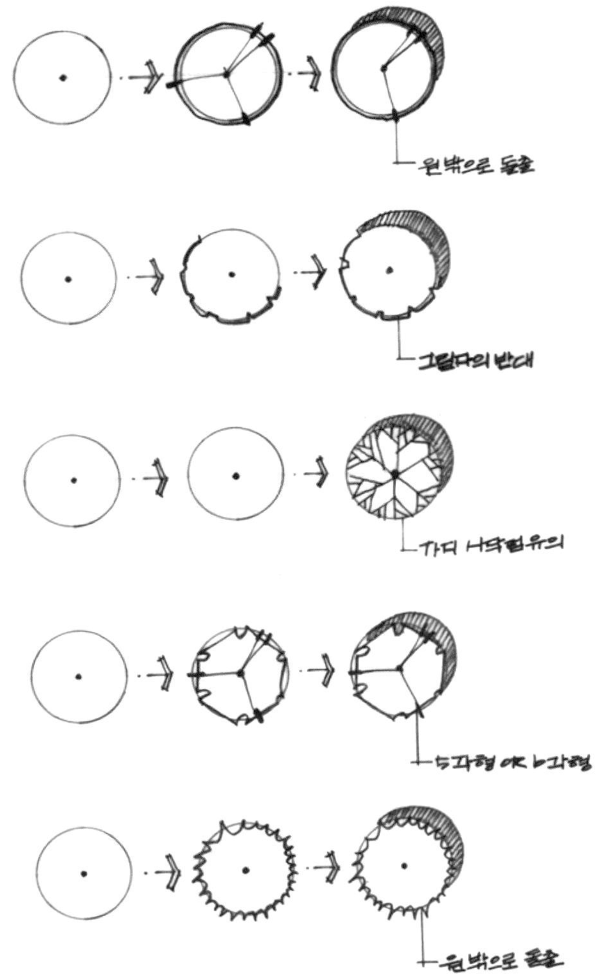

4) 교목의 배식방법

① 정형식 배식

정형식 배식은 설계자의 의도에 따라 인공적인 공간을 강조하기 위한 식재형식이다.

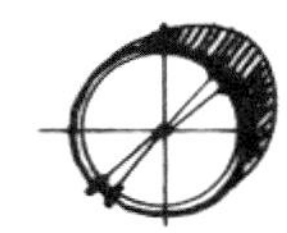
단식

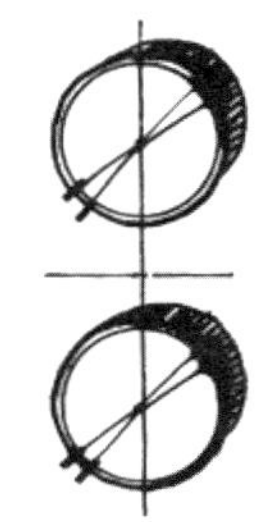
대식

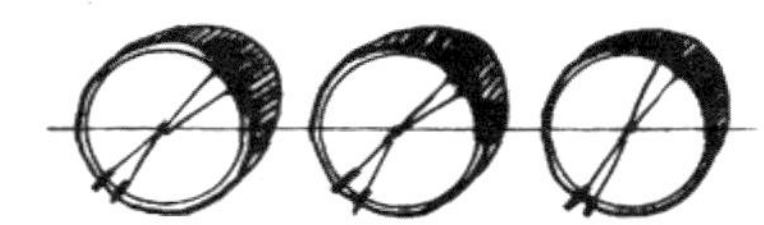
열식

교호식재

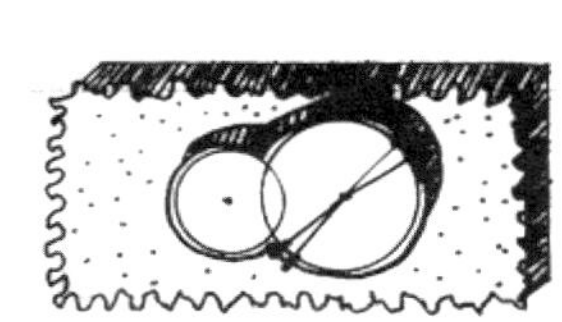
군식

② 자연식 배식

조경 설계 대상지가 자연의 형태를 나타내기에 적합할 경우, 자연스러운 경관이 되도록 자연식 배식에 의한 배식 설계를 실시해야 한다.

• 부등변삼각형 식재 : 크기나 종류가 다른 세 그루 이상을 서로 간격을 달리 하고 부등변삼각형을 만들어 균형을 이루어 자연스럽게 보이도록 식재하는 방법이다.

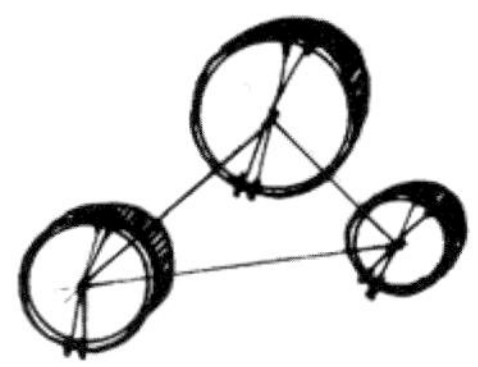

• 임의 식재 : 부등변삼각형 표현법을 기본으로 하여 그 삼각형을 순차적으로 확대하여 연결시키는 방법이다.

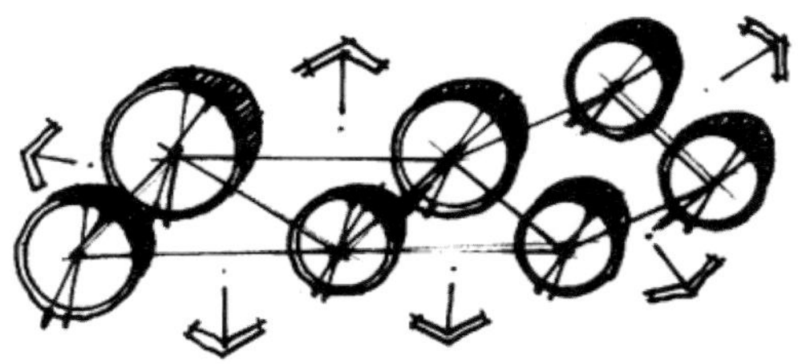

• 무리심기 : 자연상태의 식생구성을 모방하여 수종, 크기, 나무모양이 다른 두 가지 이상의 수목을 무더기로 한자리에 식재하는 방법이다.

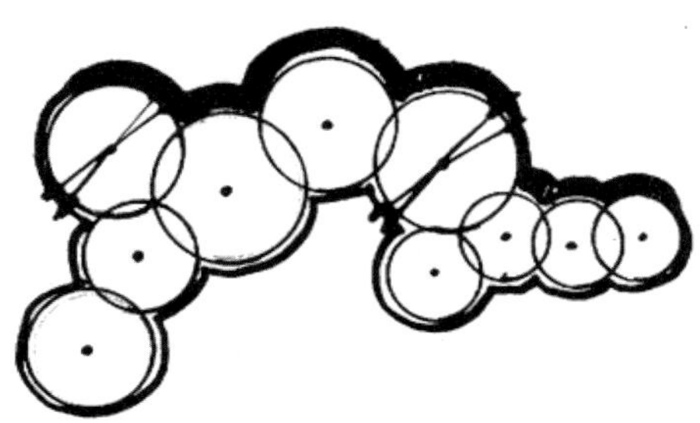

5) 교목 군식

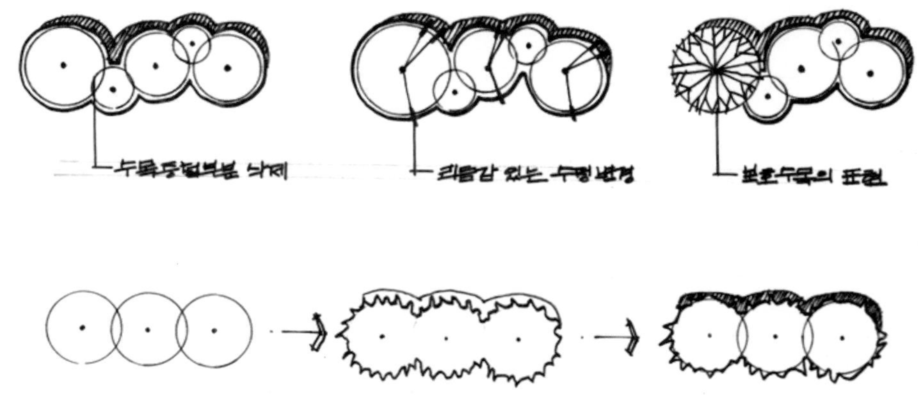

2. 관목

관목은 높이가 2m 이내이고 줄기와 가지의 구별이 분명하지 않은 낮은 나무로 회양목, 진달래, 무궁화 등 다양한 종류가 있다.

1) 관목의 표현순서

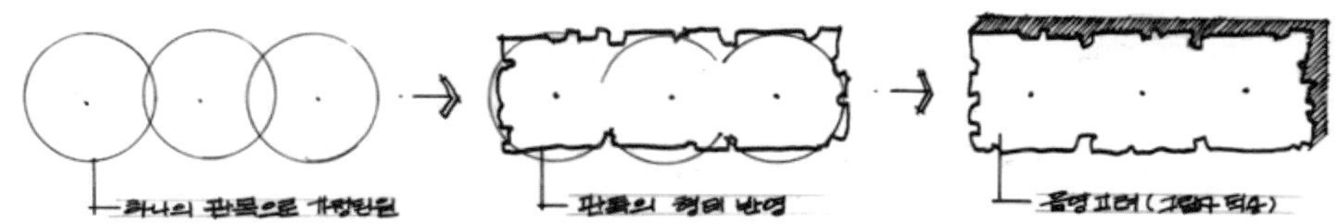

2) 관목의 군식

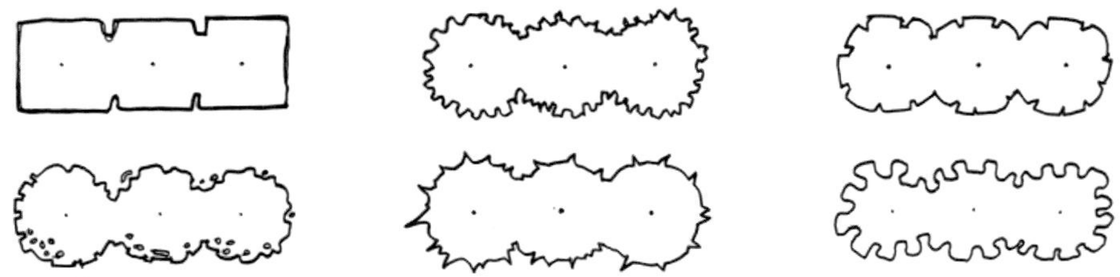

3. 조합 식재

교목과 관목 및 지피식물 등을 함께 식재하는 방법으로 수고가 높은 교목과 수고가 낮은 관목을 조화롭게 배식한다.

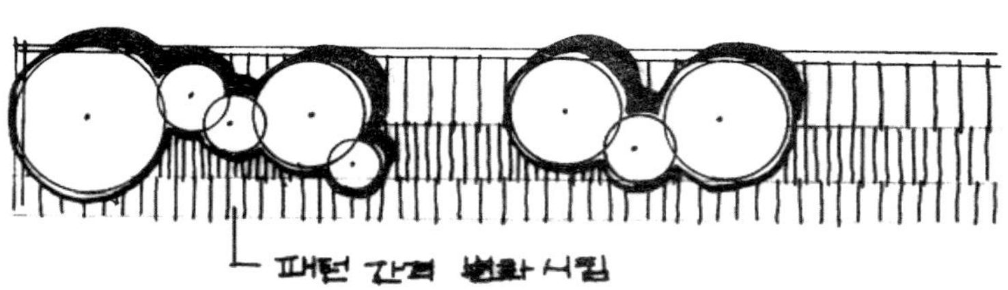

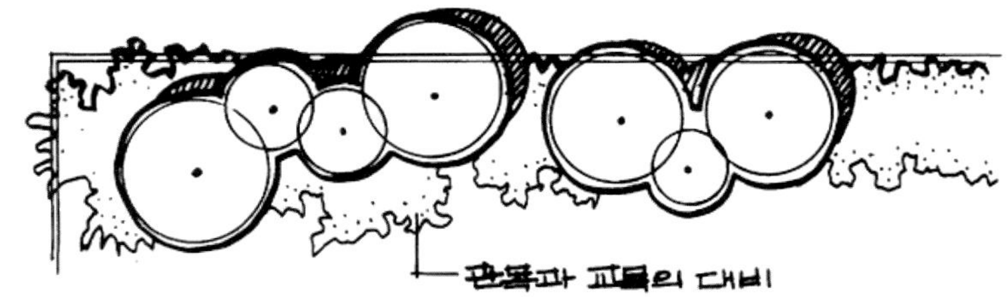

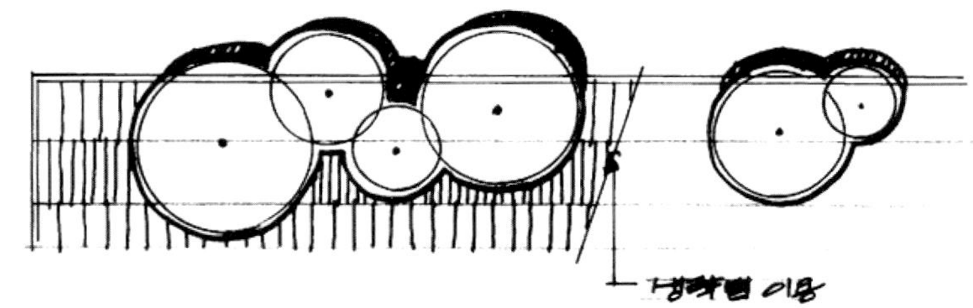

4. 지피식물

지표면을 낮게 덮는 식물로 잔디류, 클로버, 이끼류 등을 효과적으로 표현한다.

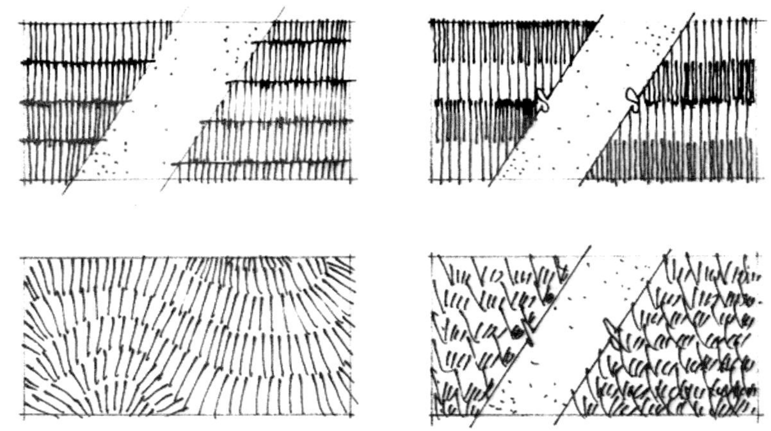

5. 입면수목

다양한 표현이 될 수 있도록 단일 수종과 악센트 수목을 동시에 표현하여 각 수목의 특징을 효과적으로 표현한다.

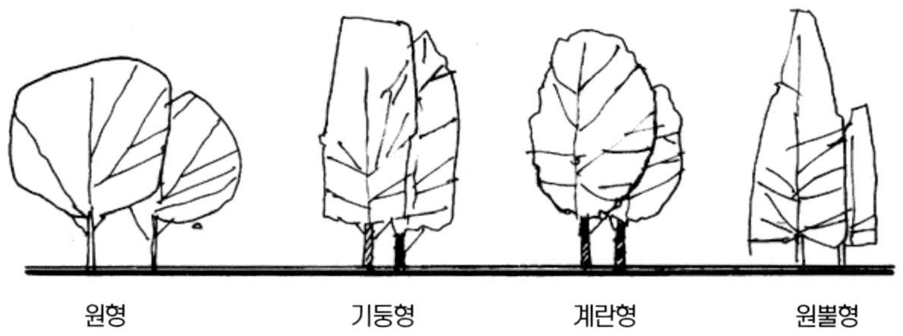

6. 바닥패턴

배치계획 표현 중에서 보행자 등이 움직이는 공간인 진입공간, 보도 등과 휴게 공간에 일정한 패턴으로 적용되며, 바닥 질감은 전체 질감효과를 극대화시키는 중요한 표현이다. 기본패턴에 변형패턴을 적용하여 전체적으로 통일되고 위계 있는 바닥공간 구성을 표현한다.

• 기본 원칙

① 자 이동의 최소화

② 생략법 이용

③ 이질 재료간 구분은 복선으로 표현

• 종류

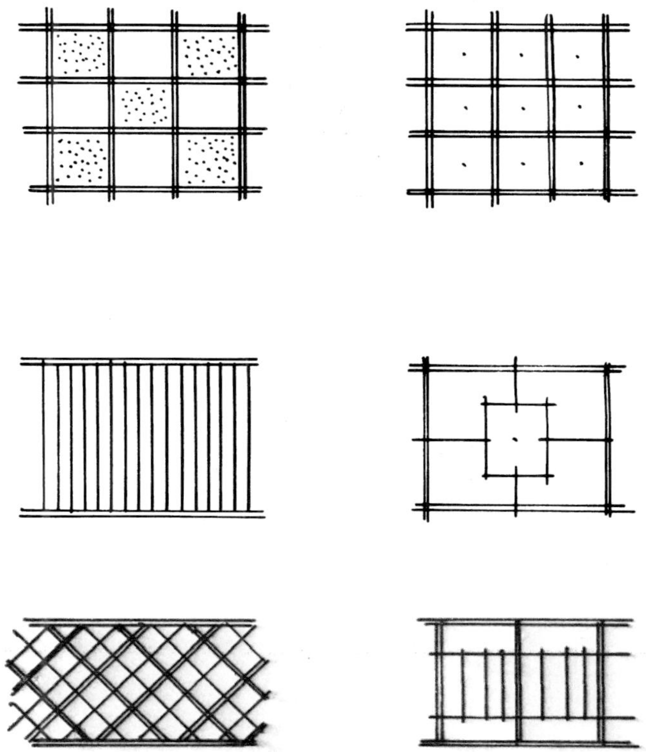

7. 수목의 역할

수목의 역할은 심미적인 측면과 더불어 심리적인 위안과 쾌적함을 주는 동시에 공간형성, 동선유도, 방풍효과, 지표침식방지, 소음방지, 흥미유발, 그늘제공, 악취차단 등 기능적인 측면을 제공한다.

공간형성

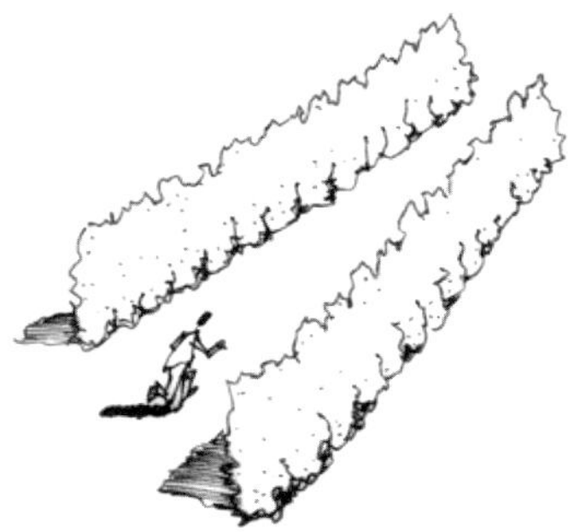

동선유도

흥미유발

그늘제공

방풍효과

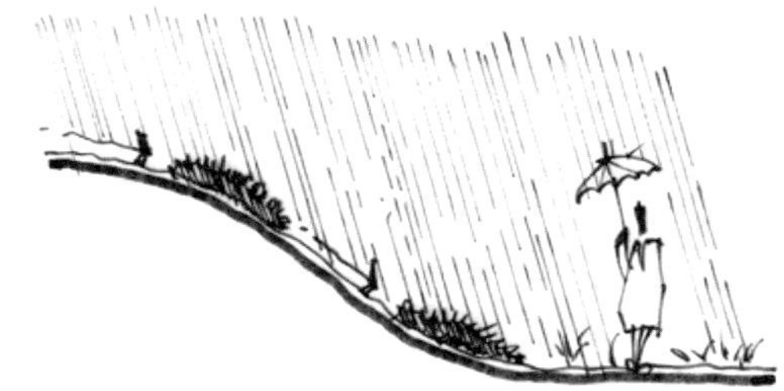

지표침식방지

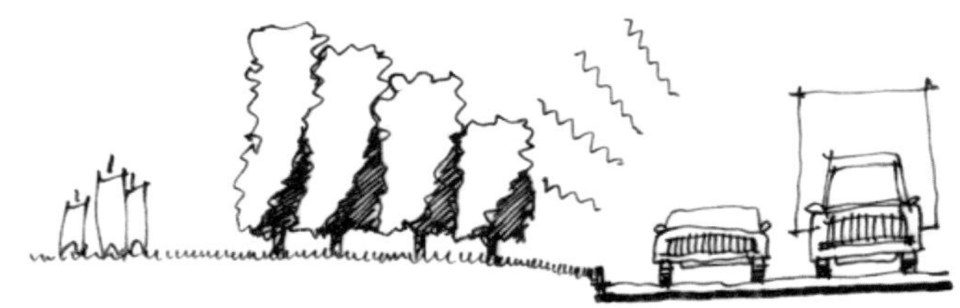

소음방지

악취차단

8. 옥외시설물

마당, 옥외 전시 공간, 분수 등 옥외시설물을 외부공간에 효과적으로 표현하여 도면에 스케일감을 부여한다.

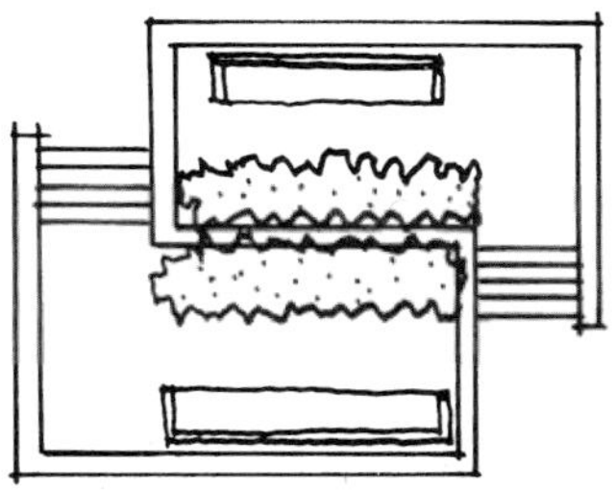

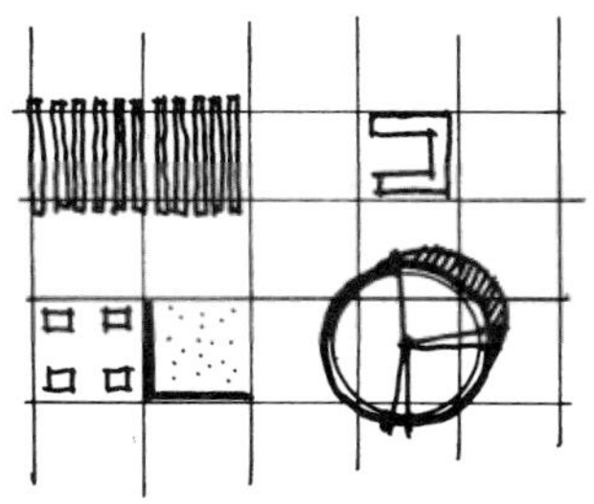

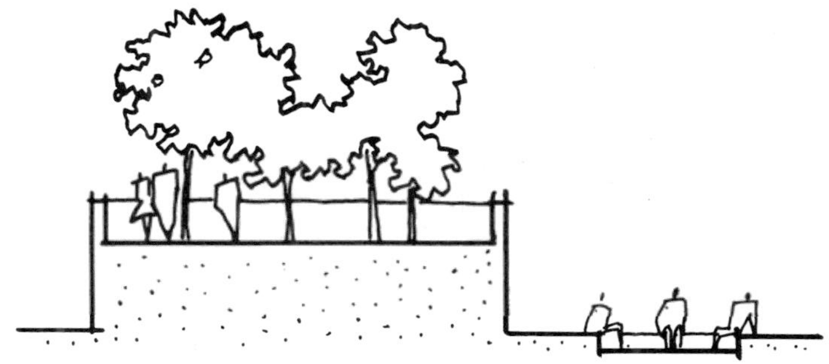

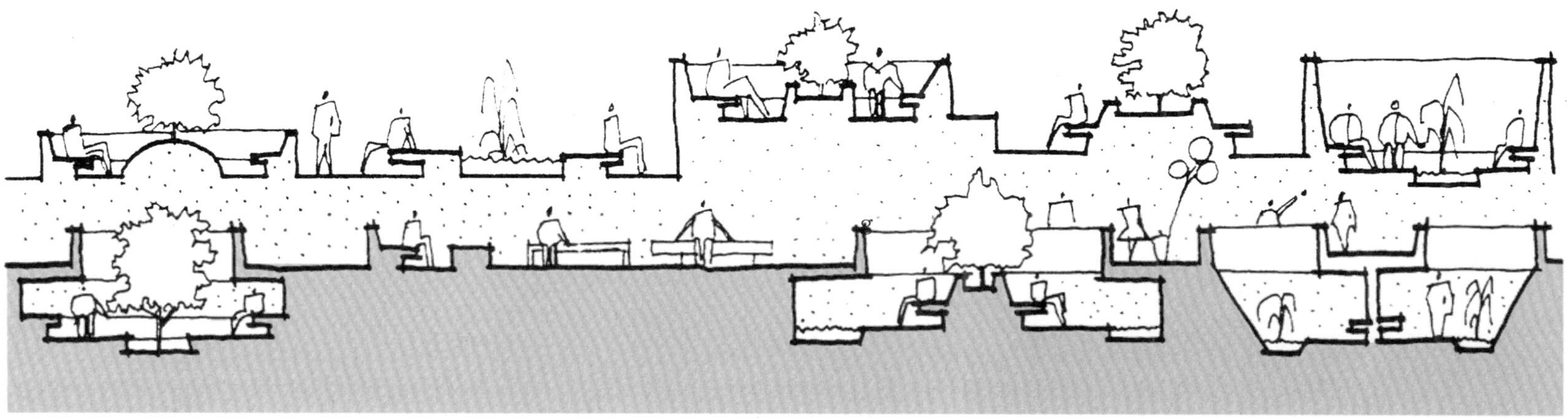

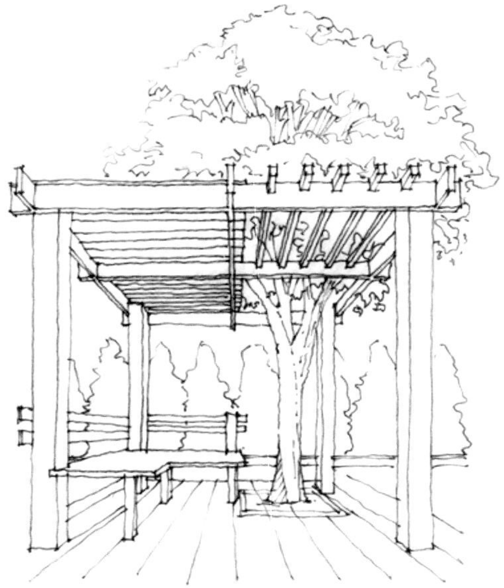

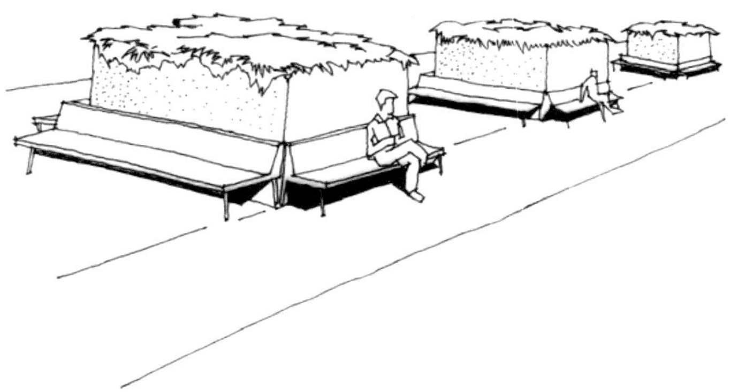

2.6 자동차

인물과 더불어 자동차도 스케일 척도에 중요한 요소이다. 자동차의 표현은 투시도에 움직임이나 도로의 진입방향, 주차공간 등을 나타낼 경우에 사용하며, 일반적으로 승용차를 많이 표현한다.

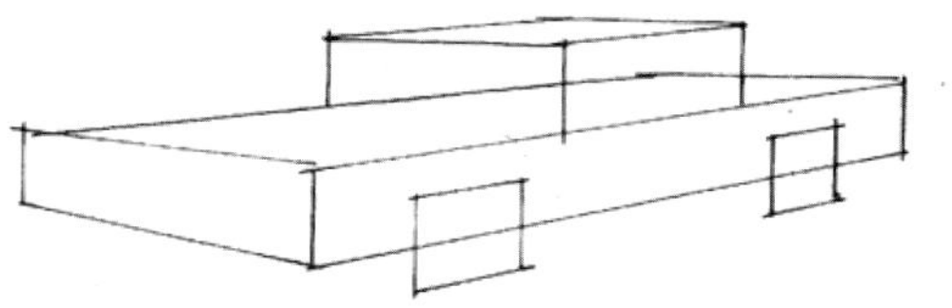

• 1단계 : 상자(box)형태로 가본 형태를 그린다.

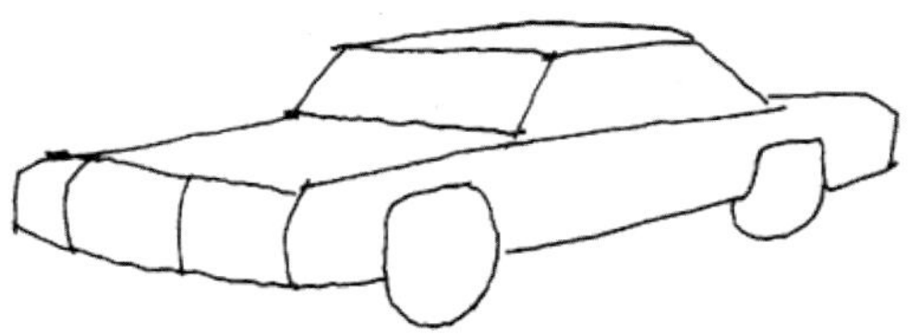

• 2단계 : 각 모서리를 둥글게 한다.

• 3단계 : 자세한 디테일을 그리고 음영을 첨가한다.

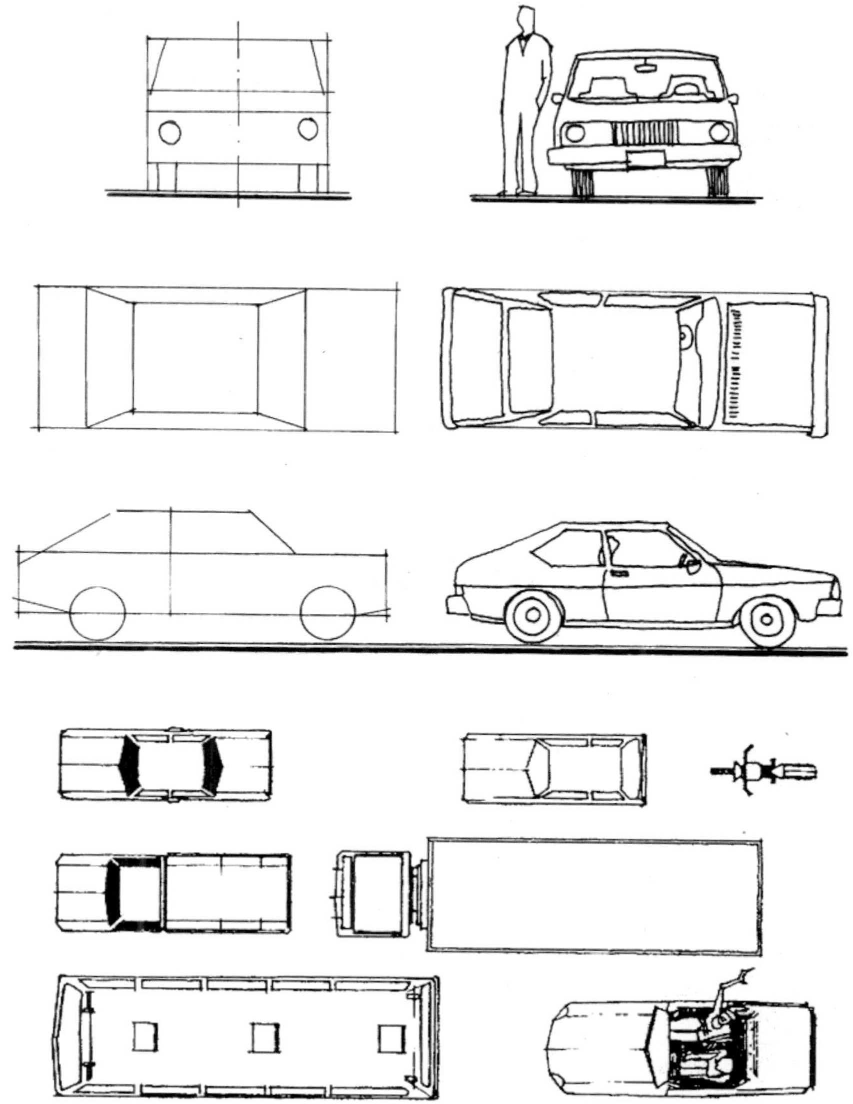

• 도로체계

도로의 기능적 분류체계는 간선도로와 보조간선도로, 집산도로, 국지도로의 순으로 구분할 수 있다.

① **간선도로**(principal arterial road)

도시지역 도로망의 주 골격을 형성하는 주요 도로로서 다량의 교통량과 통행거리가 길고 도시의 광역수송 기능을 담당하며 고속도로와 국도 등이 있다.

② **보조간선도로**(minor arterial road)

간선도로를 보완하는 도로로서 도시 내의 간선도로와 주구를 연결하는 역할을 한다. 간선도로에 비해 통행거리가 짧고 광역간선 기능이 약한 도로이다.

③ **집산도로**(collector road)

지역 내의 통행을 담당하는 도로로서 도시교통의 집산 기능을 담당한다. 군 내부의 주요도로를 연결하는 도로이며 군도, 지방도가 이에 해당된다.

④ **국지도로**(local road)

주구 내의 주거단지에 직접 접근되는 도로로서 교통량이 적으며 속도가 낮고 통행거리가 짧은 최하위 도로이다. 통과 교통을 배제하고 보행자 통행이 차량보다 우선권을 가지므로 이면도로라고도 한다.

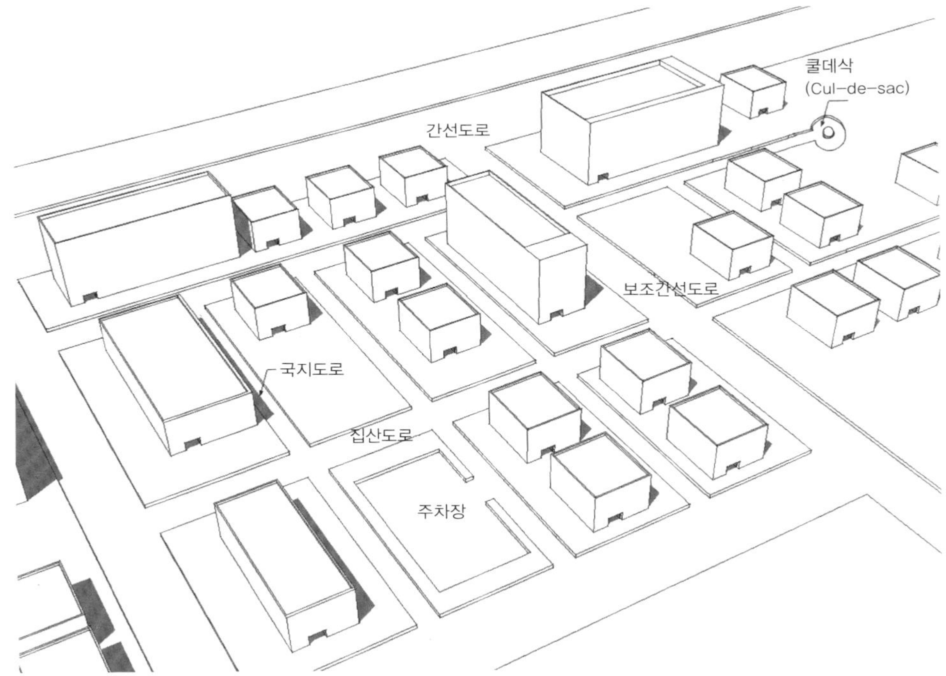

•주차구획

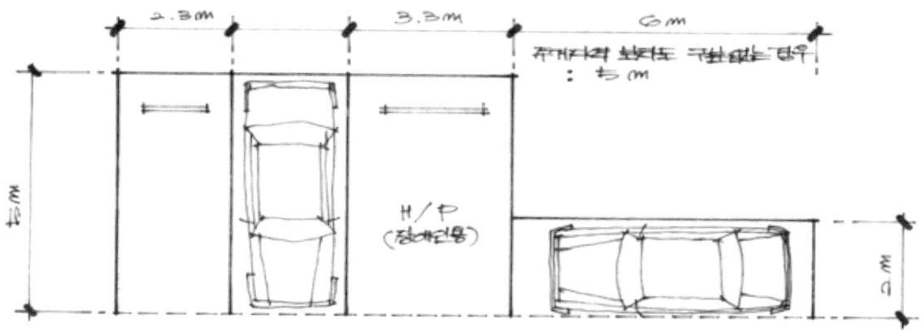

•주차경사로 구조

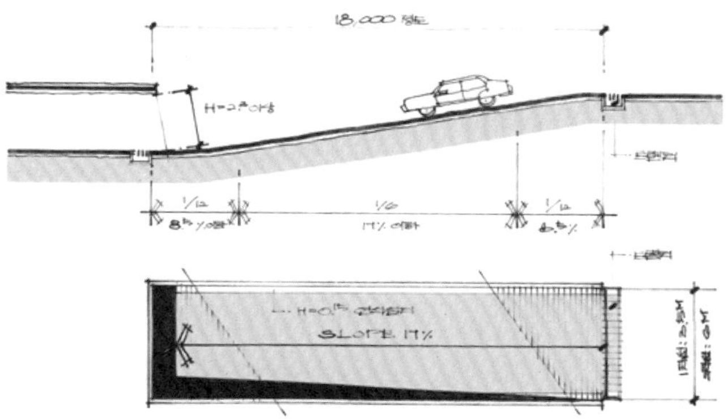

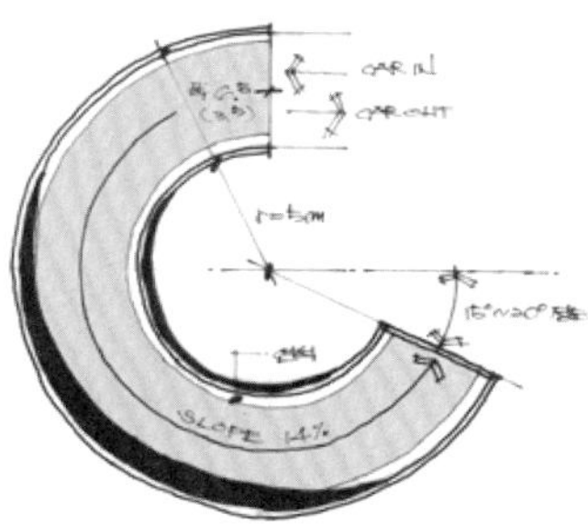

•지하주차장 구조

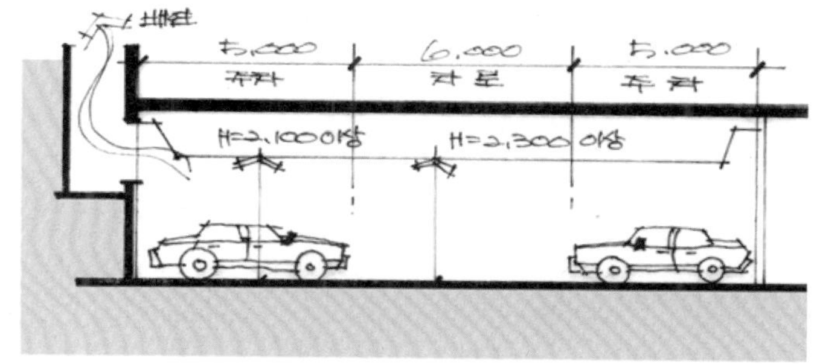

•주차형식

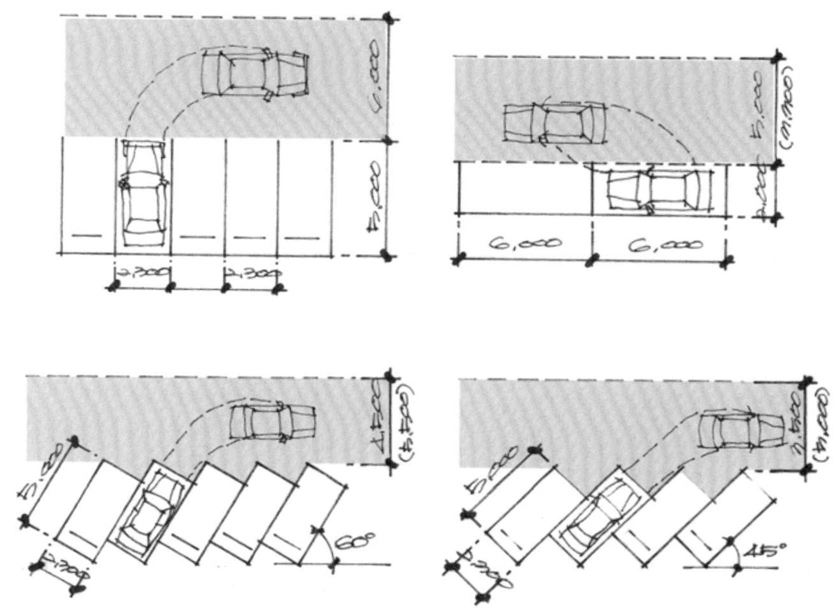

•주차장 모듈계획

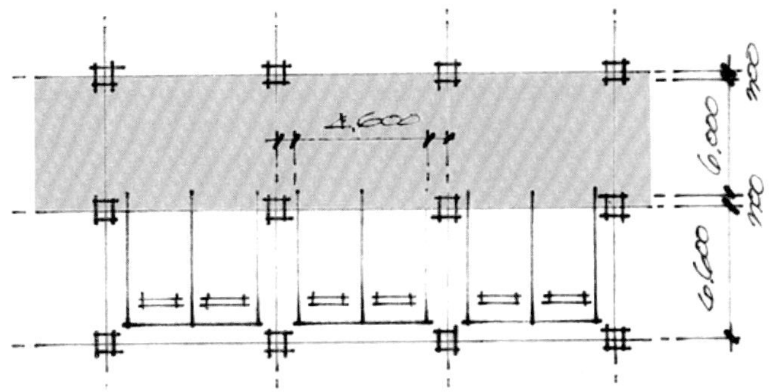

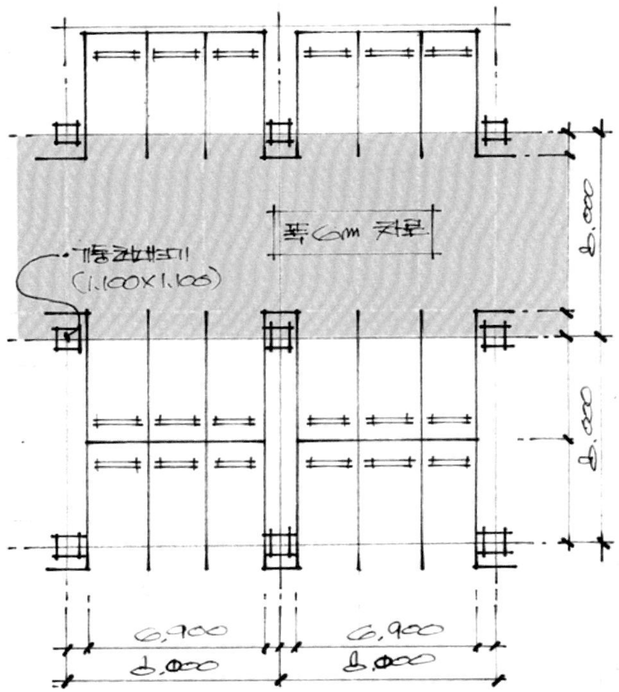

•승하차장

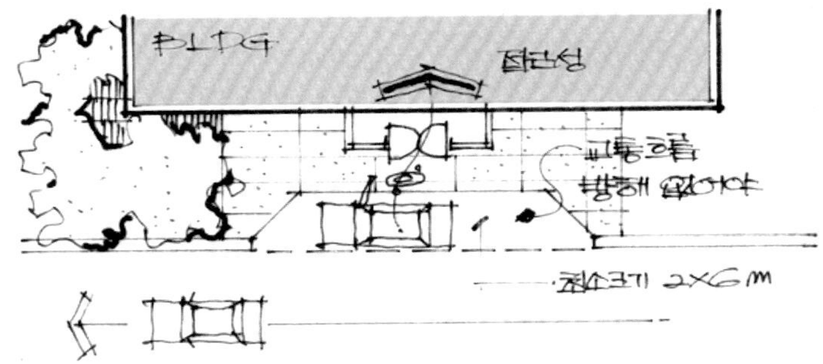

•회차공간 및 장애인 배려계획

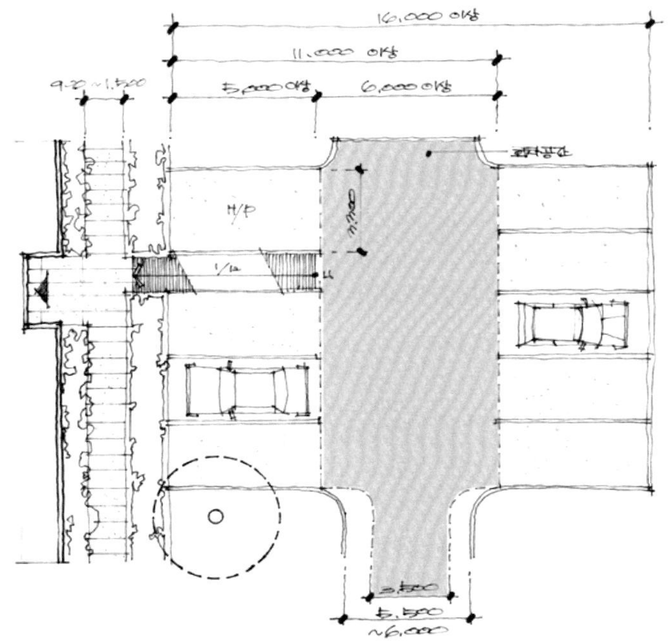

•주차장 입구 및 출구

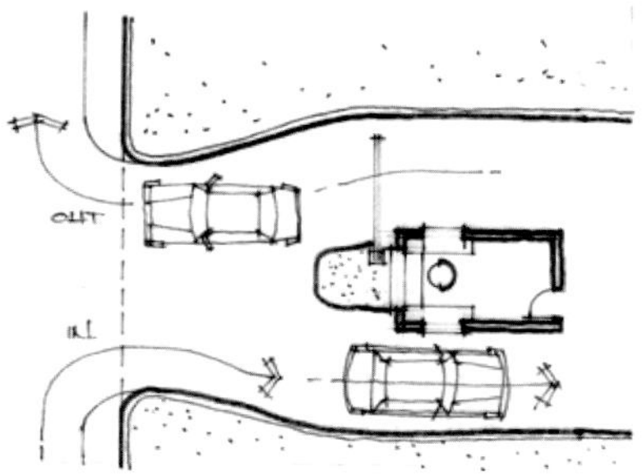

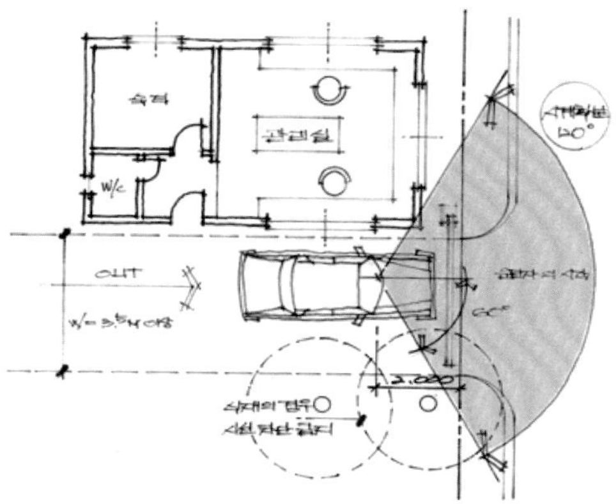

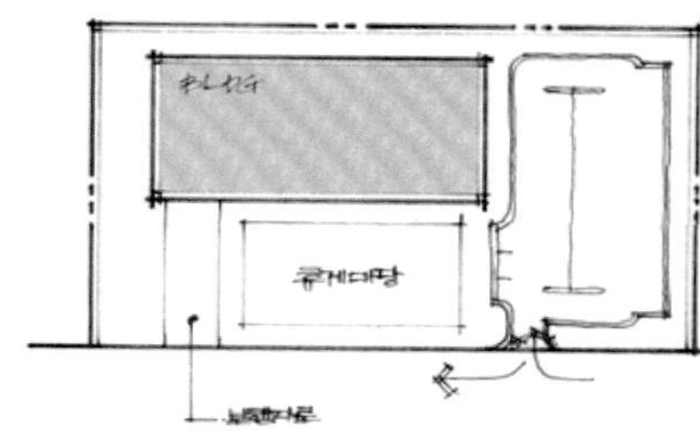

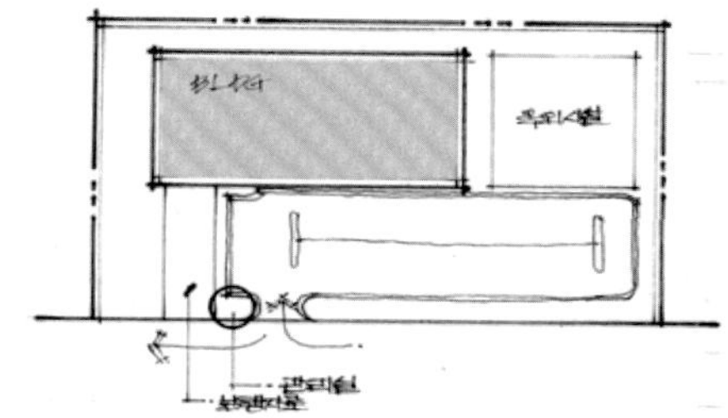

•주차장계획

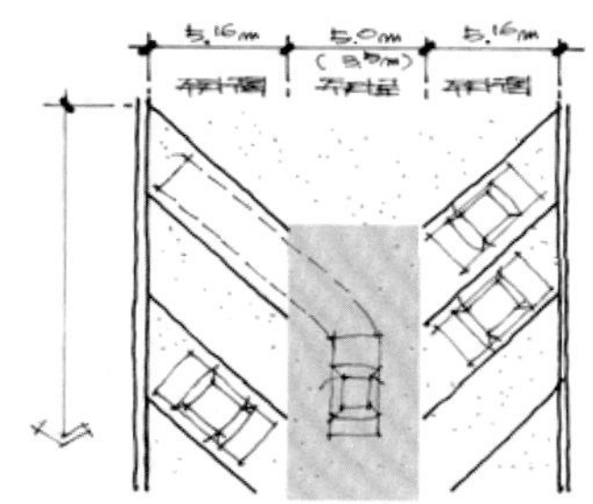

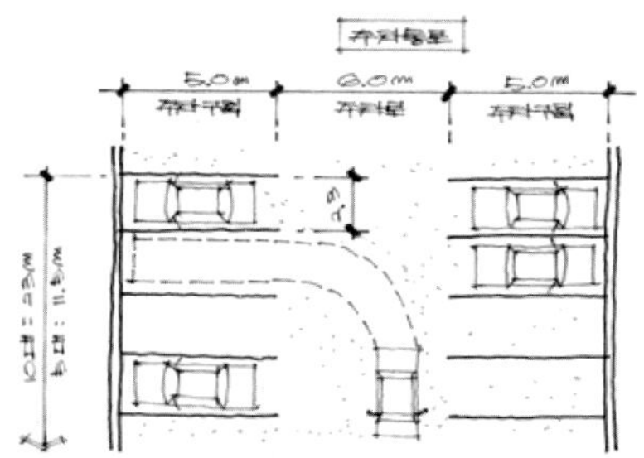

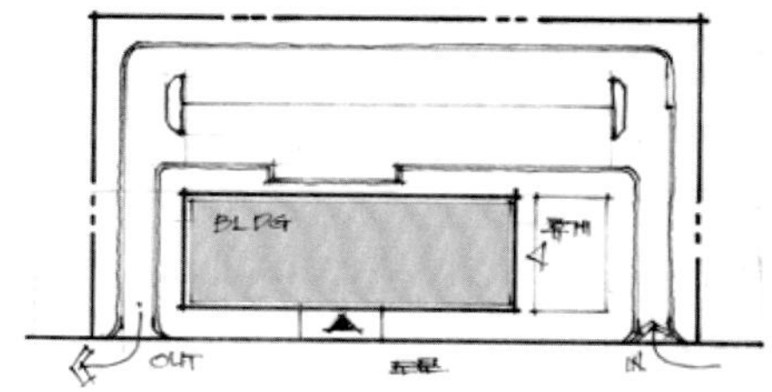

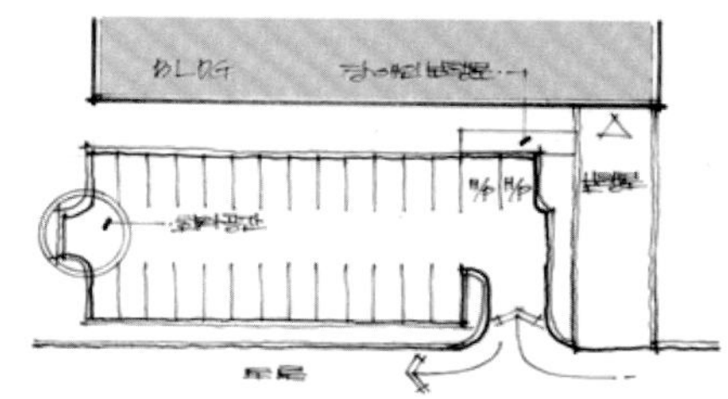

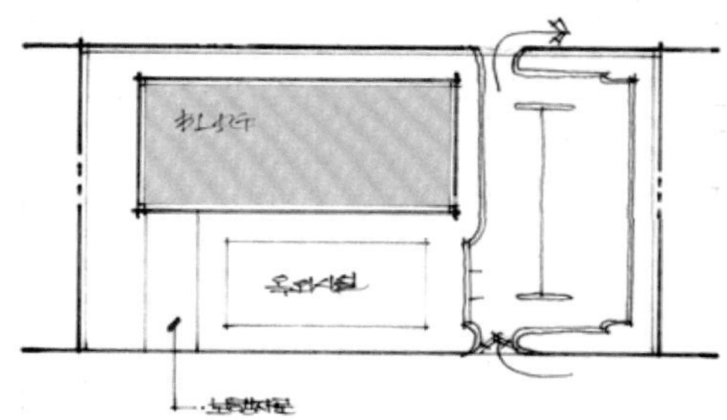

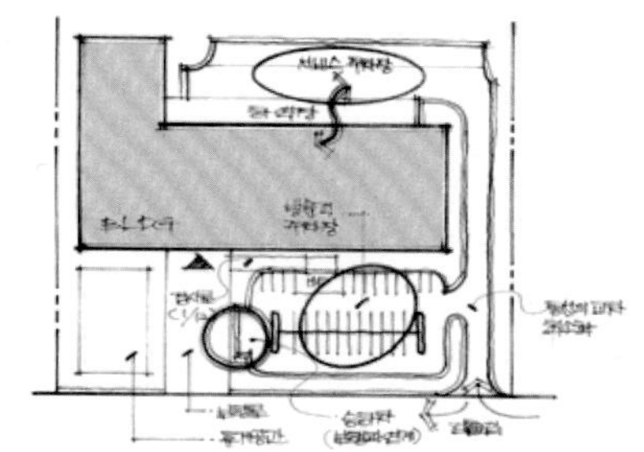

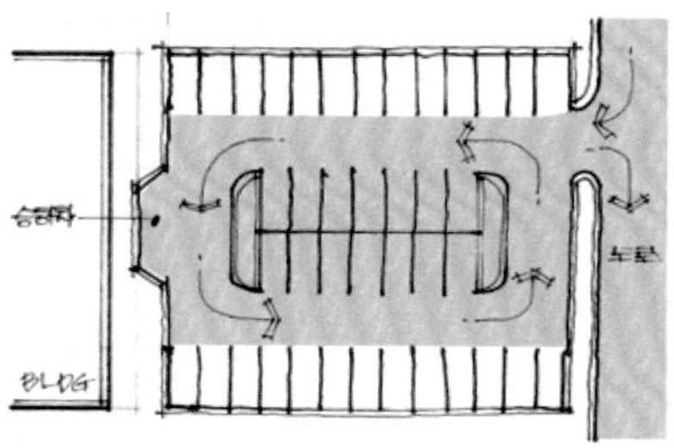

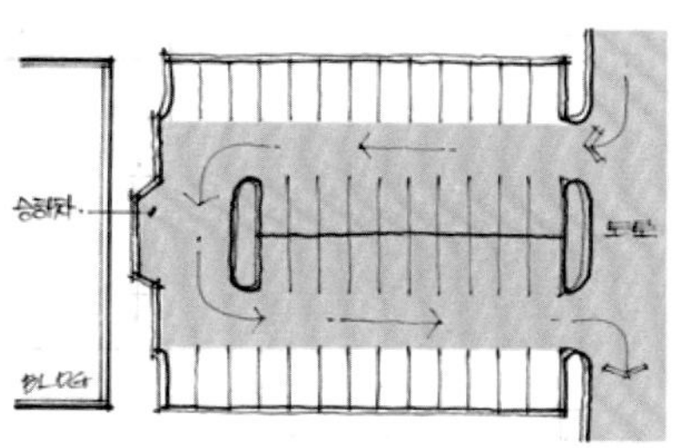

•주차단면

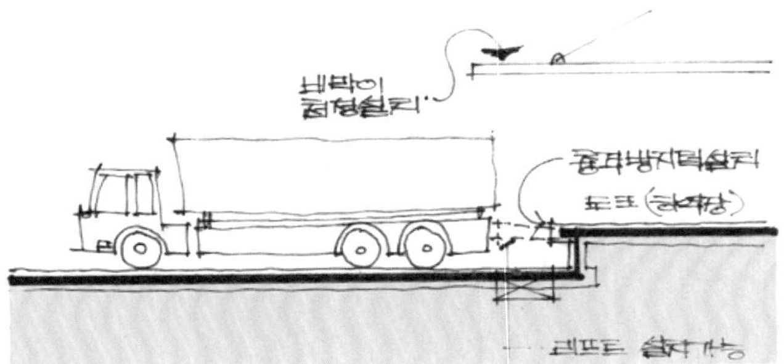

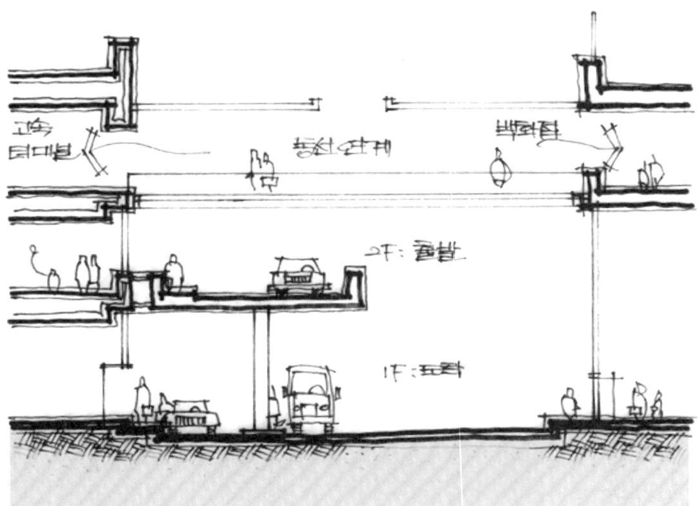

2.7 음영

음영표현은 2차원적인 도면을 3차원의 형태로 보이게 하는 것으로 배치도와 입면도, 그리고 투시도에서 활용도가 높다. 음(shade)은 그늘진 부분이며, 영(shadow)은 건축물에 의해 생겨나는 그림자 부분을 의미한다. 그러므로 평면 및 입면에 적용되는 음영표현은 그림자 부분에 국한되며, 투시도에 적용되는 음영표현은 그늘과 그림자가 구분되어 표현된다.

(1) 음영의 성질

표현의 강약에 의해 구분되며 종이의 종류, 선의 종류, 선긋기 간격, 적용방법 등에 의해 서로 다른 효과를 나타낸다. 트레이싱지에는 선의 두께를 조절하여 표현하는 것이 가장 효과적으로 나타나고, 어두움의 정도는 선의 두께와 선의 간격에 의해 나타난다.

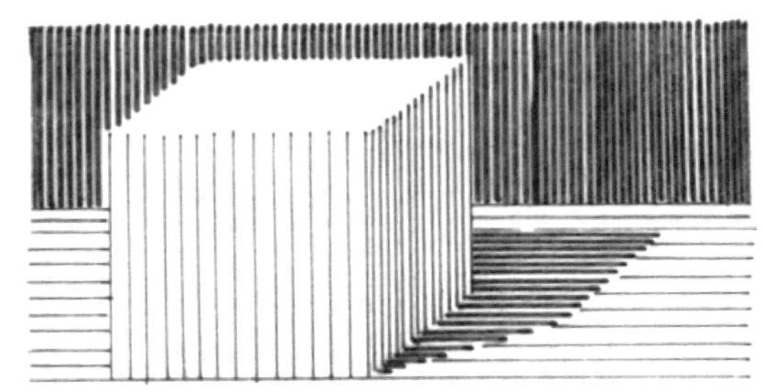

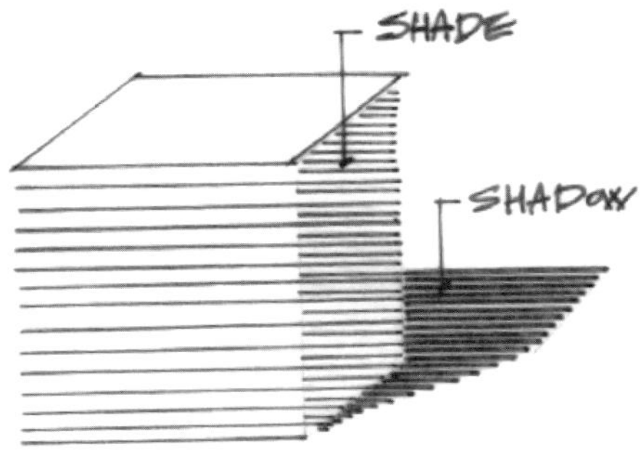

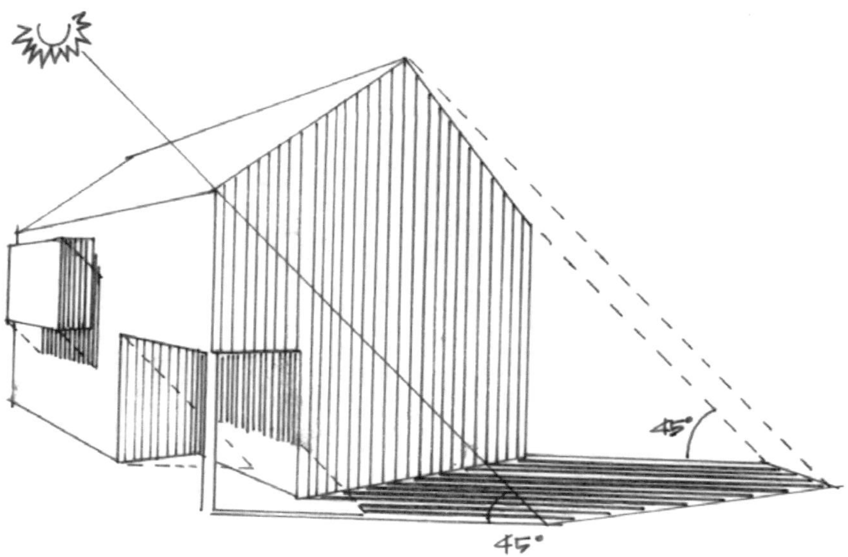

(2) 음영 표현방법

해칭(hatching)　크로스해칭(cross-hatching)　U해칭(u-hatching)　면 칠하기

① 음영의 기본표현

어두운 부분과 그림자의 농도 표현에 유의하며, 형태에 따른 그림자의 원리를 이해한다.

•line

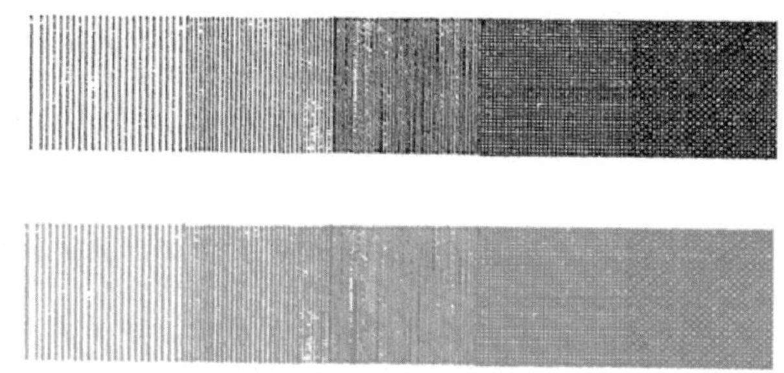

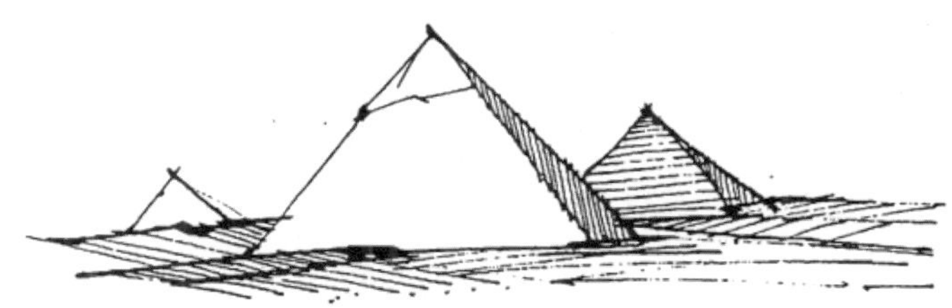

•scribble

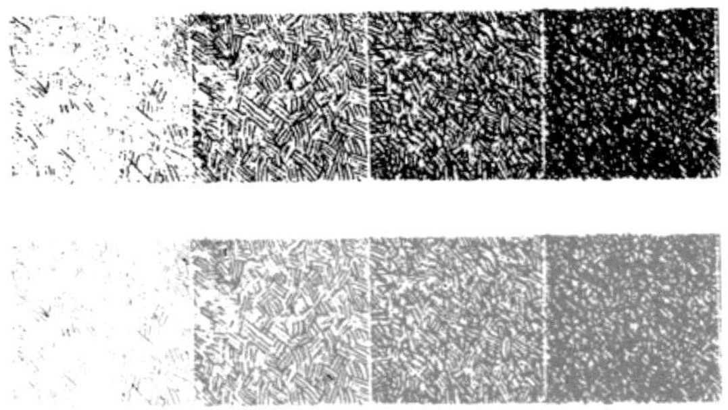

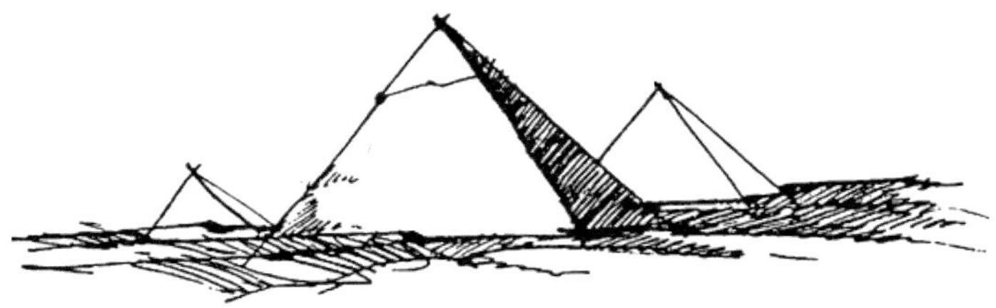

•dot

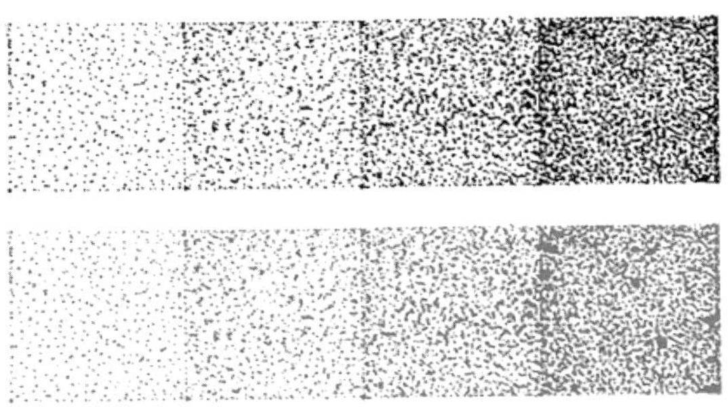

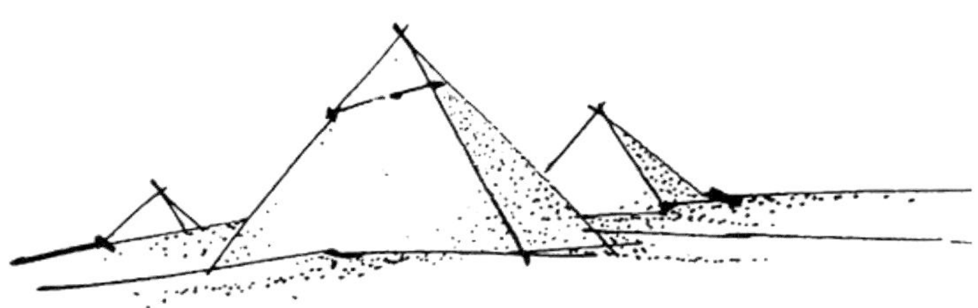

② 음영의 적용

• 건물 및 외부시설

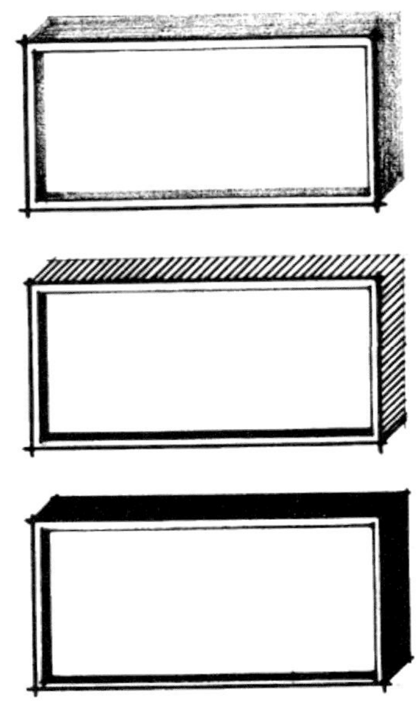

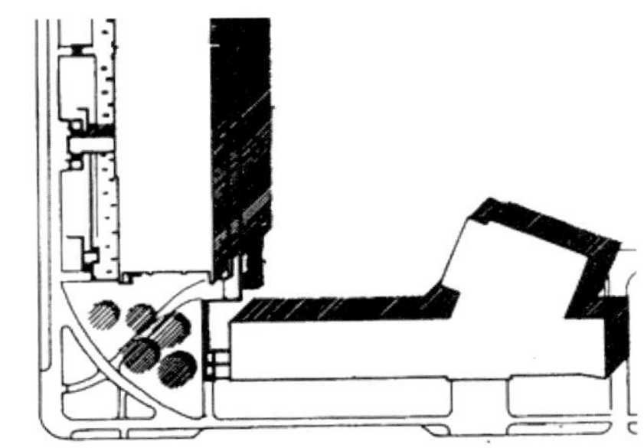

(3) 건축의 음영표현

건축물의 형태는 광원에 의해 빛을 투사할 때 그림자를 표현함으로써 입체감이 더욱 분명하게 나타난다.

• 배치

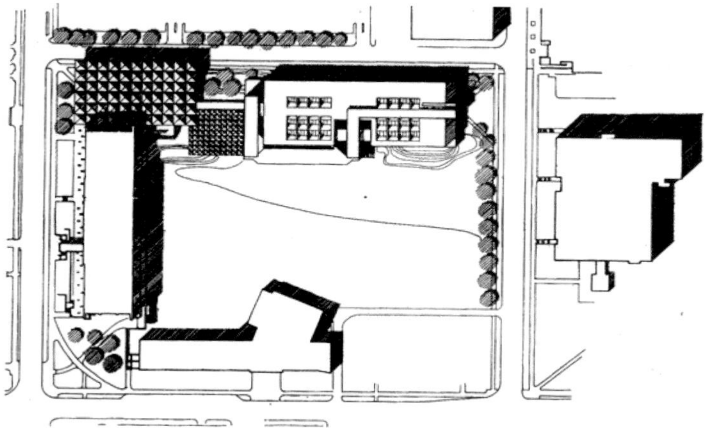

• 평면

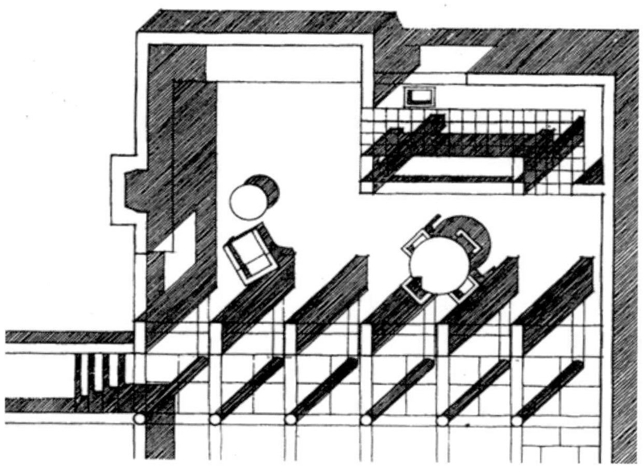

• 단면

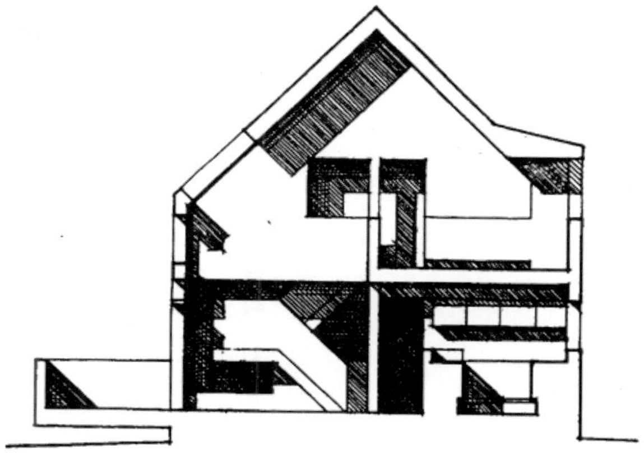

• 수공간

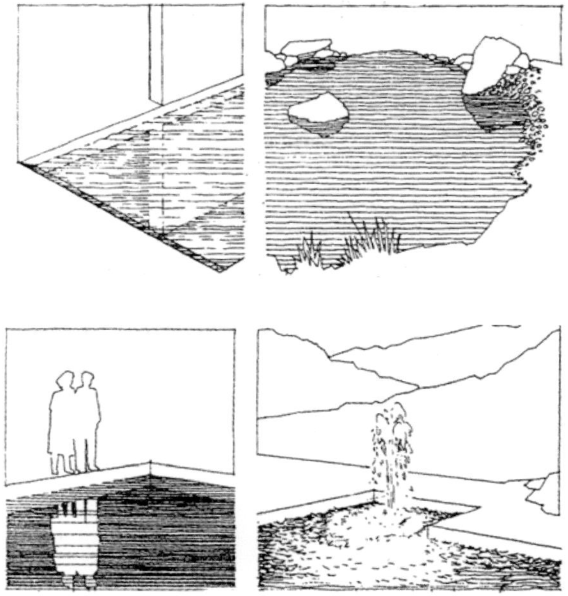

•입면

–창문음영

돌출부분의 깊이에 따라 음영의 크기를 고려한다. 즉 1층 창문의 음영은 일반 창의 음영보다 깊게 표현한다.

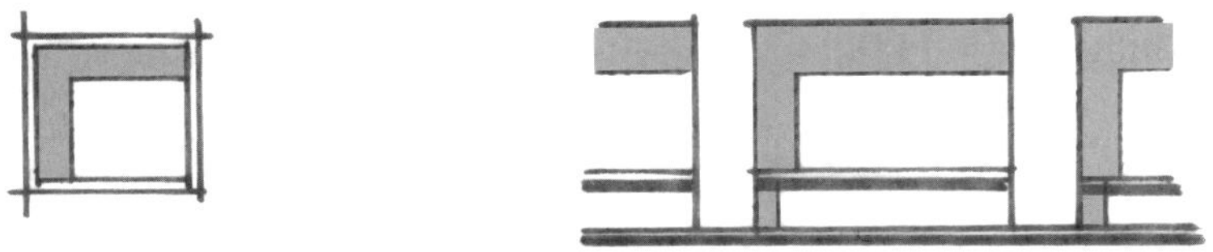

– 벽체 돌출부분 음영

돌출 부분의 크기에 따라 음영의 크기를 고려하여 돌출이 많을수록 음영의 크기도 크게 표현한다.

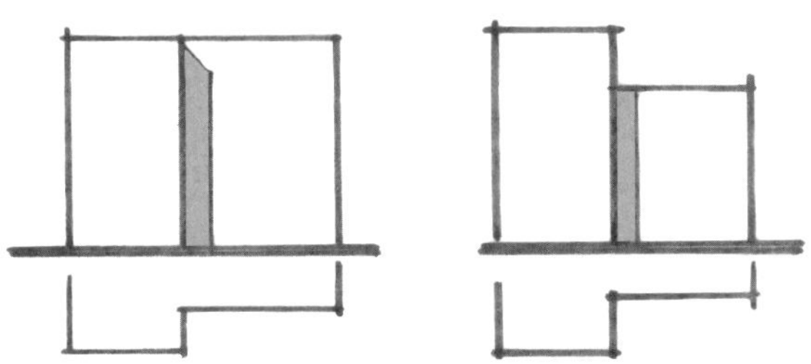

– 캐노피 음영

캐노피 음영은 앞으로 많이 돌출된 부분이므로 음영도 깊게 표현한다. 특히 출입구의 음영은 다른 부분보다 깊게 한다.

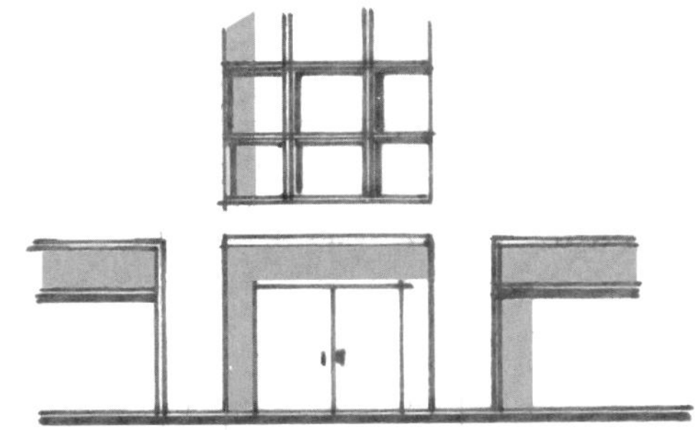

•옥탑

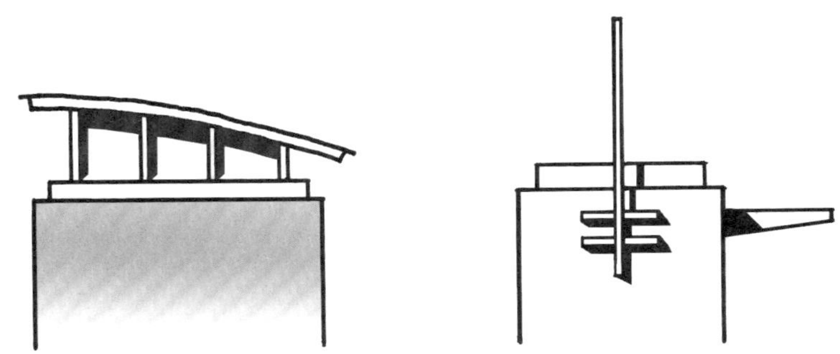

Chapter 3.

건축의장 표현요소

3.1 디자인 구성요소
3.2 디자인 구성원리

3.1 디자인 구성요소

디자인 구성요소는 형태소의 특성을 내포하면서 더 이상 분해할 수 없는 분자와 같은 시각요소로 인간이 어떤 대상을 1차적으로 인지하는 표피적인 요소이다.

1. 점(Point)

점은 시각적 요소 중 가장 작은 요소이며 길이, 넓이, 크기도 없고 단지 위치만을 결정하는 모든 조형예술의 가장 기초적인 것이다. 점의 존재는 공간을 감지하거나 분할하게 하며, 점이 모여 선을 이루고, 선이 모여 면을 이루며, 면이 모여 형을 이룬다.

건축에서의 점은 탑이나 팔각정, 피라미드의 정점 등이 한 점에서 모이며 구심점 또는 초점의 역할을 한다.

•점의 가변성

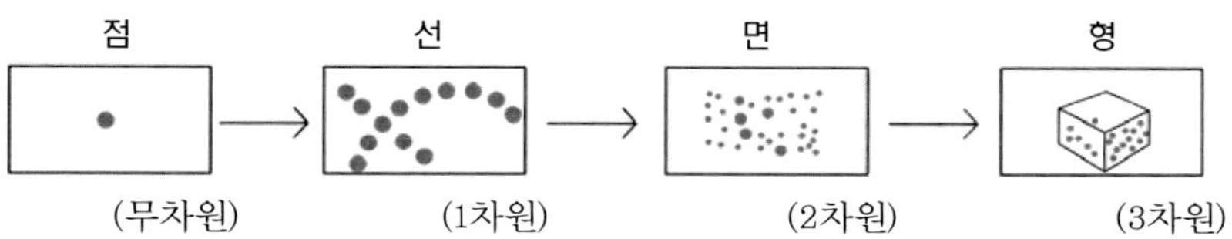

•점의 조형효과

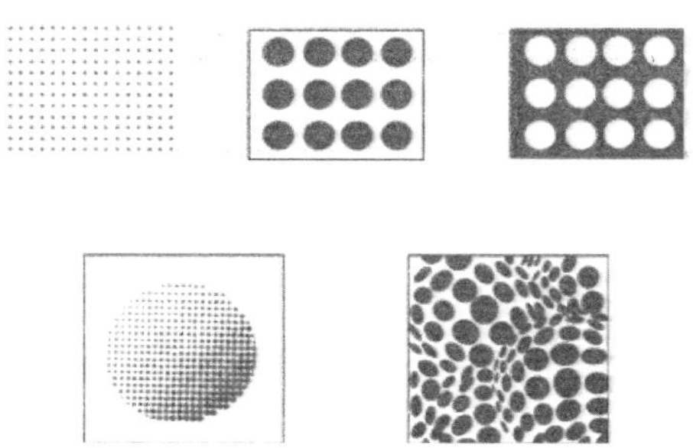

2. 선(Line)

선은 점이 이동한 궤적이다. 그러므로 점의 크기에 따라 선의 폭이 결정된다. 존재하는 모든 사물이나 건축물은 선에 의해 구체적으로 표현된다. 점의 이동방향이 일정하게 변하면 사선 및 곡선이 되며, 직선은 경직되고 완고한 느낌을 주고 곡선은 우아하고 유순한 느낌을 나타낸다.

•선의 조형효과

3. 면(Surface)

점이나 선으로 간주되지 않는 모든 형, 즉 평면적인 형상이 면으로 크게 평면과 곡면으로 구분할 수 있다. 평면은 밋밋한 느낌이며, 곡면은 변화감을 준다. 면을 분할함으로써 변화를 주며, 다수의 면을 집합함으로써 여러 가지 조형적 효과를 얻을 수 있다.

•면의 분할

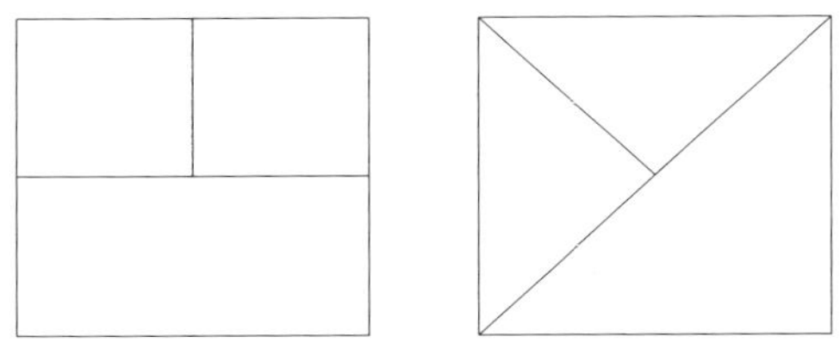

1) 직선에 의한 면의 분할

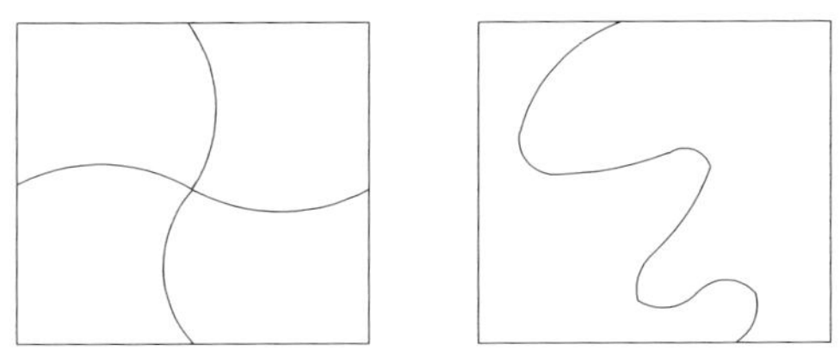

2) 자유로운 면분할

•면의 집합

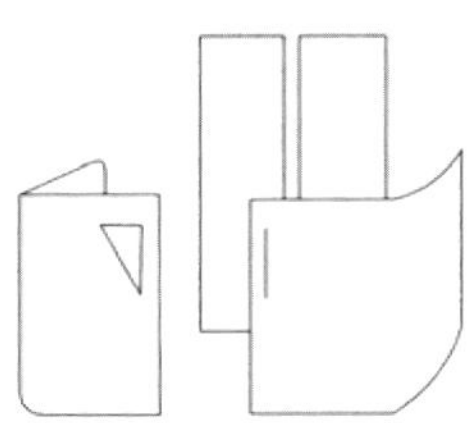

1) 대칭적 효과

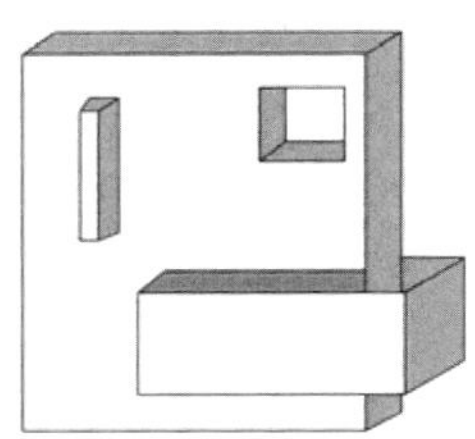

2) 균형의 효과

건축에 있어서 단순한 면이나 형태를 창틀의 중간에 멀리언을 돌출시켜 단조로움을 완화시키고, 대형 벽면을 모자이크 벽화로 처리하여 면을 강조하거나 단순한 면을 장식하여 변화감을 준다.

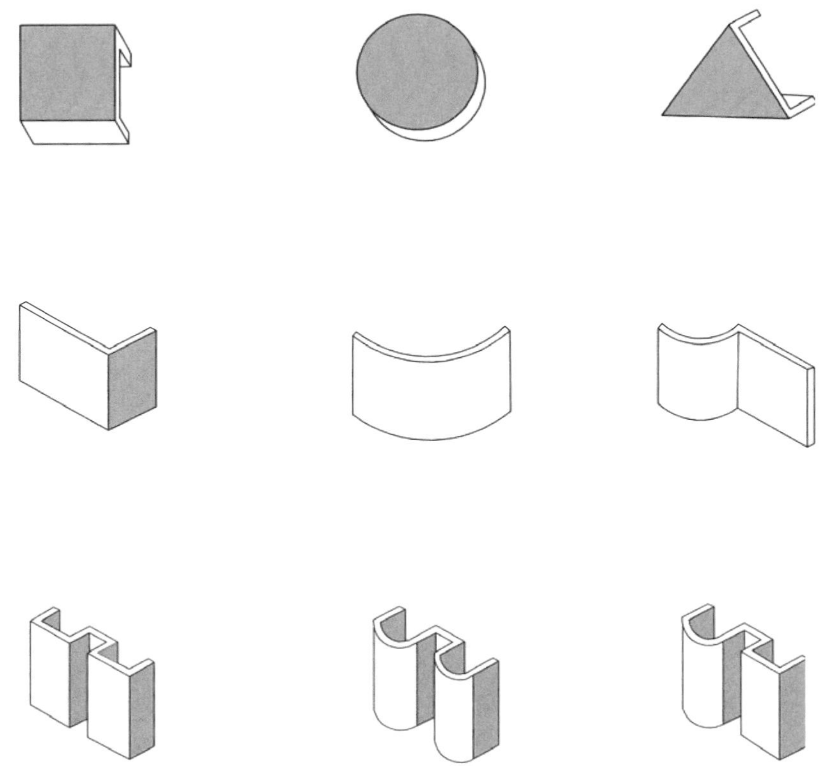

4. 형(Shape)

점은 선을 이루고 선은 형을 이루며, 형은 선의 결합과 분할에 의해 형성된다. 형은 자연적인 형, 인위적인 형, 기하학적인 형으로 분류할 수 있다.

건축디자인에 있어서 형태는 선이나 면과 같은 이차원의 공간이 아닌 체적과 크기를 갖는 삼차원의 공간이므로 다양하다. 건축형태는 모양, 부피, 구조로 정의될 수 있는데, 모양은 시선을 끌며 부피는 공간을 점유하고 있으며 구조는 시선을 집중시키는 역할을 한다.

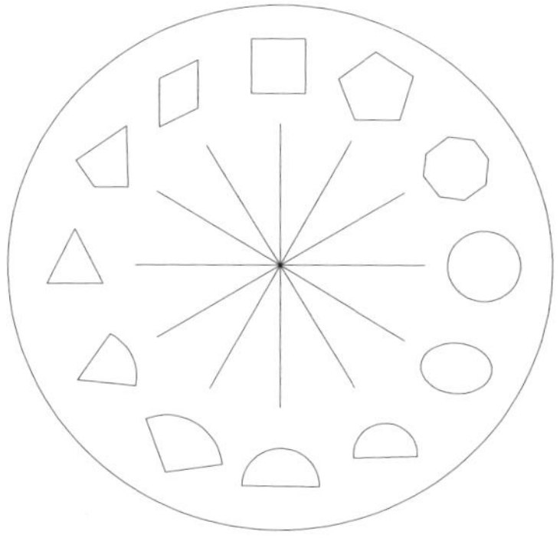

•형과 형태

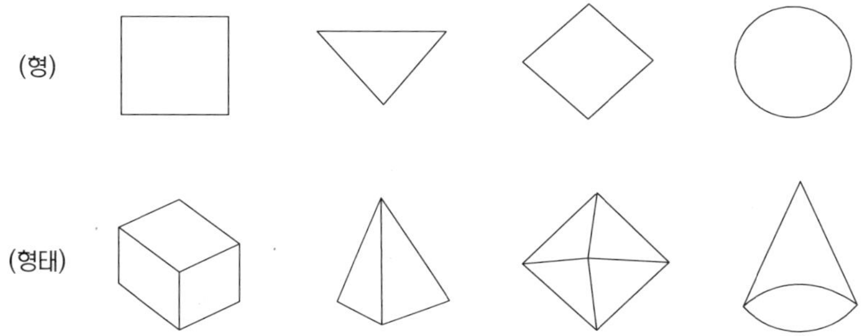

•원과 사각형

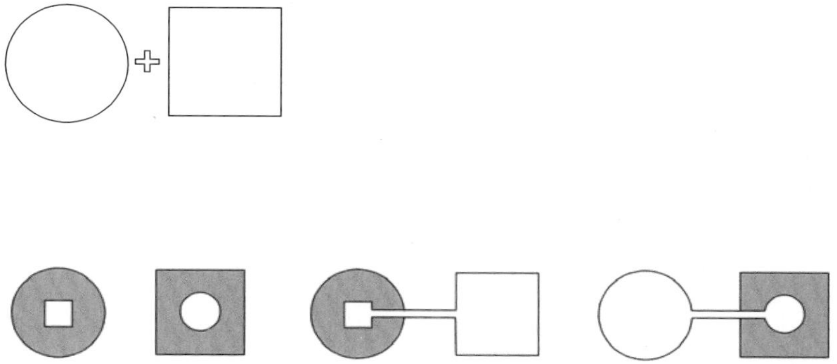

•회전시킨 격자

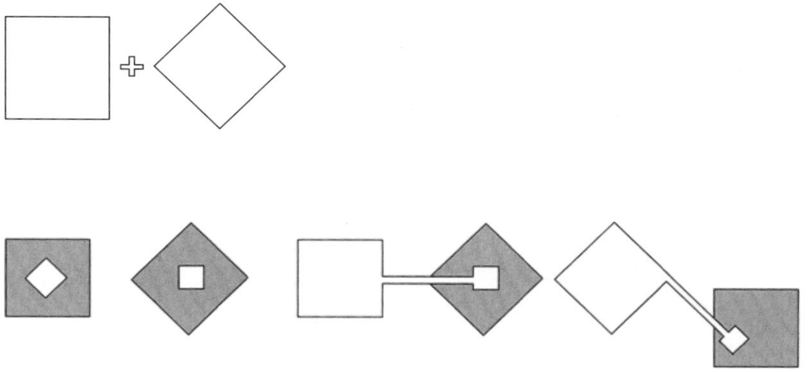

5. 방향(Direction)

방향은 조형물이나 건축물이 실제로는 움직임이 없는 정지된 상태일지라도 그 자체가 시각적으로 운동감을 느끼게 할 수도 있는 요소로 작용한다.

방향의 종류에는 수평방향과 수직방향 및 사방향이 있다. 수평은 안정되고 조용하고 수동적이며, 수직은 균형성과 강력한 지지력, 내재된 느낌을 가지고 있고, 사방향은 경사진 방향으로 불안정한 자극을 유발한다.

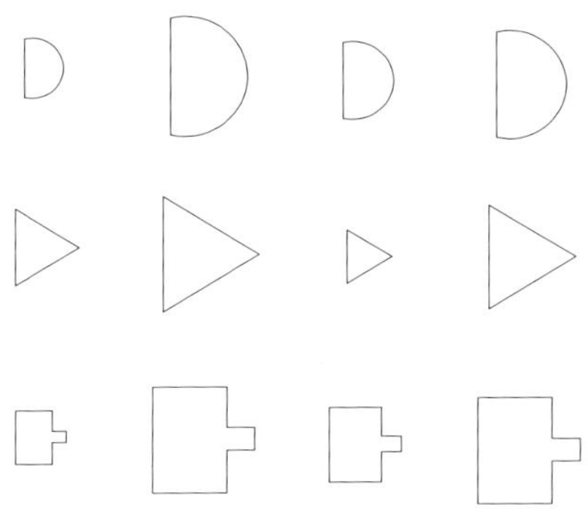

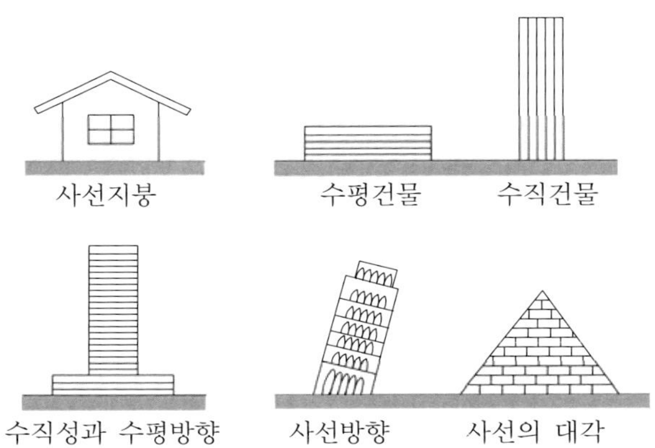

6. 크기(Size)

크기의 인식에 있어서 인간은 사물을 대할 경우, 실제의 크기가 아닌 시각 속에 들어오는 상을 보고 느끼므로 상의 크기는 대상물과 지각자와의 거리 및 위치에 따라 다르다. 그리고 크기의 비교는 다른 사물과의 상대적인 비교에 의해서만 성립된다. 즉 상대적인 다른 크기가 판단의 기준이 되며, 모든 크기의 기본은 사람이다.

•스케일 유형

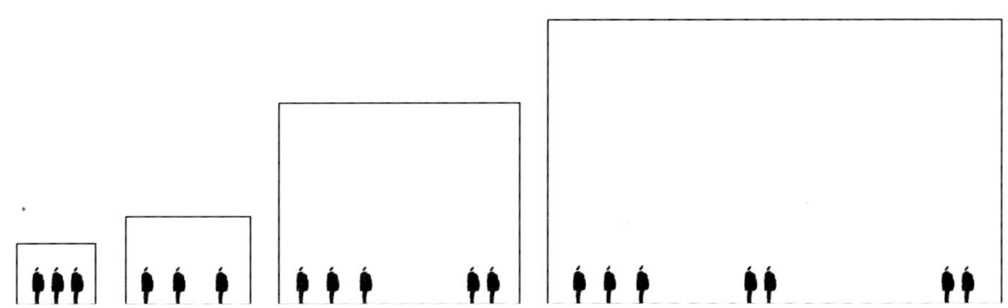

7. 질감(Texture)

질감은 촉각적이면서 시각적인 것으로 표면의 성질을 의미한다.

질감에는 크게 재질감과 표질감이 있는데, 재질감이란 시각이나 촉각의 감각에 의해 감지하되 표면의 성질을 의미하며, 표질감이란 주로 시각적으로 인지하는 표면의 성질로 조형예술 분야에서 사용된다.

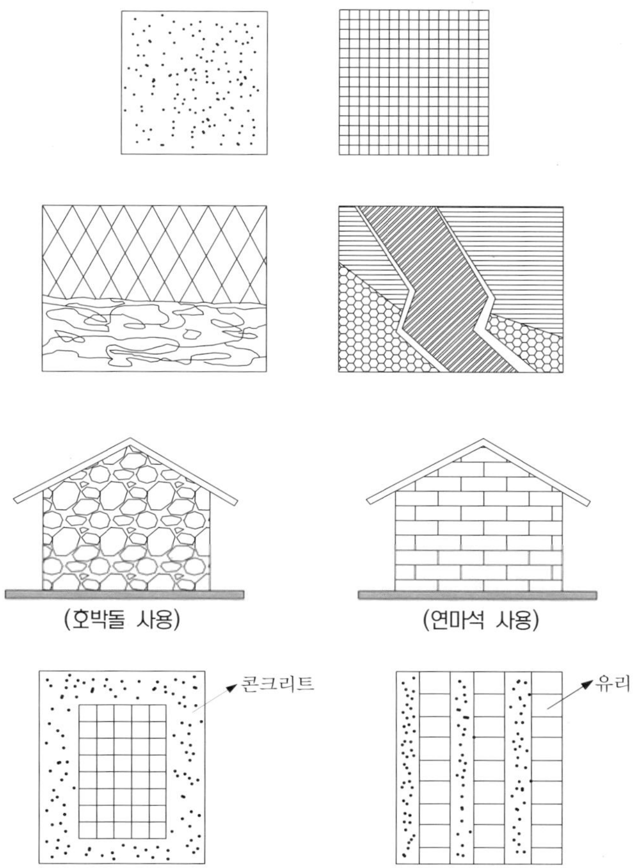

8. 명암(Value)

명암은 빛의 양에 의한 밝기와 어둡기의 정도로 빛과 물체가 있으면 반드시 존재하며, 입체적인 형태를 나타낼 수 있다. 명암이 밝으면 유쾌하고 활동적이며 가벼운 느낌을 주며, 명암이 어두우면 공포감과 비활동적이며 무거운 느낌을 준다.

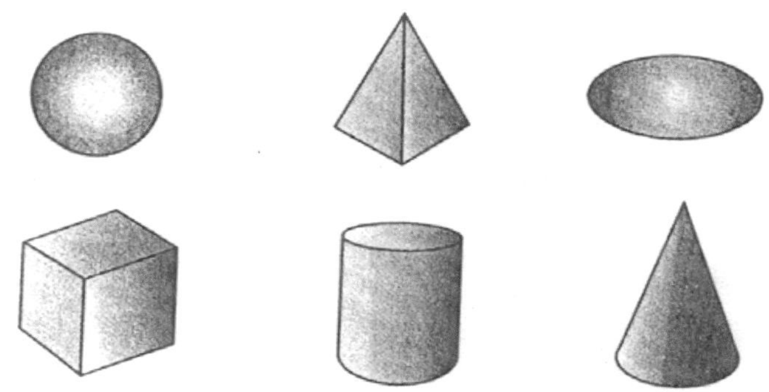

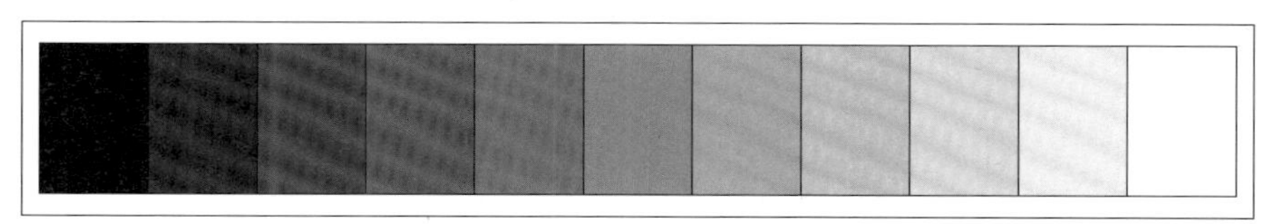

명암의 단계(V_1~V_{11})

9. 색(Color)

색은 형태 지각에 있어서 풍부한 감정으로 접근시키게 하는 요소로 형태에 앞서 인식될 수 있는 것으로 시각예술에서 중요한 요소이다.

색은 크게 주관적인 색채와 객관적인 색채로 구분되며, 인간에게 시각으로 느껴지는 것이므로 빛의 변화에 따라 동일한 색채일지라도 다르게 느껴질 수 있다.

(1) 색상(hue)

하나의 색과 다른 색을 구별하는 것으로 빛의 파장에 의하여 결정된다. 우리나라의 색채표기법은 먼셀(Munsell) 표색계를 사용하고 있다.

색의 파장이 긴 것(빨강)부터 짧은(보라) 순으로 최초의 기준색(5원색 : 적(R), 황(Y), 녹(G), 파(B), 보(P))을 기본으로 10분할하고 다시 10분할하여 100가지의 색상을 만들어낸다. 각 색상은 색상기호 앞에 1~10의 번호 중 5번 째가 해당 색의 대표색이다.

(2) 명도(value)

색의 밝고(명도 높음) 어두운(명도 낮음) 정도로 색의 밝기를 나타내며, 가벼움과 무거움의 중량감을 표시하는 속성이 있다. 명도는 가장 밝은 흰색인 10과 가장 어두운 검은색인 0으로 중간에 9단계로 분할하여 전체 11단계이다. 실내 조명 설계시 반사율에 영향을 준다.

- 반사율 $= \dfrac{V(V-1)}{100}$ (V : 명도)

(3) 채도(chroma)

색의 순수(채도 높음)하고 탁한 정도(채도 낮음)로 색의 강약감을 의미하며, 진출 및 후퇴성을 나타내는 속성이 있다. 채도가 높을수록 원색이 되며, 저채도는 1~4, 중채도는 5~8, 고채도는 9~14이다.

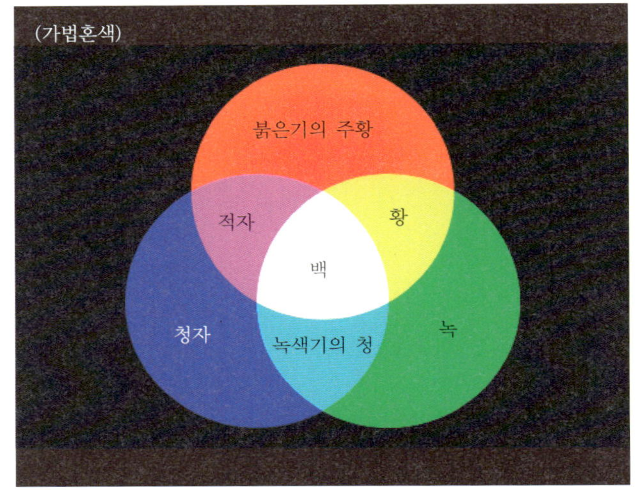

빛의 3원색(색광혼합)

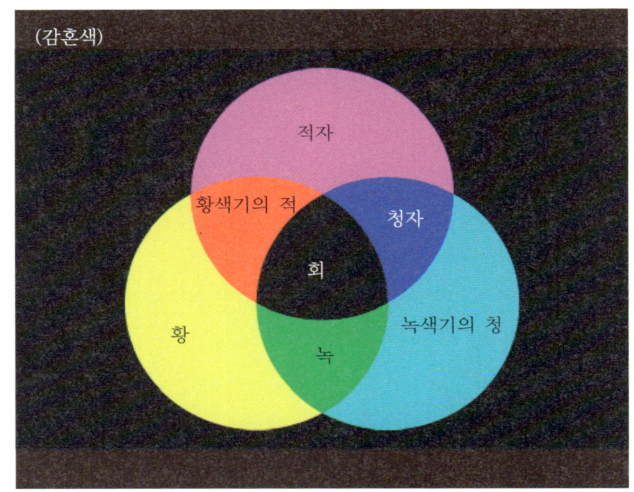

물감(색료)의 3원색(색료혼합)

색의 구분은 관습상 동물(쥐색, 살색), 식물(귤색, 밤색), 자연대상(하늘색, 황토색) 등의 이름을 따서 사용되어온 관용색명은 사용하지 않도록 하며, 색의 3속성에 따라 분류한 계통색명으로 표현한다.

유채색은 색상 명도/채도(HV/C)의 순서로 표기하여 5R-4/10은 색상은 빨강색의 대표색이며 명도는 4, 채도는 10을 의미한다. 무채색(흰색, 회색, 흑색)은 N(neutral)으로 표기하여 N7은 명도가 7을 의미한다.

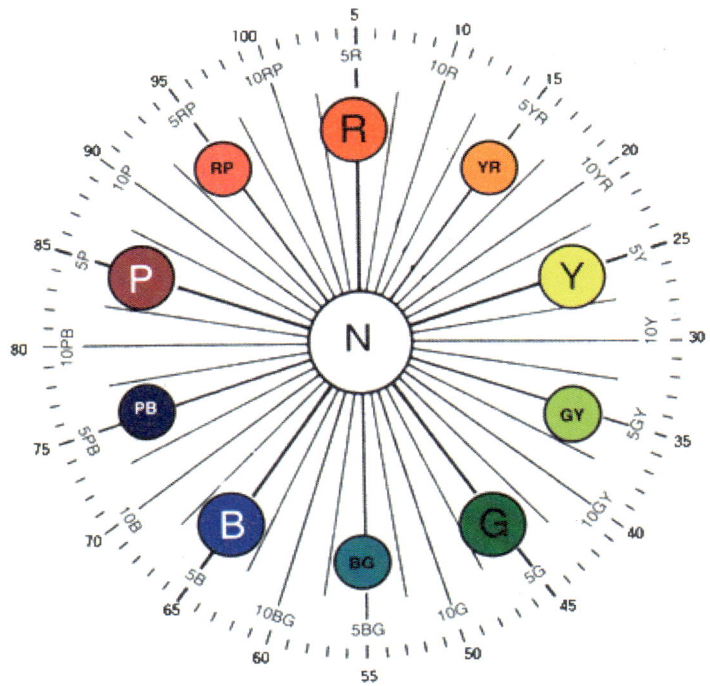

먼셀 색상환

색채계획에서 색의 조화는 색 자체의 이미지, 공간의 유형과 크기, 사용자의 기호, 재료, 조명 등 종합적으로 고려하여 선정한다. 색의 조화에는 단색조화, 유사색 조화, 보색조화, 삼색조화, 다색조화 방법 등이 있다.

건축물의 내 · 외장 색채는 사람 또는 건물의 배경이 되어야 하는 것이 원칙이므로 온화하고 차분한 중명도에 저채도로 계획하여야 하며, 건축물 용도의 이미지와 주변의 자연환경, 그리고 인공환경의 색과 조화를 고려한다.

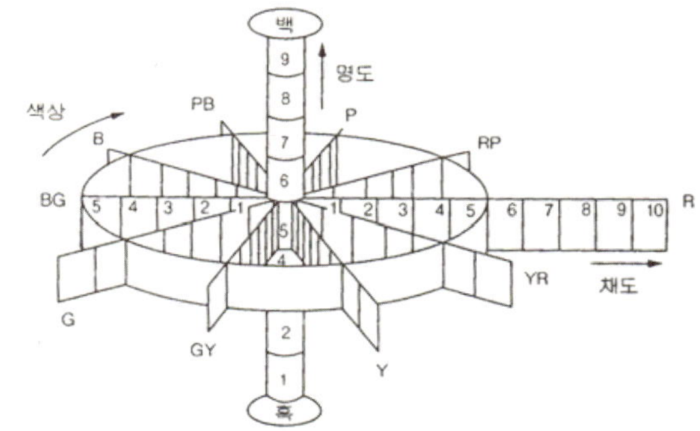

먼셀 색입체의 개념도

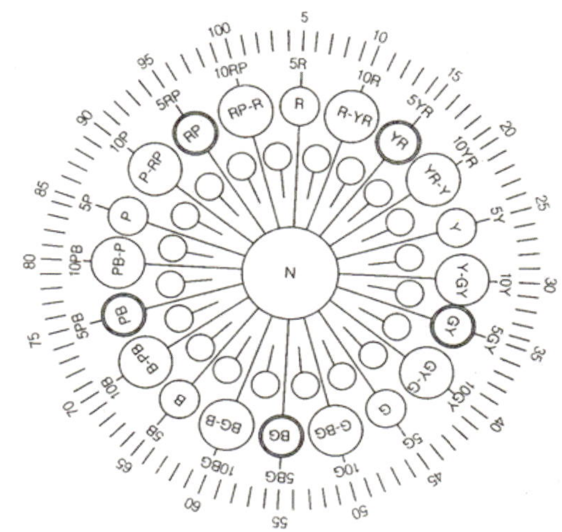

색상환

3.2 디자인 구성원리

1차적 인지요소(디자인 구성요소)들이 서로 '어떻게(how)' 어울어져 있는가 하는 2차적인 감응조건으로 요소들의 구성방법에 의해 특정한 미적 성격과 표현효과를 주는 기준이다.

1. 반복(Repetition)

반복은 구성원리 중 가장 기본적인 원리로 어떤 요소나 단위가 동일하거나 유사성을 지닌 것이 되풀이되는 현상으로 어떤 사건, 형태, 공간 등이 동일한 패턴으로 연속적으로 나타나는 것을 의미한다.

•각종 반복

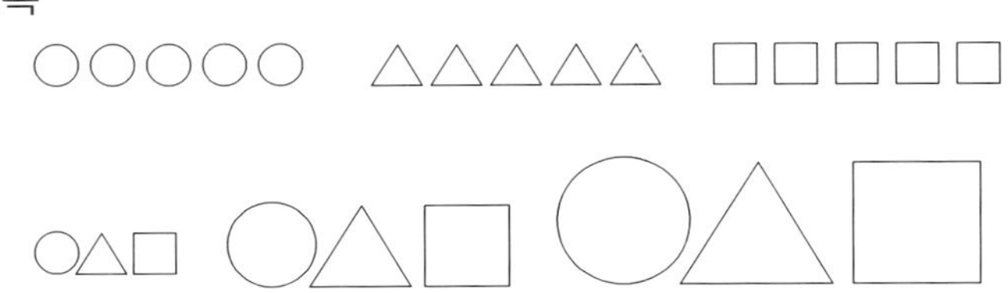

• 다양성이 없는 반복

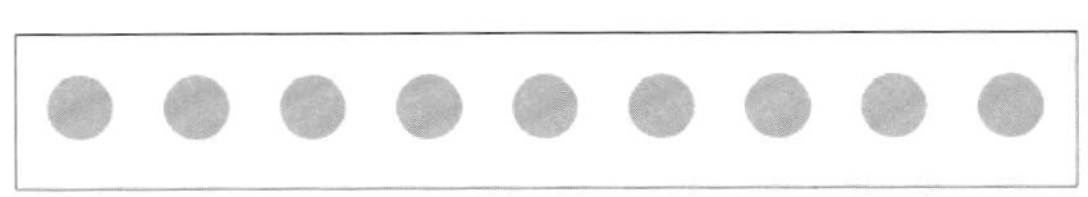

• 교호적 반복(교체)

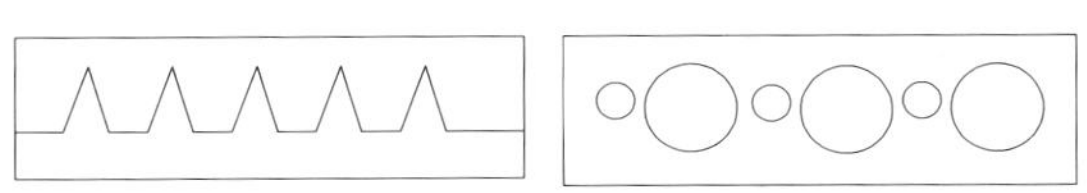

• 다양한 반복

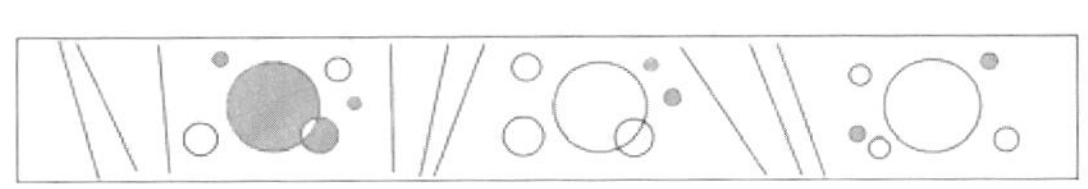

2. 강조(Accent)

강조는 초점이나 흥미의 중심으로 디자인에 있어서 어떤 부분의 형이나 색 등의 요소를 더욱 명백히 드러나게 시각적 중량감을 주는 것을 의미한다. 강조는 힘의 조절로서 전체의 조화를 파괴하는 것이 아니고 전체의 성격을 더욱 명백하게 하는 것이다.

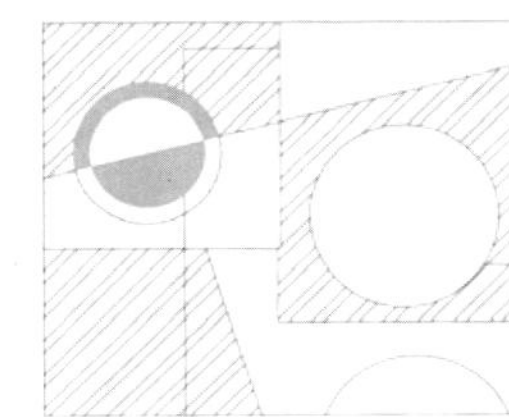

명암의 대비로 악센트 표현

3. 조화(Harmony)

조화는 두 개 이상의 요소 또는 부분의 상호관계가 서로 분리되거나 배척되지 않고 통일된 전체로서 높은 감각적 효과를 발휘할 때 일어나는 현상이다. 즉 구성요소들의 결합에서 서로의 관계가 질서정연하고, 유사성이 있고, 어울리는 것을 의미한다.

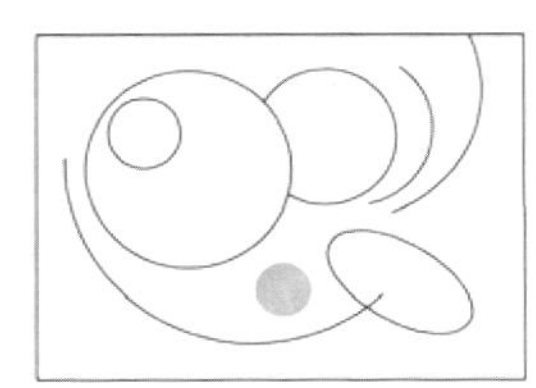

유사한 선의 조화

유사한 형의 조화

4. 대조(Contrast)

대조란 성질이나 양이 전혀 다른 둘 이상의 요소가 동시에 배열되어 서로의 성격이 한층 돋보이는 현상을 말한다. 즉 어떤 성격과 정반대의 성격을 병치하여 서로 성격을 강하게 만들어 전체로서 강력한 인상을 주는 것을 대조, 대립 또는 대비 현상이라고 한다.

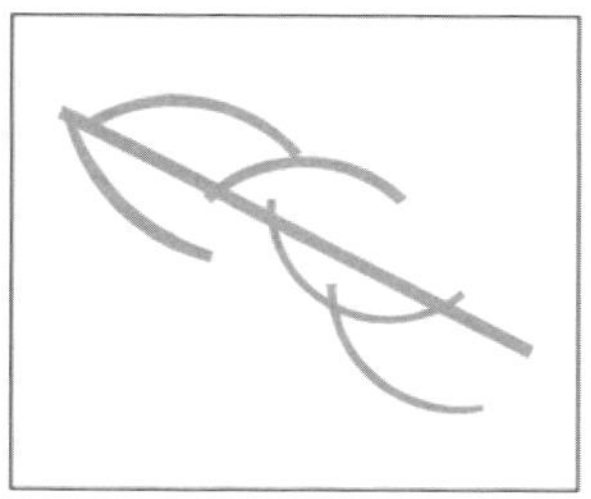
선의 대조

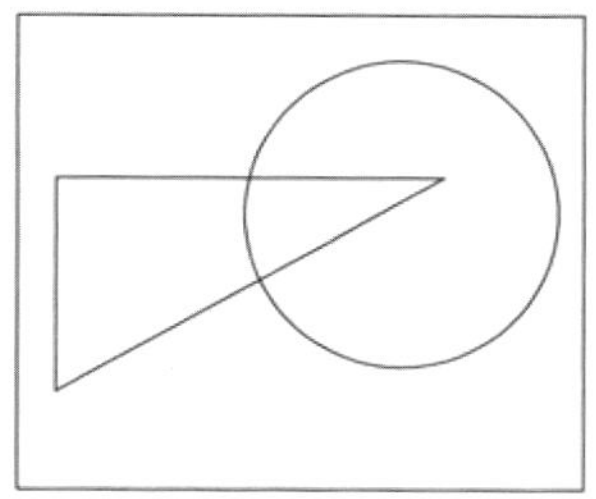
형의 대조

명암의 대조

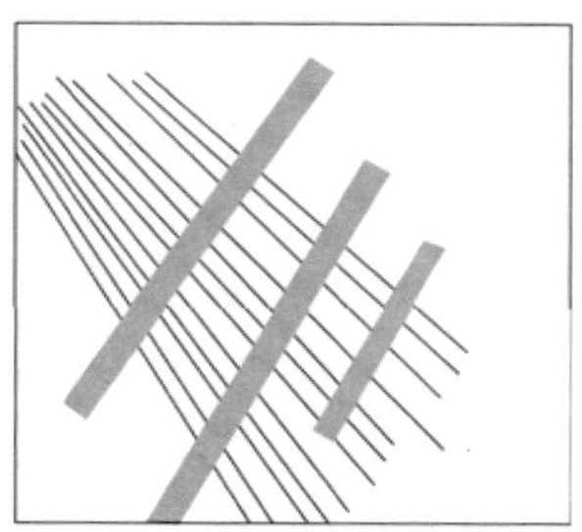
방향의 대조

5. 통일(Unity)

통일은 디자인 전체에 미적 질서를 주는 기본원리로서 모든 형식의 출발점이며 구심점이다. 통일은 구성요소의 일관성과 단일성을 의미하며, 미의 원리상 근본이 되는 것이다. 즉 모든 구성의 원리는 통일과 직결된다. 구성요소의 상호관계가 안정되고 정연한 느낌을 주면 이는 곧 통일의 상태이다.

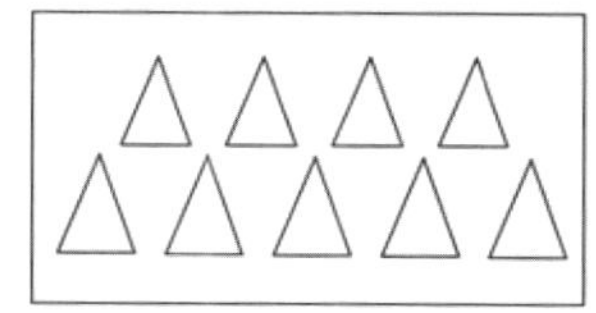
균일한 통일

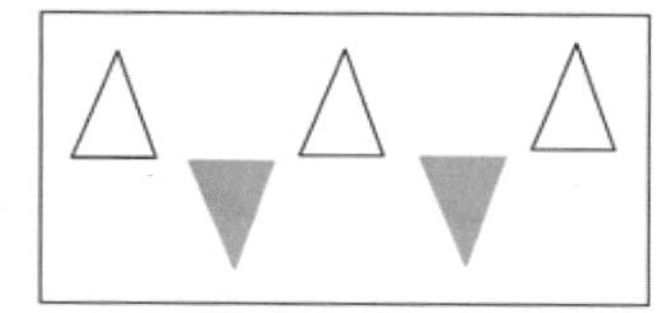
변화적인 통일

6. 균형(Balance)

균형은 서로 상대되는 두 개의 힘의 시각적 무게의 평형상태를 의미하며, 좌우 또는 상하의 형태가 다르면서도 힘이나 무게가 기울어지지 않고 질서를 유지하는 상태이다. 균형은 대칭적 균형과 비대칭적 균형으로 크게 구분할 수 있다.

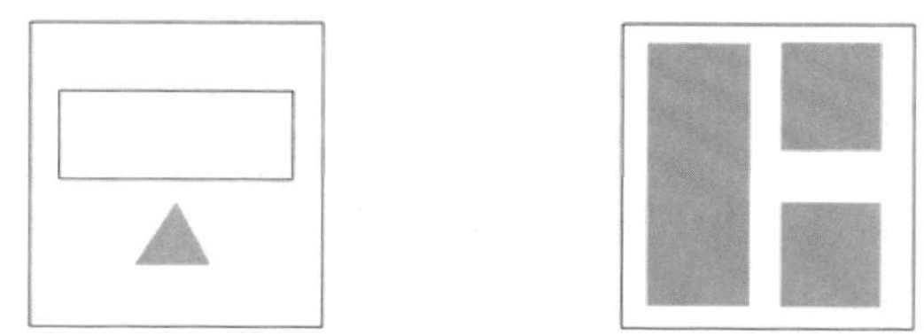
시각적 균형

7. 점이(Gradation)

점이는 구성요소가 점차적으로 조금씩 변화되어 가는 현상으로 율동감, 변화감, 성장감, 쇠퇴감 등을 준다. 즉 점점 커지거나 작아지는 현상으로 일정한 간격과 크기로 변화를 주면 리듬을 연출하기도 한다.

•형태와 크기의 점이

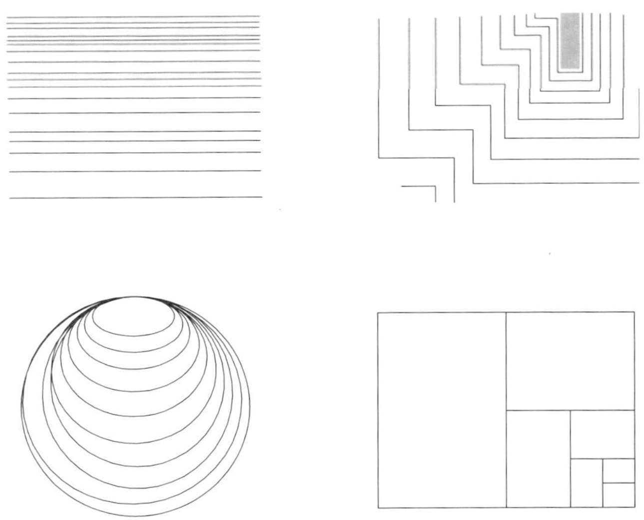

8. 대칭(Symmetry)

대칭은 항상 축(Axis)의 존재에 의해 이루어지는 완전한 균형상태를 의미하는 것으로 수치적 완벽을 지칭하며 균형의 완전함을 뜻한다. 축은 시각적 인지성을 부각시켜 질서와 위계감을 상징적으로 표출하며, 안정감과 균형감을 주기 때문에 고전건축에서는 미의 절대적인 조건이었다.

잠자리와 나비의 좌우대칭

9. 비례(Proportion)

비례는 어떤 양과 다른 양 사이에서 대소의 분량, 장단의 차이, 부분과 부분 또는 전체의 부분과의 수량적인 관계를 나타낸다. 즉 대소의 분량, 장단의 차이, 부분과 부분 또는 부분과 전체와의 수량적 관계가 보기 좋은 비율로 분할 될 때 좋은 비례가 결정되는 것이다.

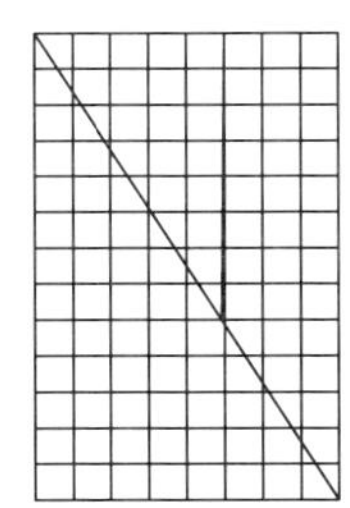

피보나치 수열

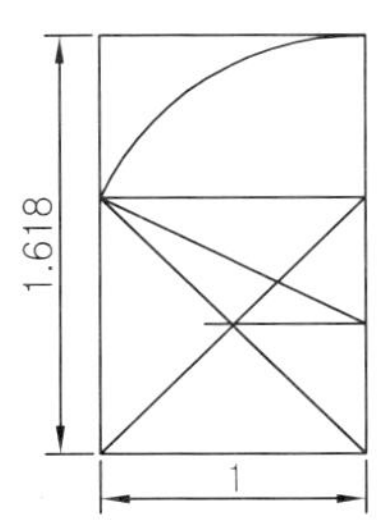

직사각형 황금분할

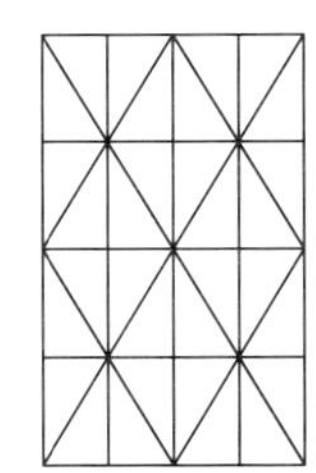

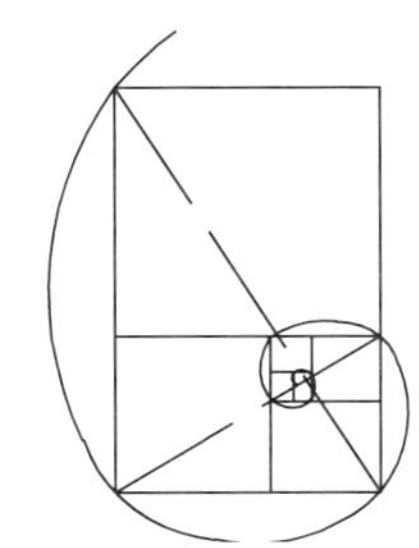

조화로운 성장의 나사

• 황금비(Golden Mean ; 1 : 1.618)

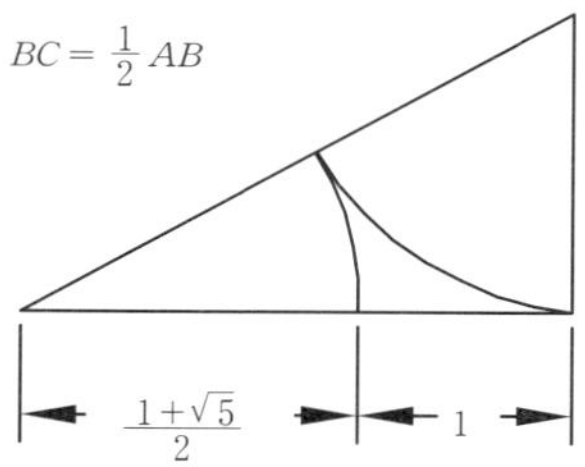

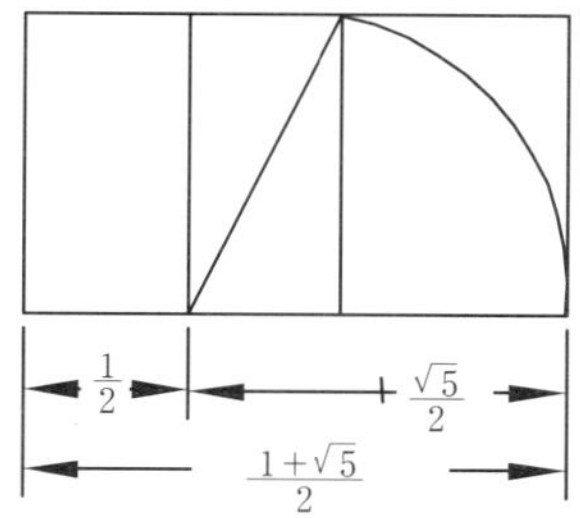

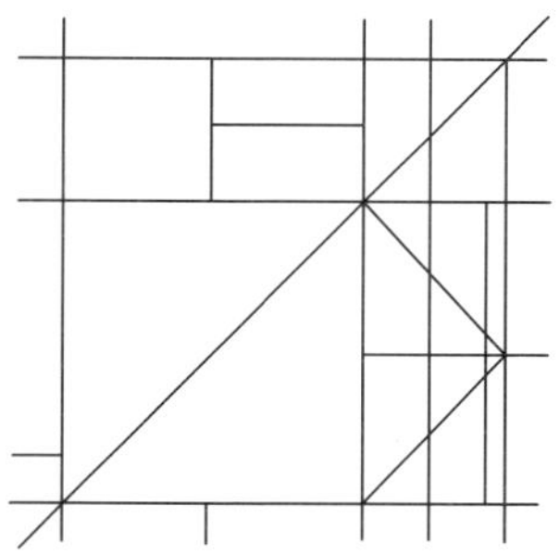

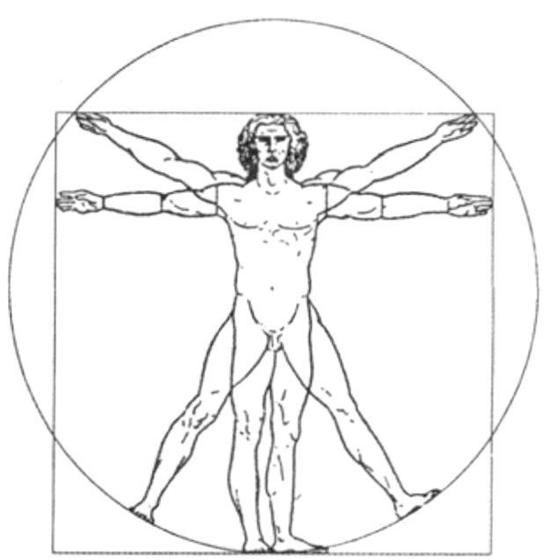

레오나르도 다빈치 : 비례의 규범

• 건축에서의 비례

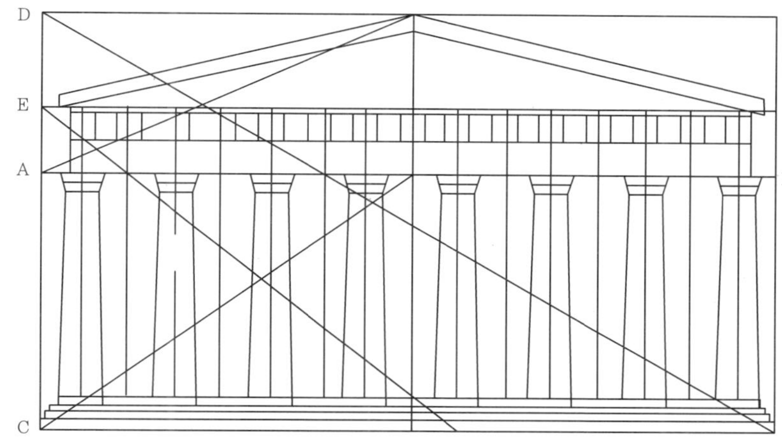

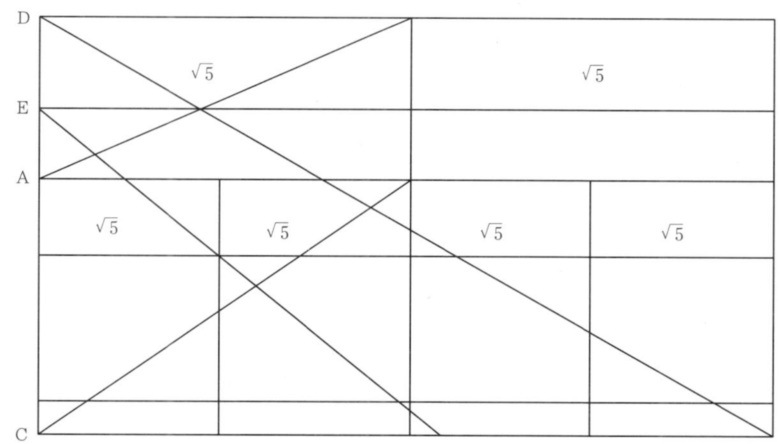

황금분할에 의한 파르테논 신전

Architectural Design Presentation

Chapter 4.

건축계획 · 설계과정 표현요소

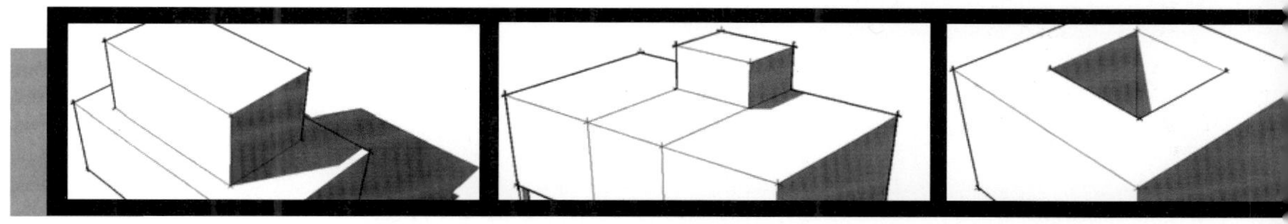

4.1 개념도
4.2 공간구성
4.3 블록(block) & 매스(mass)
4.4 공제 및 부가
4.5 스터디 모형(study model)

4.1 개념도

개념(concept)은 건축설계에서 중요한 역할을 하는 중심적 생각으로 개념의 전개에 따라 건축계획 및 설계에 이르기까지 모든 것이 독특한 작품으로 특징을 갖게 되며, 개념 설정의 초기에는 간단한 프리핸드 스케치나 드로잉으로 표현되어 진다.

개념도는 계획 및 설계의 아이디어를 간단한 도형으로 함축시켜 표현하므로 개념의 전달에 있어서 효율적이다. 다양한 개념도의 형태를 파악하고 변형하여 효과적인 개념도를 표현함으로써 명료하게 전달할 수 있도록 하는 표현방법이다. 다이어그램은 개념을 형상화하고 알기 쉽게 표현한 것으로 동선과 기능 등을 표현하는데 유효한 방법이다.

1. 대지분석

대지분석은 계획대지에 대한 자연요소와 대지현황, 그리고 건축법규 제한 요소 등을 분석하여 건축계획 및 설계에 반영하는 역할을 한다.

① 소음분석

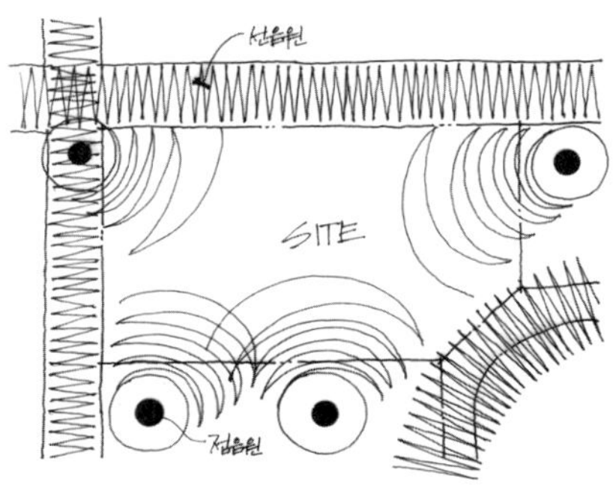

• 소음대책

소음원인 차로와 건물 사이에는 건축선을 최소한 3m 이상 후퇴하거나 지반의 높이를 변화시켜 완충공간을 확보한다.

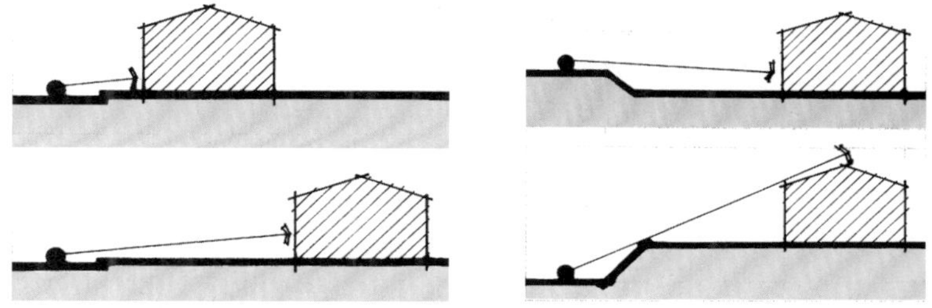

음의 전달에 대한 부분적인 장애물로서 방음식재, 건물, 방음벽 등에 의한 소음차단을 고려한다.

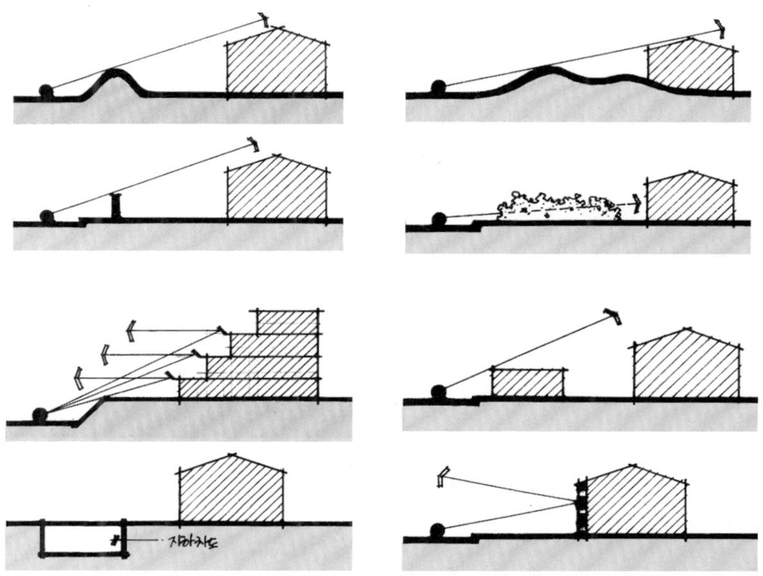

물소리나 음악소리를 이용한 소리의 마스킹 효과(masking effect, 음폐효과)를 이용한다.

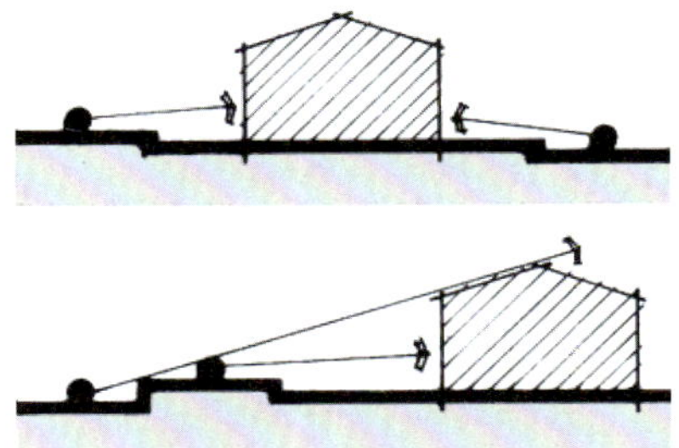

② 조망분석

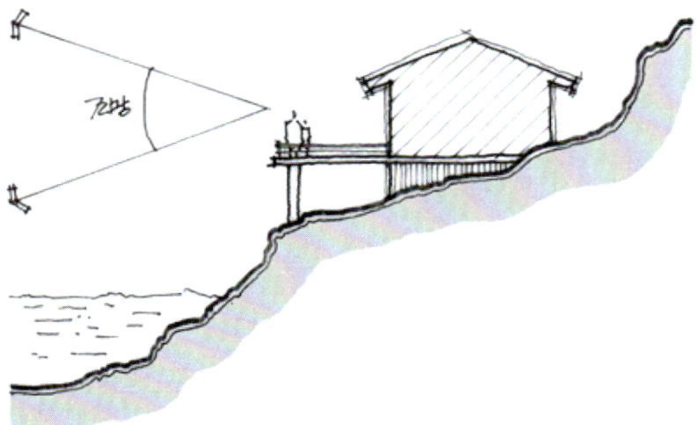

③ 창문계획(북향 : 최소화, 남향 : 최대로 계획)

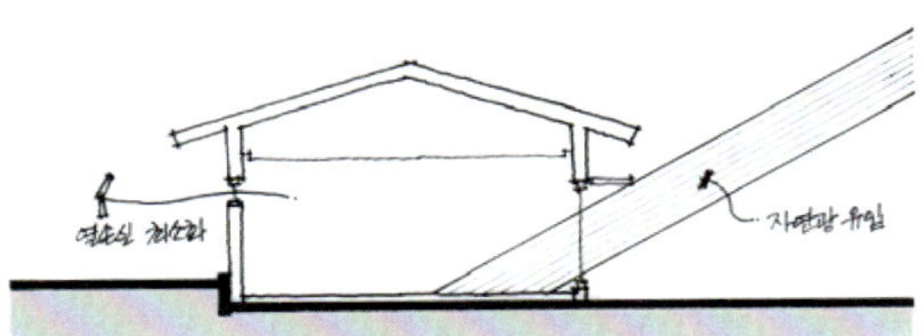

④ 건물배치

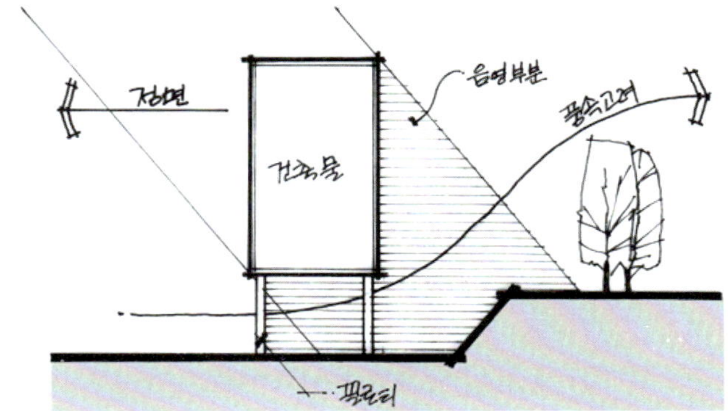

⑤ 식재계획

수목을 이용하여 바람의 방향과 속도를 조절하여 통풍 및 방풍계획을 하고, 소형건물은 식재에 의한 50% 정도의 냉방에너지 절감효과를 가져온다.

여름
(동·서향 : 상록수, 남향 : 활엽수)

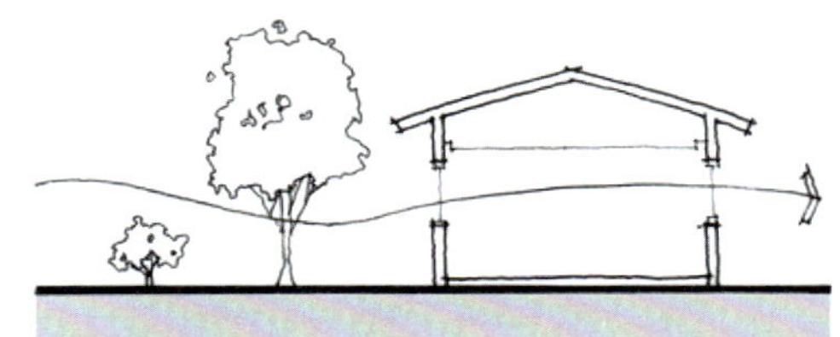

겨울
(북향 : 상록수, 남향 : 낙엽수)

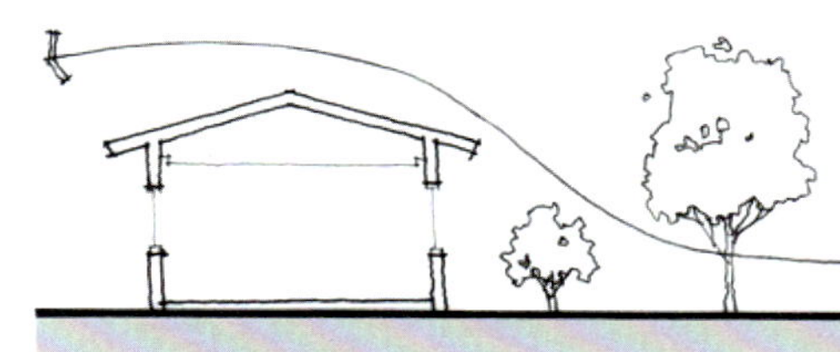

⑥ 햇빛 차단 장치

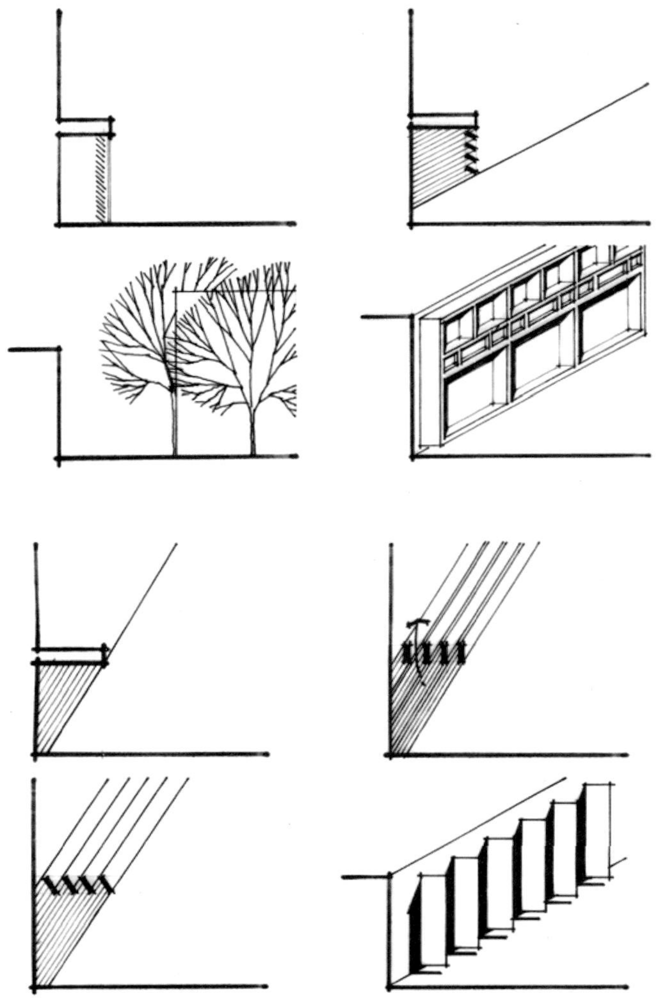

⑦ 지형계획

대지를 계획 시설물과 조화롭게 만들기 위해 필요한 대지의 정지작업을 의미한다. 지형은 대지 지표면의 급경사나 완만함 등의 특성을 표현하며, 이에 따른 건축계획의 정보를 제공한다.

• 경사도(%) = 높이차/거리 × 100

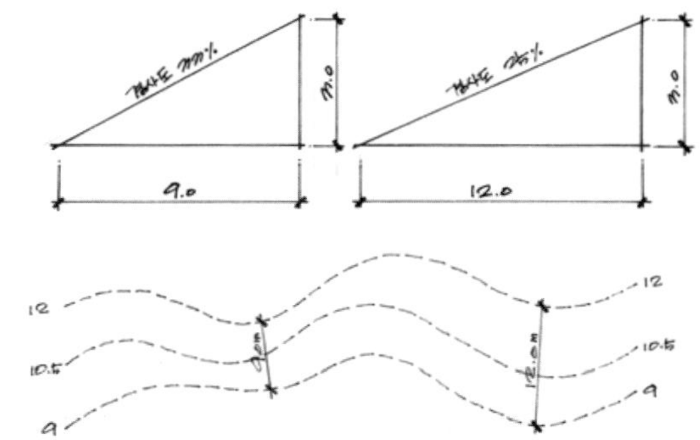

• 등고선의 유형과 지형의 관계

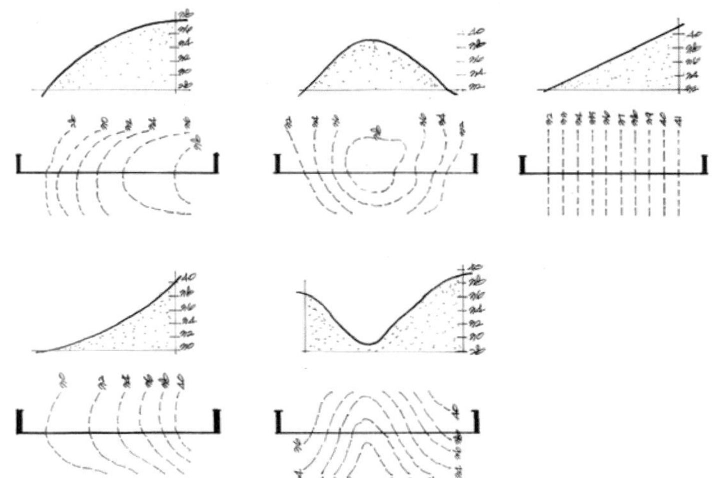

• 절토와 성토

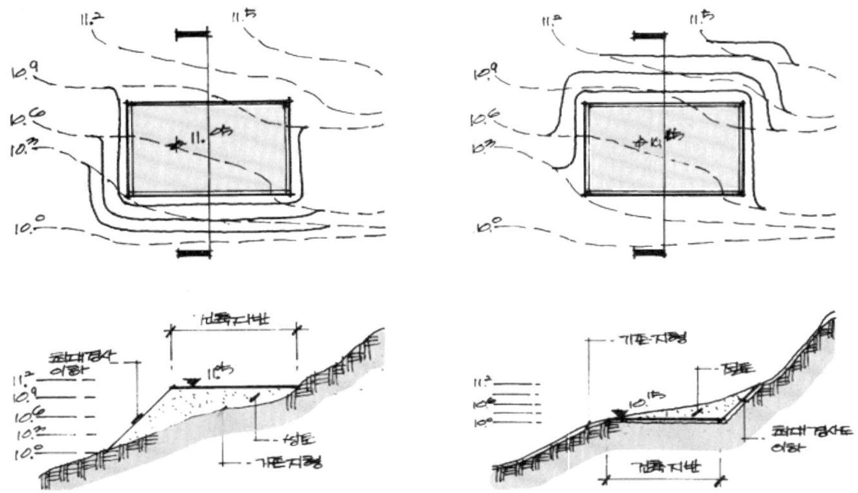

• 성토와 절토의 균형

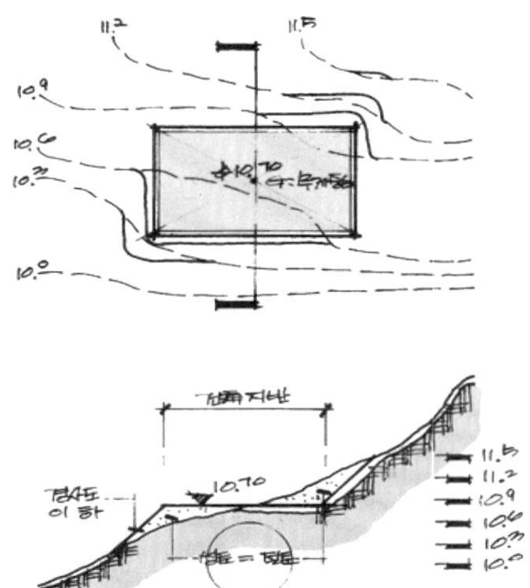

⑧ 배수계획

배수계획은 대지의 불필요한 빗물을 모으거나 배수로를 계획하여 빗물 등의 지표수를 시(市)우수관이나 집수지에 도달하도록 하는 지형조정 계획을 의미한다.

• 배수 시스템

각 건물의 지붕에서 홈통을 거쳐 지반면으로 연결되며, 지반면의 우수는 주변의 지표수와 함께 대지내 계획된 배수로를 지나 도로에 전달된다. 도로 측구 혹은 집수정으로 유입된 배수는 우수관(혹은 배수관)을 통하여 하천, 강, 호수, 바다 등으로 배수된다.

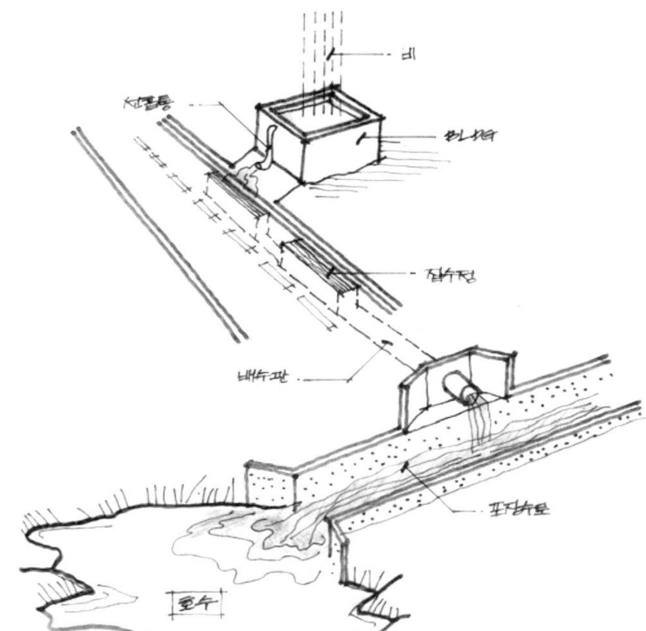

⑨ 법규 검토

•도로사선제한

– 가로구역별 건축물의 최고높이 지정된 경우
  지정높이 이하로 계획한다.

– 최고높이가 지정되지 않은 경우
  건축물 높이 : 건축물 각 부분의 높이는 전면도로 반대쪽 경계선까지 수평거리의 1.5배를 초과할 수 없다.

•일조권 제한

– 전용주거지역 · 일반주거지역 안에서의 일조 등의 확보를 위한 높이제한 : 건축물의 각 부분을 정북방향으로의 인접대지경계선으로부터 다음의 범위 안에서 건축조례가 정하는 거리 이상을 띄어 건축하여야 한다.

높 이	인접대지 경계선으로부터 정북방향으로 띄어야 할 거리
높이 4m 이하인 부분	1m 이상
높이 8m 이하인 부분	2m 이상
높이 8m를 초과하는 부분	인접대지 경계선으로부터 당해 건축물의 각 부분의 높이의 1/2 이상

– 인접대지경계선 : 건축물을 건축하고자 하는 대지와 다른 대지 사이에 공원 · 도로 · 철도 · 하천 · 광장 · 공공공지 · 녹지, 기타 건축이 허용되지 아니하는 공지가 있는 경우에는 그 반대편의 대지경계선을 말한다.

• 도로사선

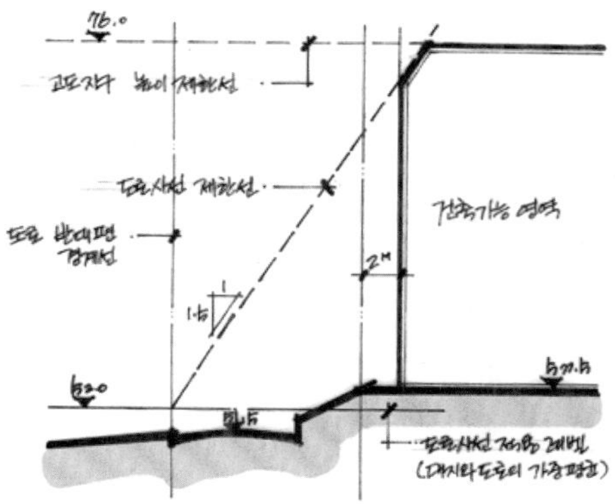

•일조권

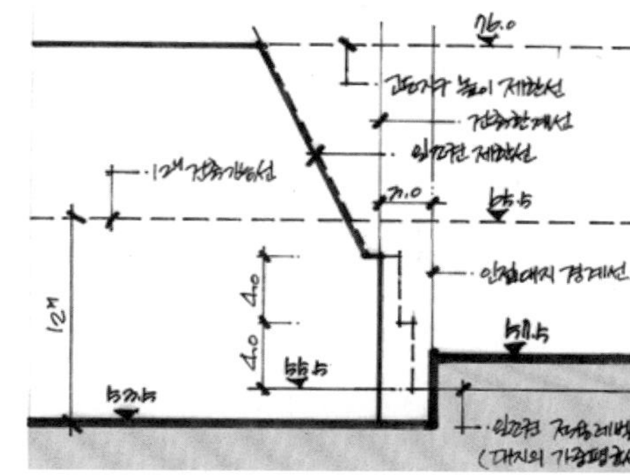

• 도로사선, 일조권, 채광창 이격

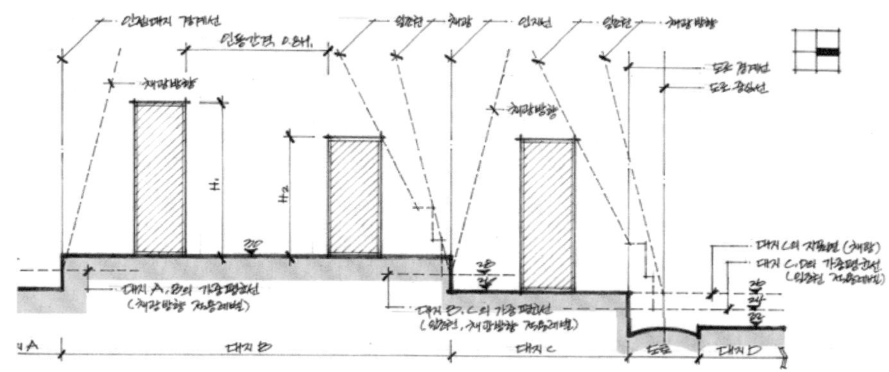

2. 배치

배치는 출입구와 각 건물동의 위치, 그리고 주차장 등 대지에 위치하는 장소를 결정한다.

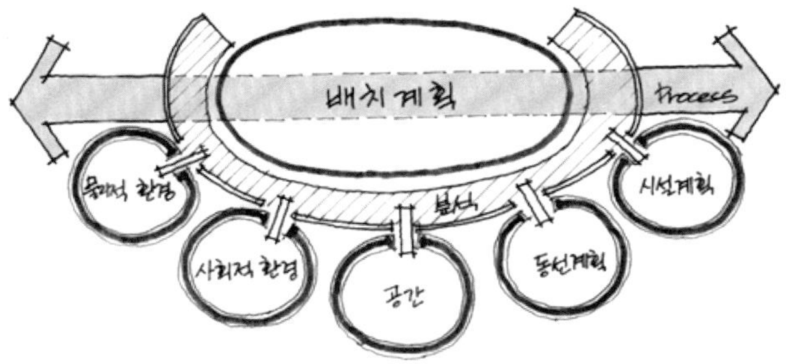

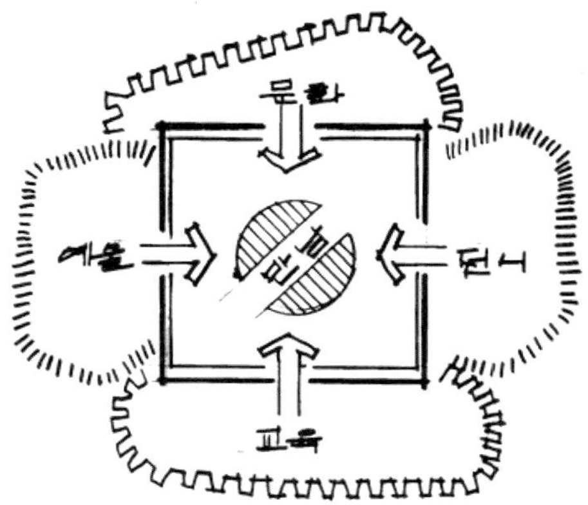

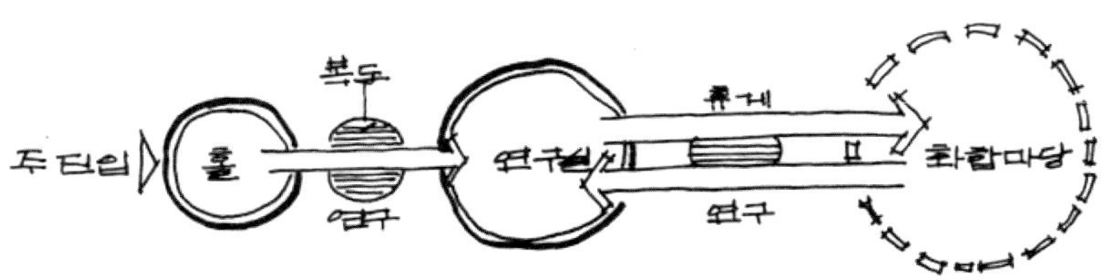

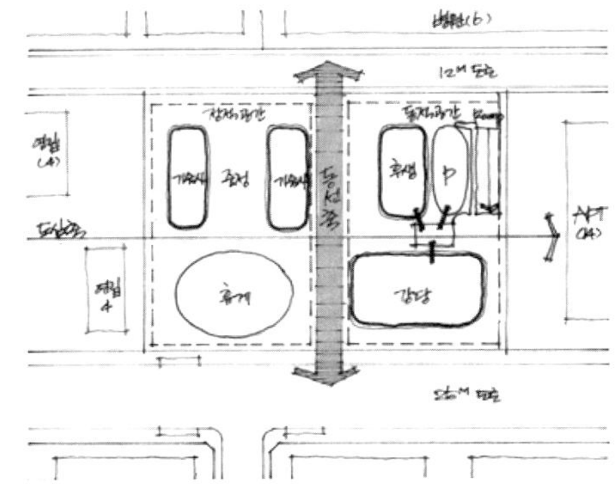

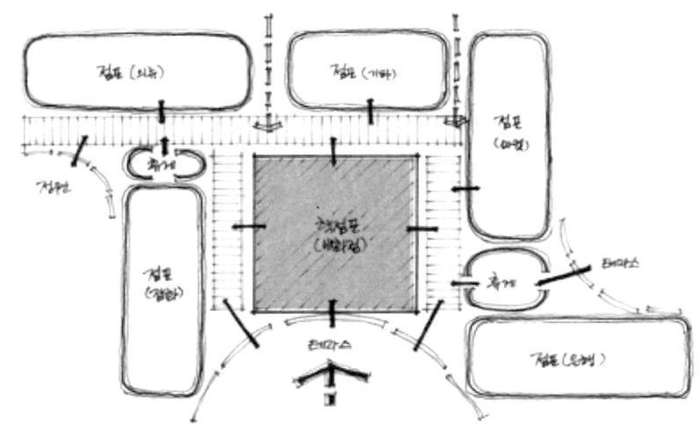

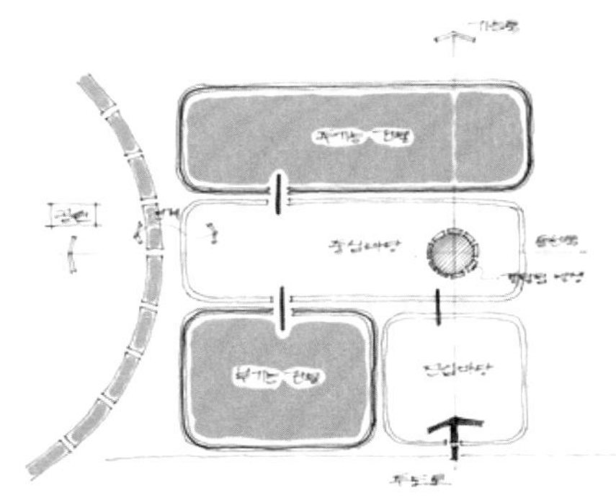

3. 조닝(Zoning)

대지분석에서 검토된 내용과 건축물의 기능을 기초로 하여 건축물의 위치, 휴게공간, 주차공간, 진입로 등 각 공간을 특성별로 그룹핑하여 수직 및 수평영역을 결정한다.

수직조닝은 층별 기능을 고려하여 분리하며, 수평조닝은 각 실의 연관성을 고려하여 배치한다.

• 수평조닝

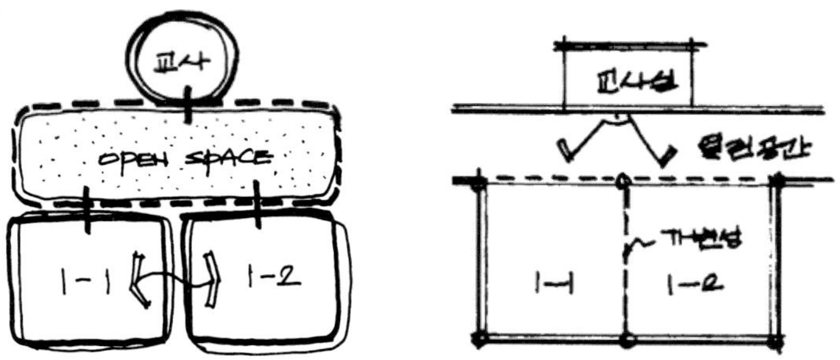

• 수직조닝

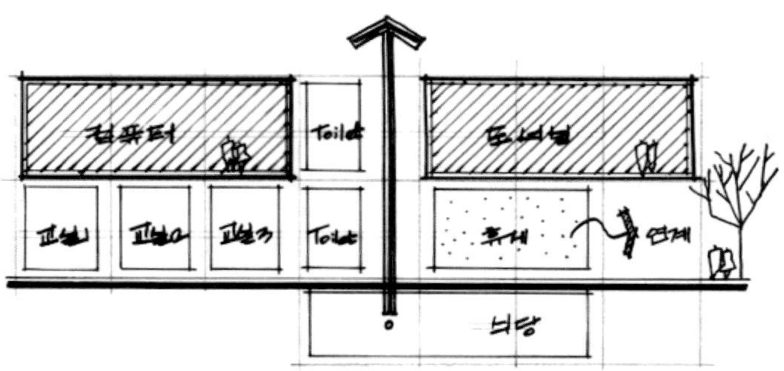

4. 평면

평면은 건물 내부에서 일어나는 모든 활동의 상호관계를 수평으로 절단하여 유기적으로 배치한다.

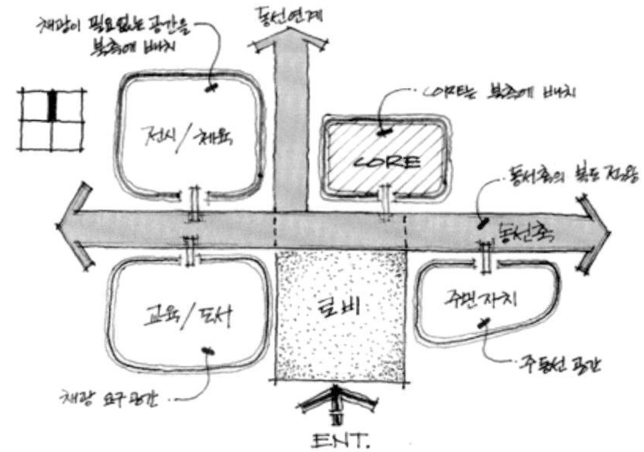

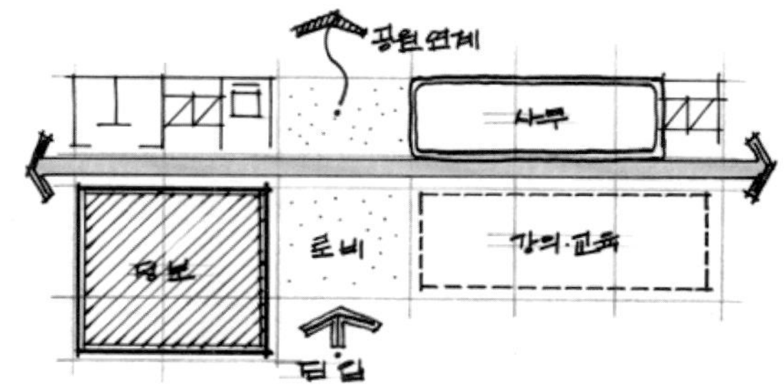

5. 단면

단면은 건축물의 수직적인 높이를 설정하고 구조형태를 고려한다.

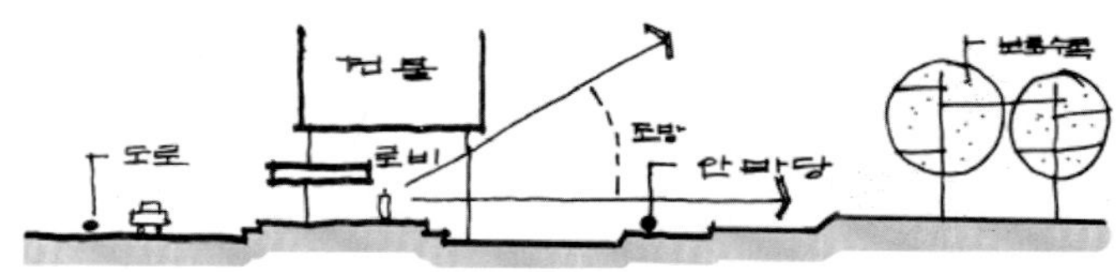

4.2 공간구성

인간이 건축을 조형하는 의도는 쾌적한 생활을 영위하기 위한 공간(space)을 확보하는데 있다고 할 수 있다. 즉 건축은 공간이 목적이며, 구조체는 공간을 확보하기 위한 수단으로서 중요한 역할을 한다.

① 공간 속의 공간

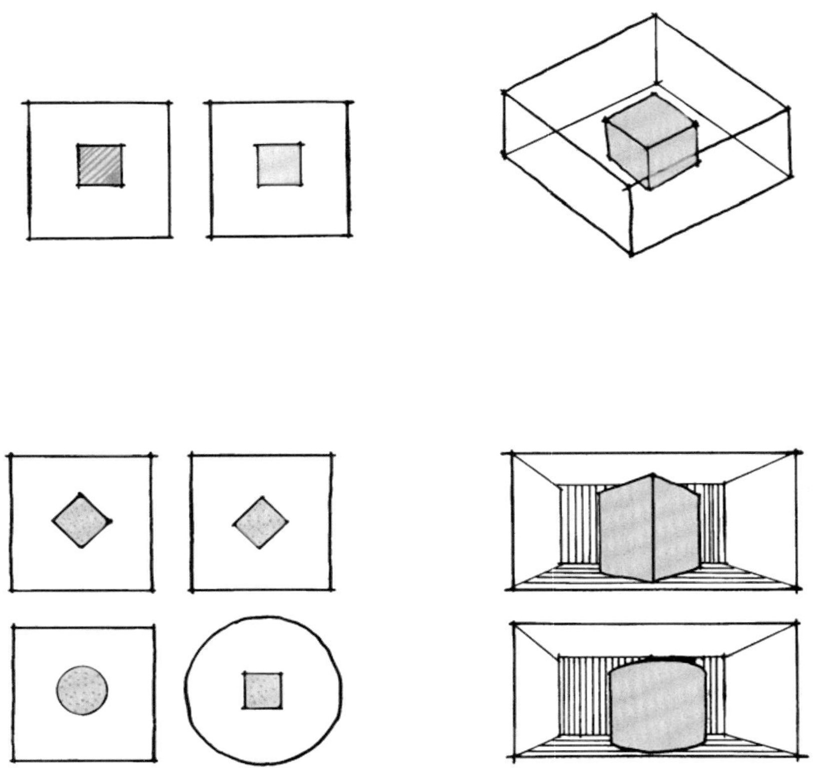

② 맞물림 공간

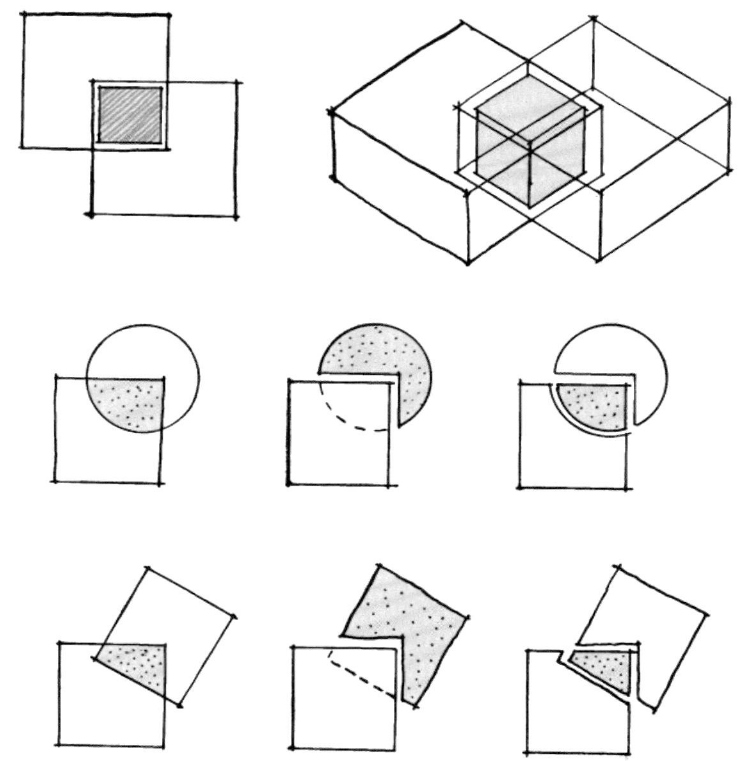

③ 인접된 공간

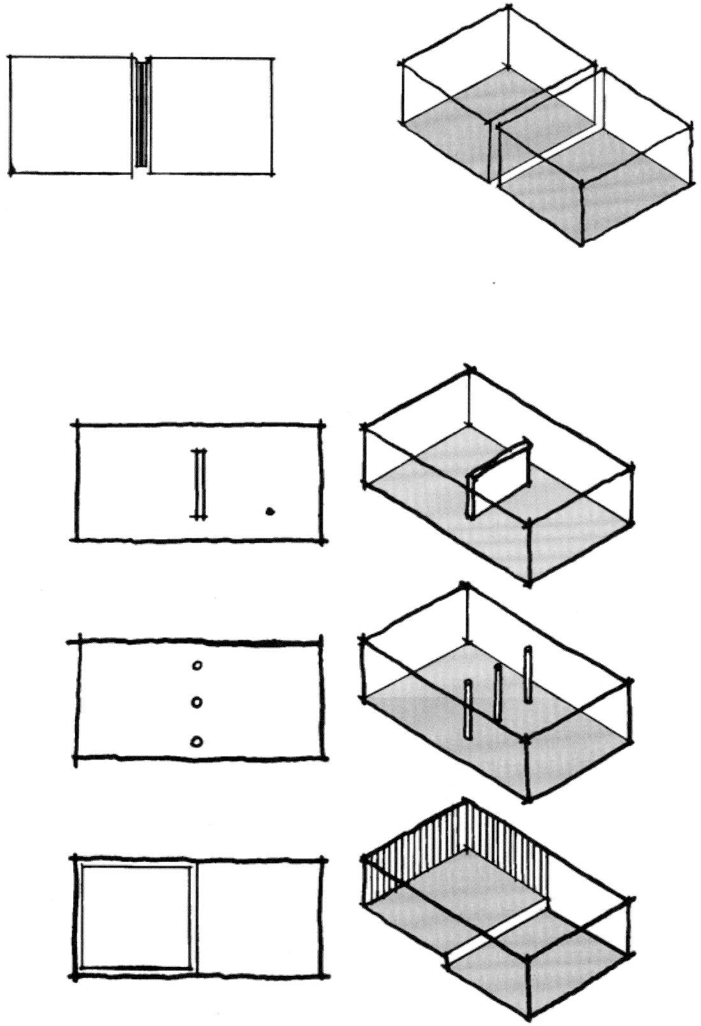

④ 연결된 공간

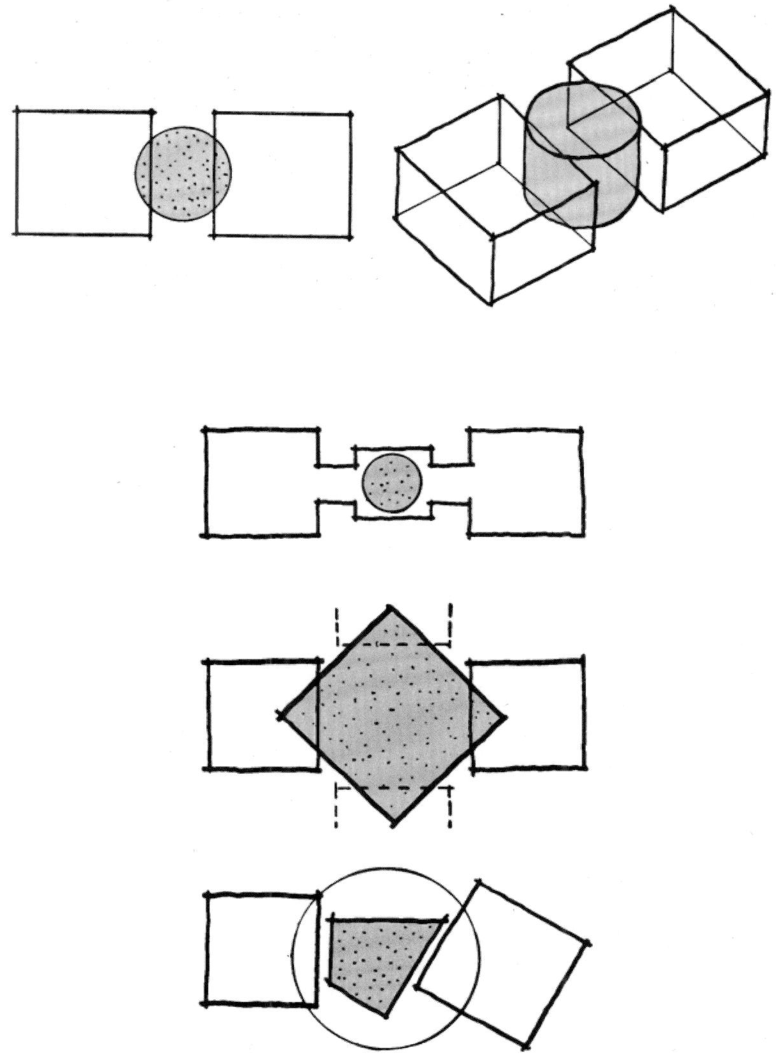

4.3 블록(block) & 매스(mass)

계획건물의 블록(block) & 매스(mass)를 상호 고려하여 표현하는 방법으로 단순한 매스형태와 매스의 조합된 형태로 표현할 수 있다.

가선으로 형태를 설정하고, 프리핸드로 강하게 작성한다.

블록

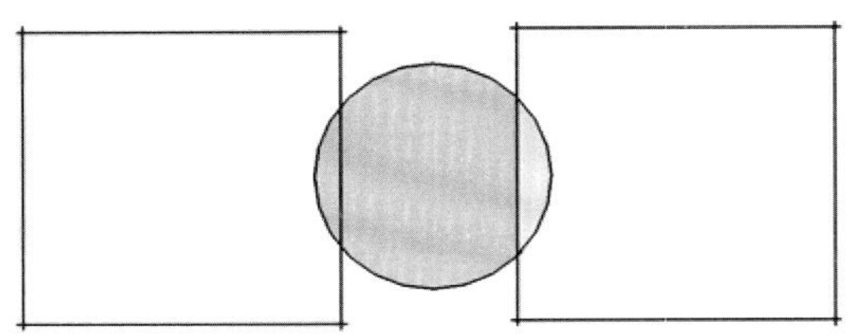

매스

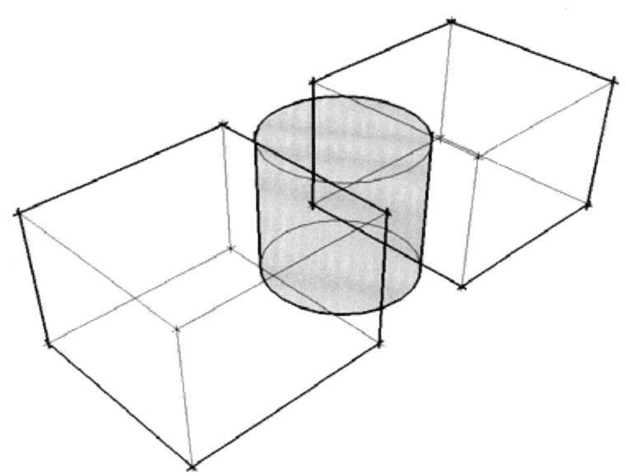

매스형태의 조합

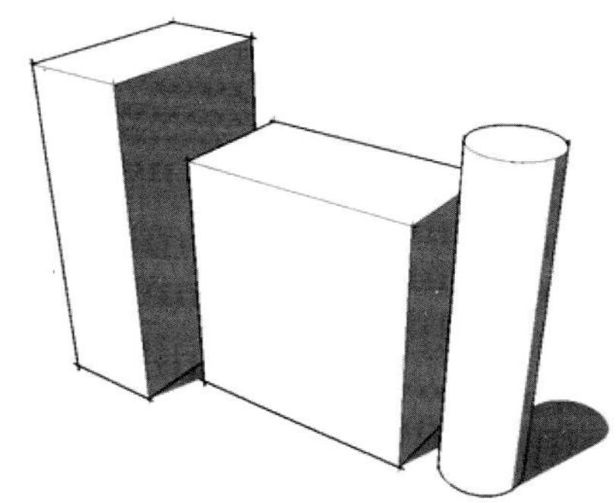

단순한 매스의 형태 결합

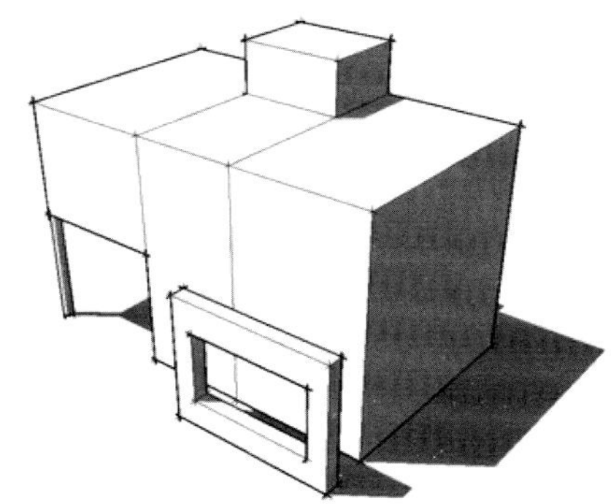

① 단일형 매스-1

주로 업무시설 등에 채택되며 코어 위치에 따라 매스의 형태가 결정되며, 코어 상부의 악센트 디자인을 하여 변화를 모색하고, 저층부는 기능에 따라 가변성을 주도록 한다.

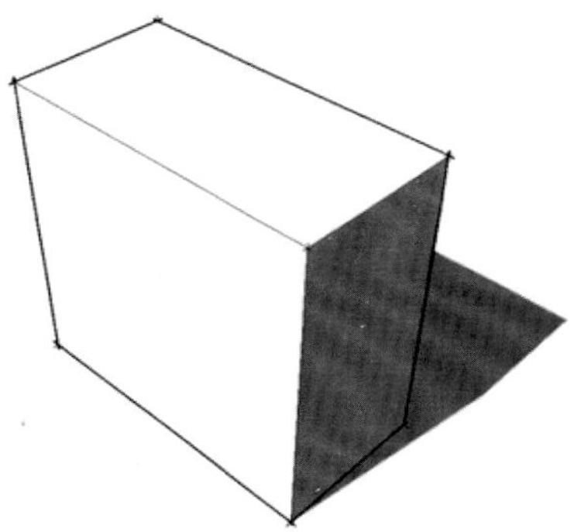

• 단일형 매스 기본형

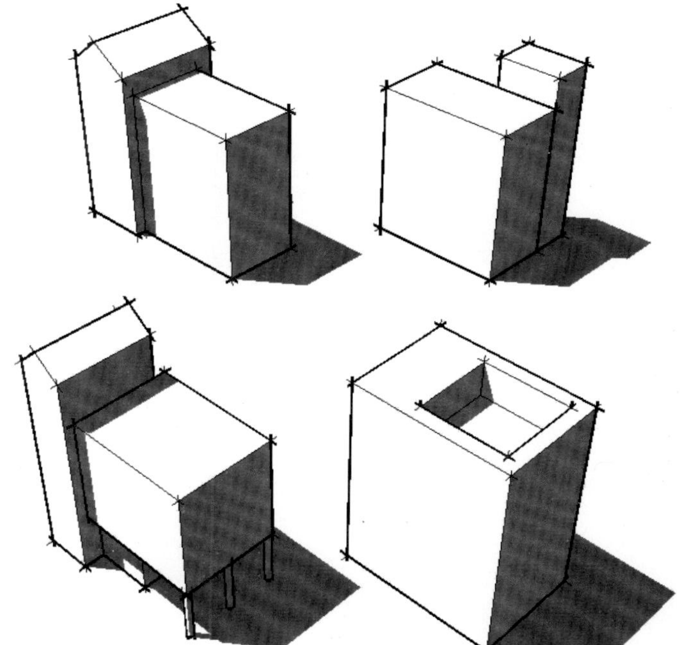

② 단일형 매스-2

내부에 중정형식의 아트리움과 주계단 등을 두어 주 홀(main hall)을 이루도록 한 형식이다.

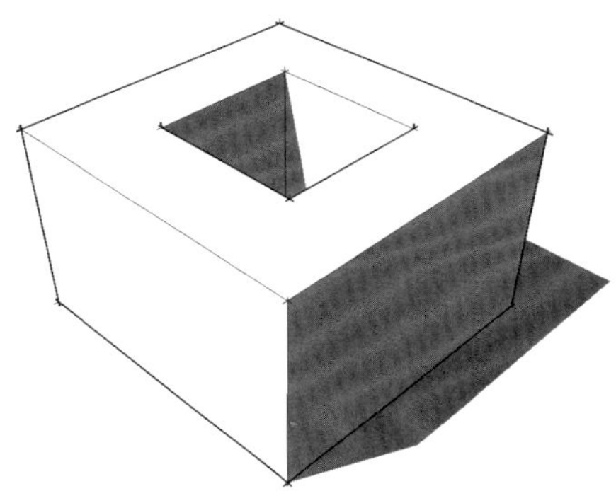

• 내부공간에 따른 단일형 매스의 변형
기본형

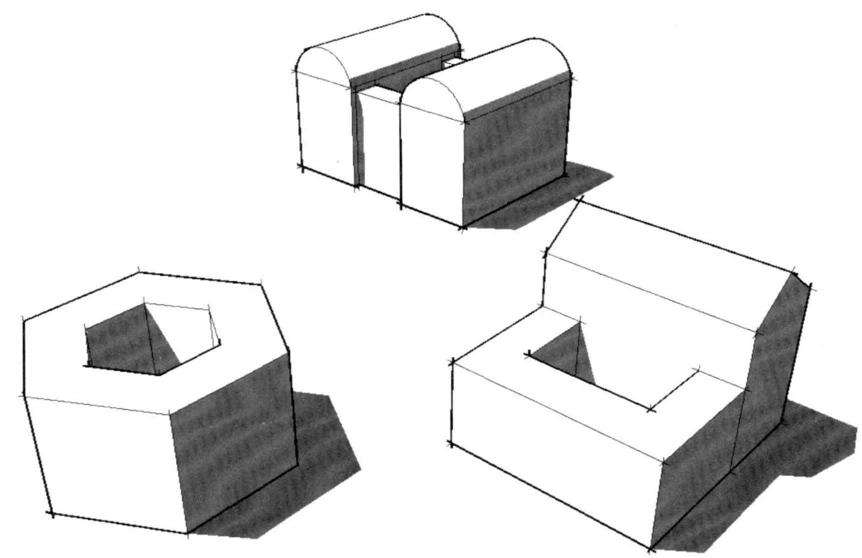

③ **병렬형 매스**

성격이 다른 기능을 분리시켜 상호 연계시키거나 동일한 성격의 기능을 일정 규모 단위로 분동시키는 형식이다.

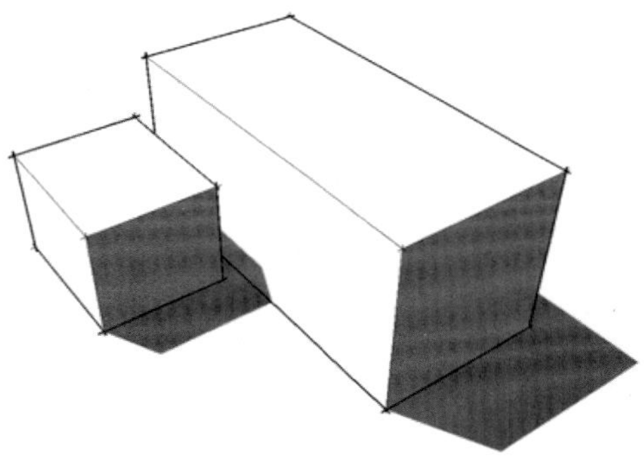

• 병렬형 매스 기본형

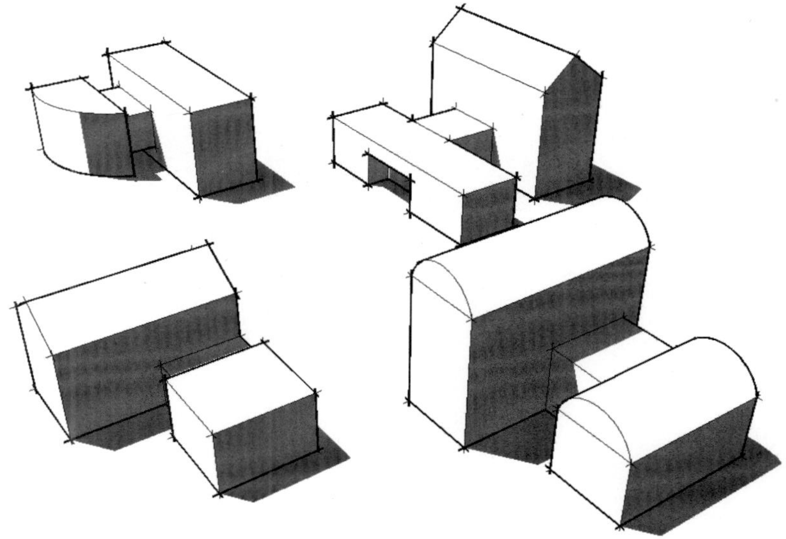

④ 상하분리형 매스-1

주로 상하부의 기능이 다른 복합건물의 경우에 채택된다.

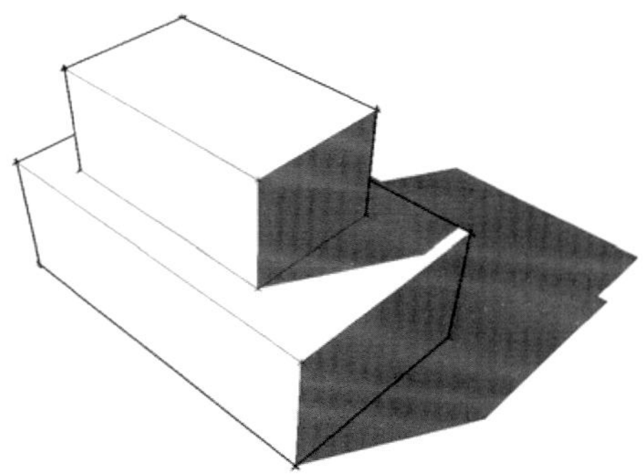

• 상하분리형 매스-1

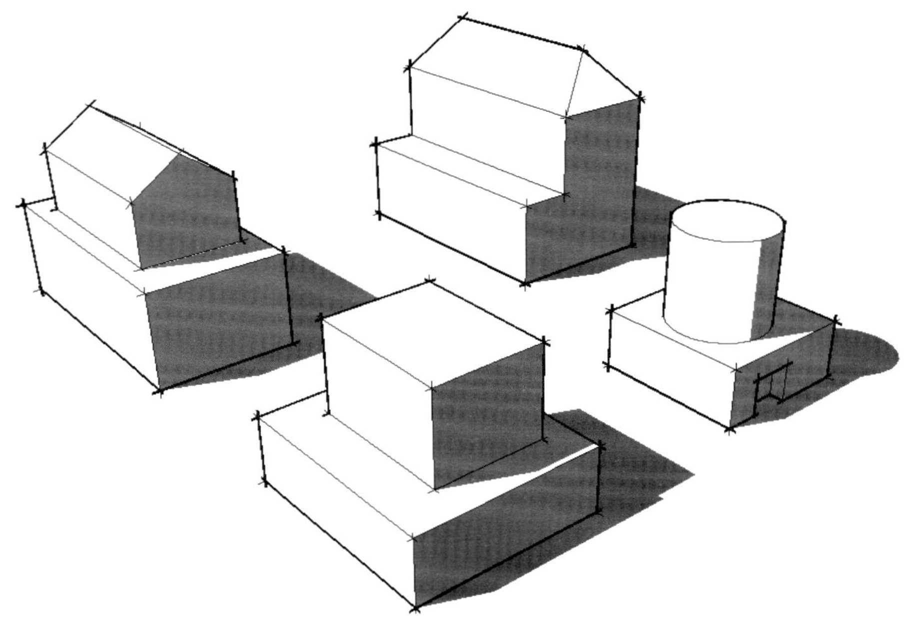

⑤ 상하분리형 매스-2

단일한 기능이나 내부기능이 성격에 따라 분리되는 경우에 채택된다.

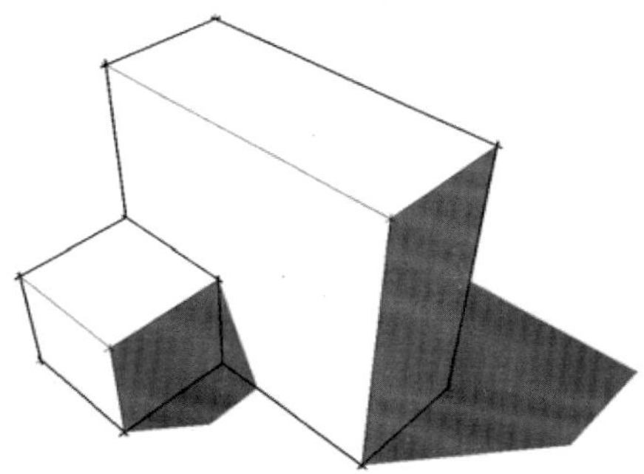

• 상하분리형 매스-2 기본형

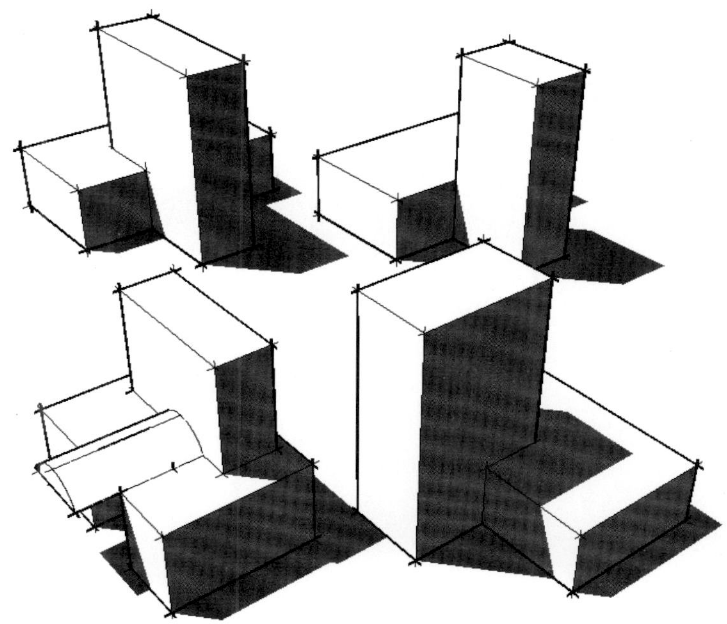

⑥ 상하분리형 매스-3

각종 매스의 교합에 따라 그 모양을 여러 가지로 변형할 수 있다. 하나나 둘이 아닌 여러 가지의 매스가 교합될 경우 전체적으로 주제를 가지고 계획해야 한다.

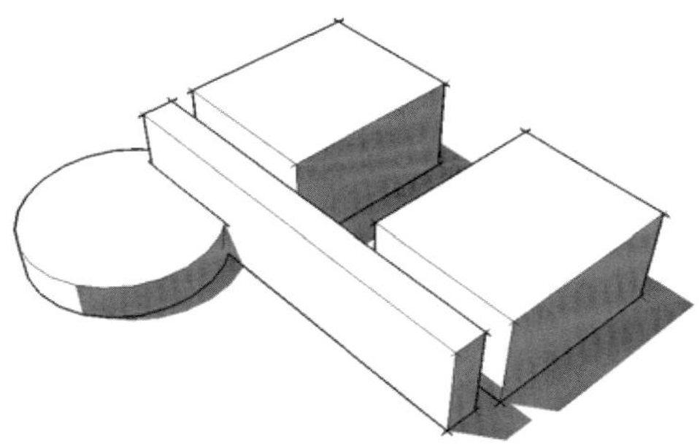

• 상하분리형 매스-3 기본형

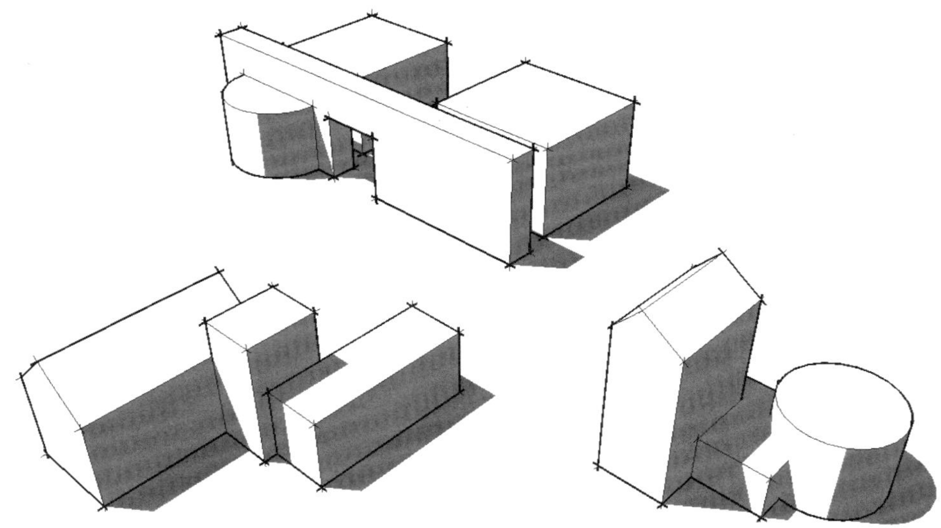

4.4 공제 및 부가

(1) 공제

공제는 원형, 삼각형, 사각형 등 정형화된 형태를 부분적으로 잘라내어 삭제함으로써 형태를 유추하는 방법이다.

① 유사형

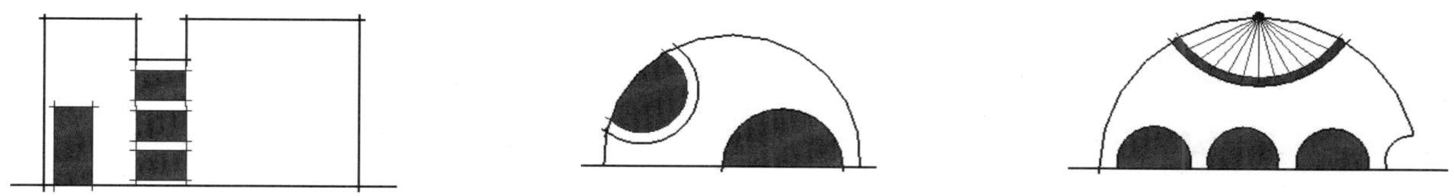

② 이질형

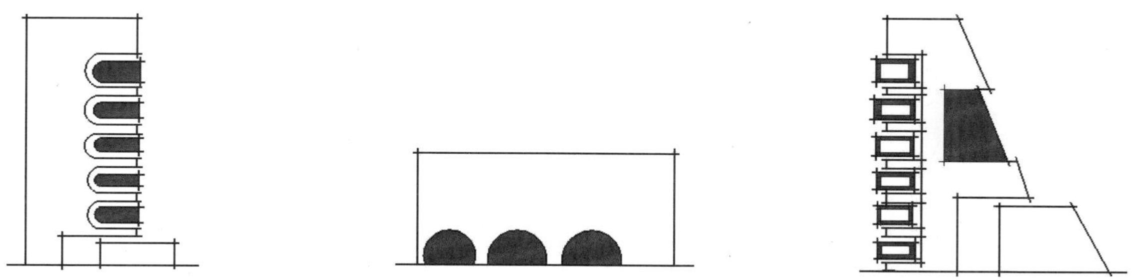

① 중심선, 층 기준선

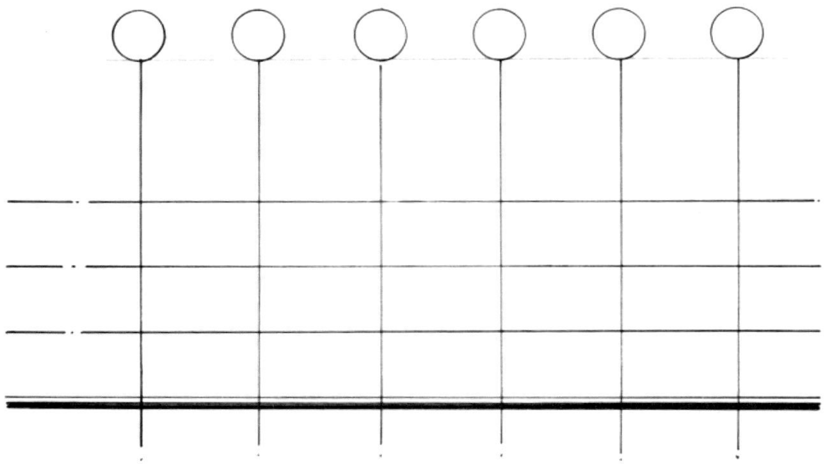

② 지반선 및 건물외곽

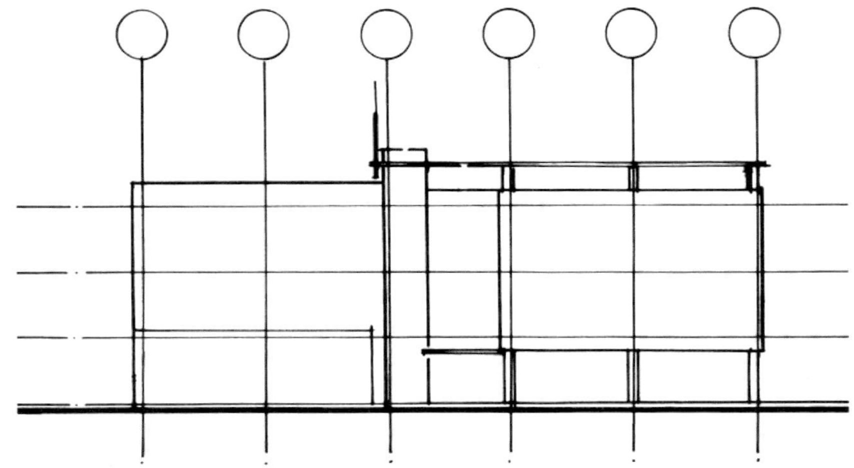

③ 창호 및 글자

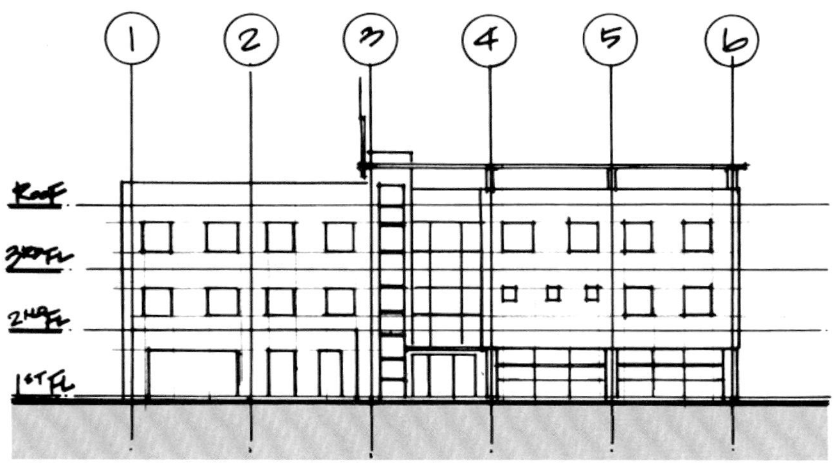

④ 표현효과

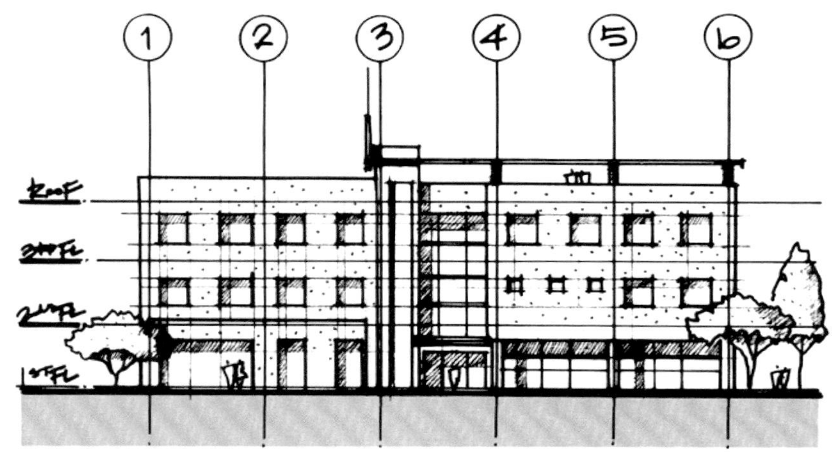

(2) 부가

부가는 원형, 삼각형, 사각형 등 정형화된 형태를 붙여서 첨가함으로써 형태를 유추하는 방법을 의미한다.

① 유사형

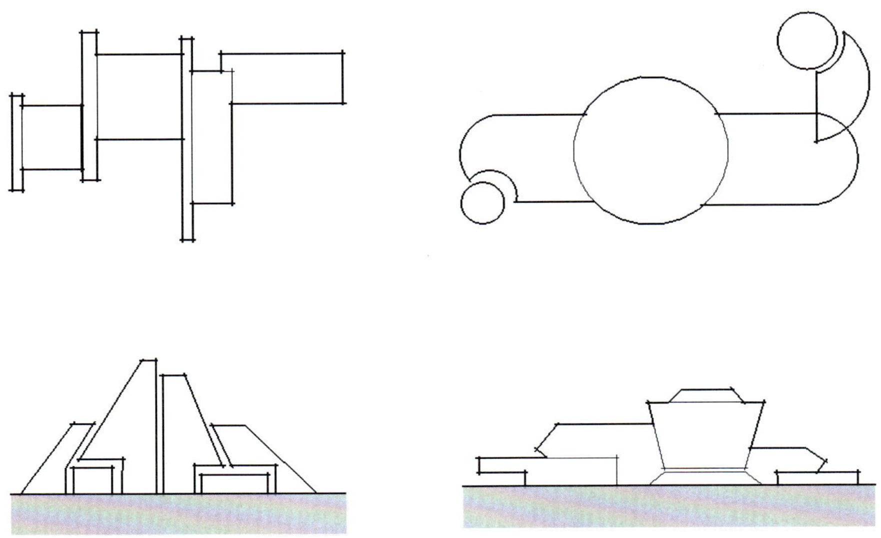

② 이질형

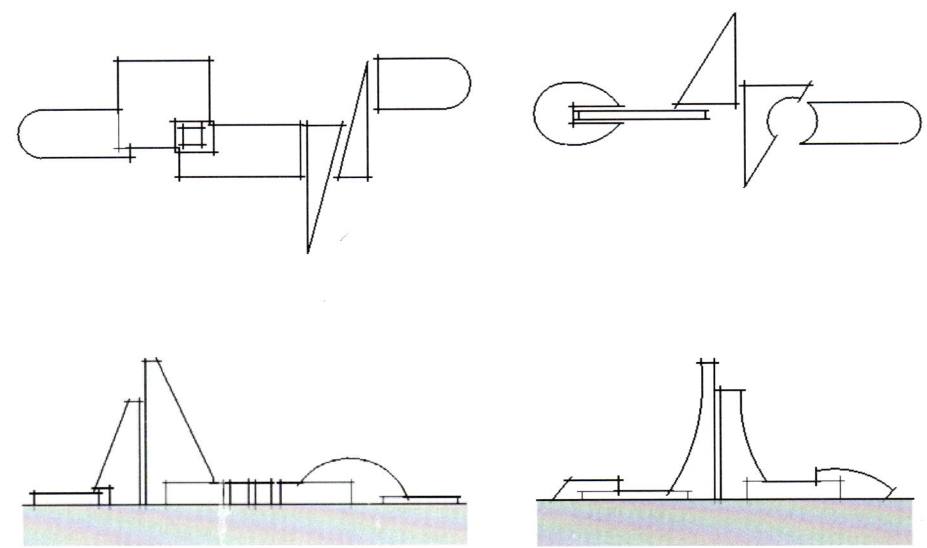

(3) 입체표현

공제 및 부가를 입체적인 차원에서 잘라내고 첨가하여 3차원의 형태를 설정함으로써 건축물 디자인에 적용시킬 수 있다.

① 공제

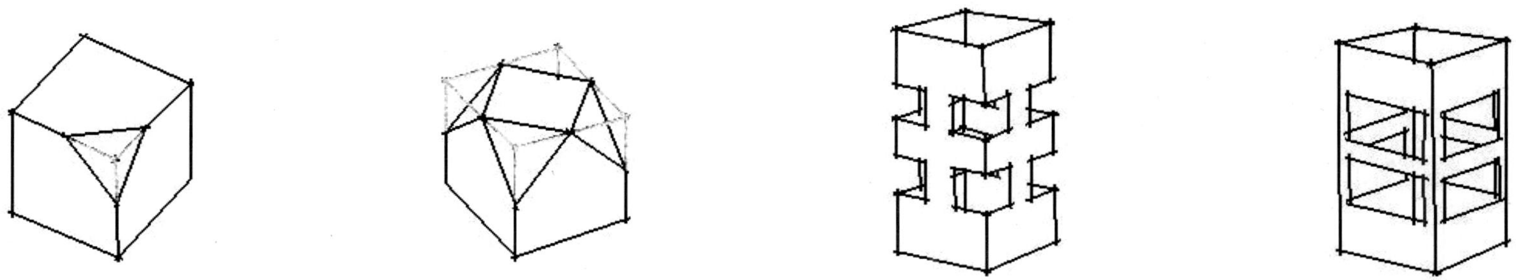

② 부가

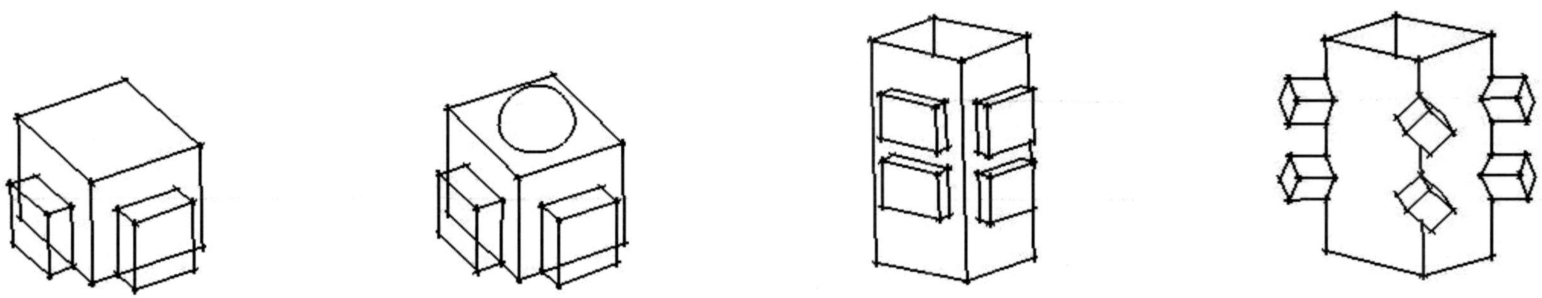

4.5 스터디 모형(study model)

스터디 모형은 건축물의 개략적인 형태를 표현하는 것으로 건축물 형태디자인의 초기 단계에서 건축가나 건축주가 전체적인 건물형태의 방향을 결정하는데 유용하게 사용되는 표현방법이다.

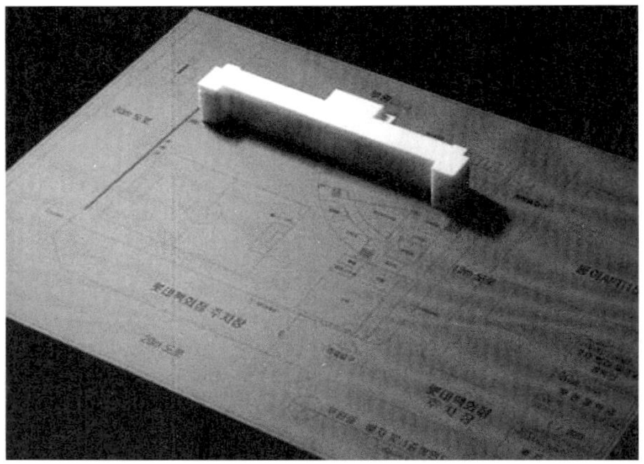

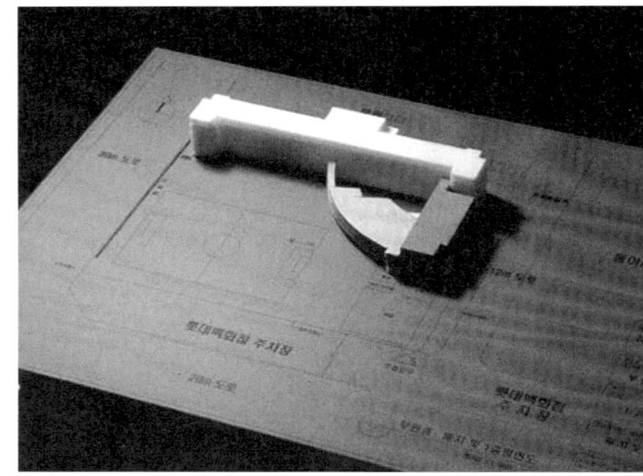

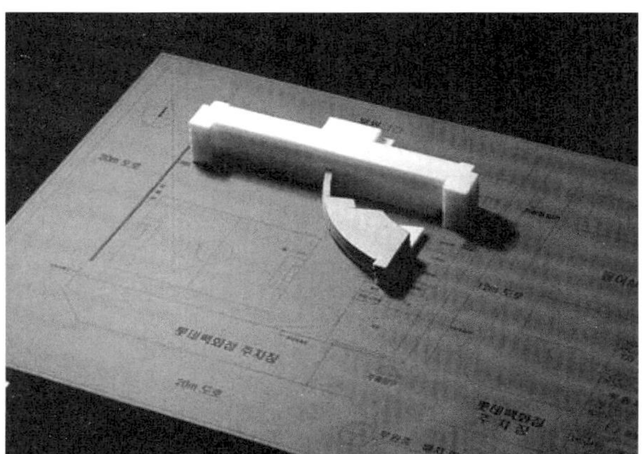

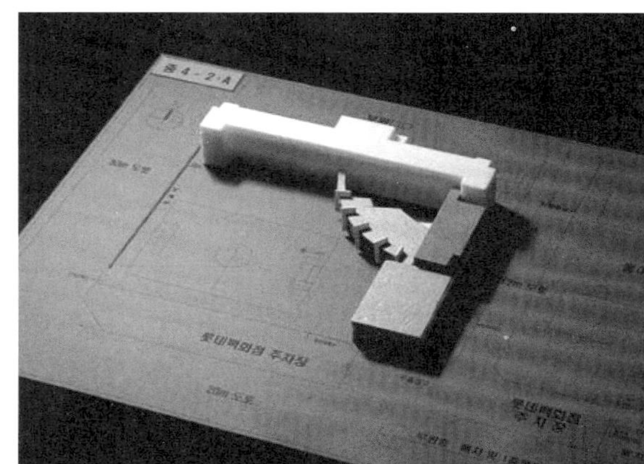

Chapter 5.

건축조형 표현요소

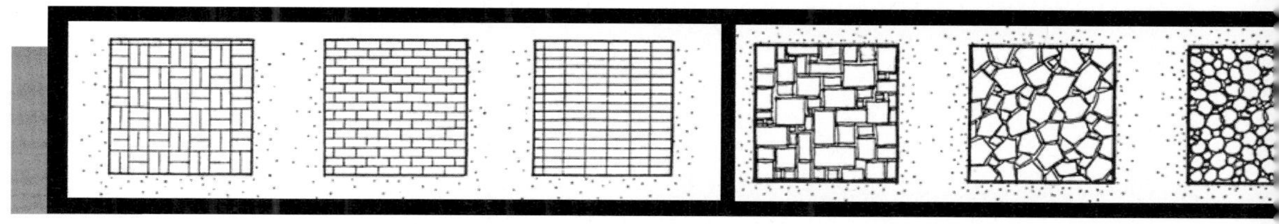

5.1 현관
5.2 기둥
5.3 창호
5.4 바닥
5.5 가구
5.6 계단 및 코어
5.7 발코니
5.8 지붕
5.9 파라펫 및 옥탑

5.1 현관

현관은 건물의 내부공간과 외부공간을 이어주는 매개 역할을 하며, 건축물의 주출입구로서의 기능을 수행하고, 위치를 인지할 수 있도록 상징성을 부여하도록 한다.

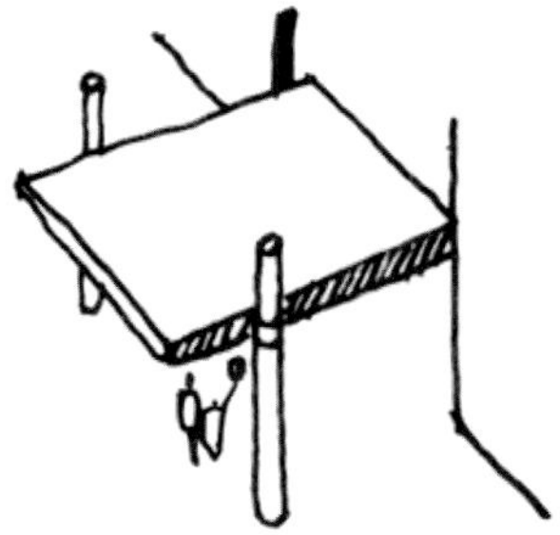

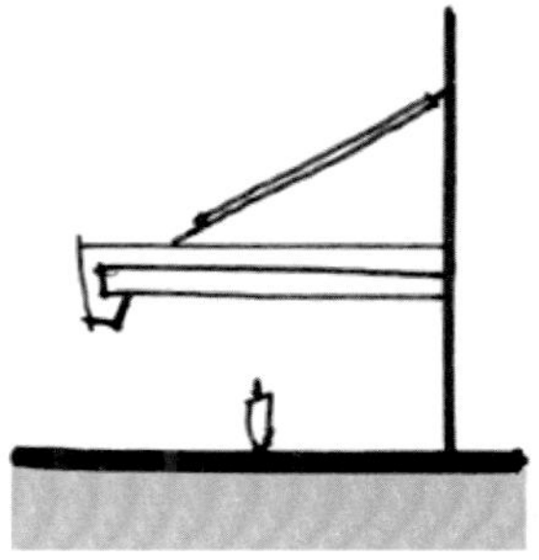

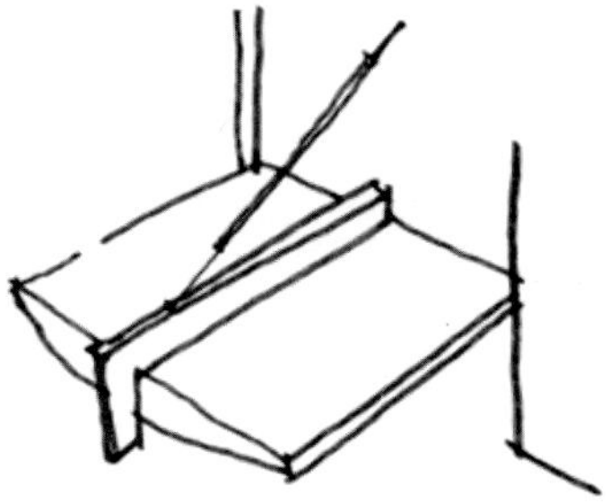

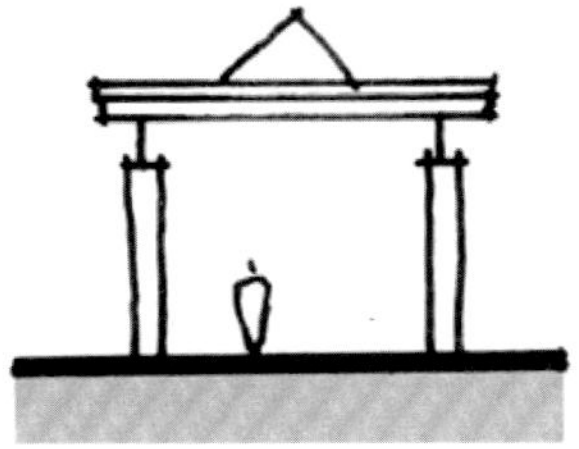

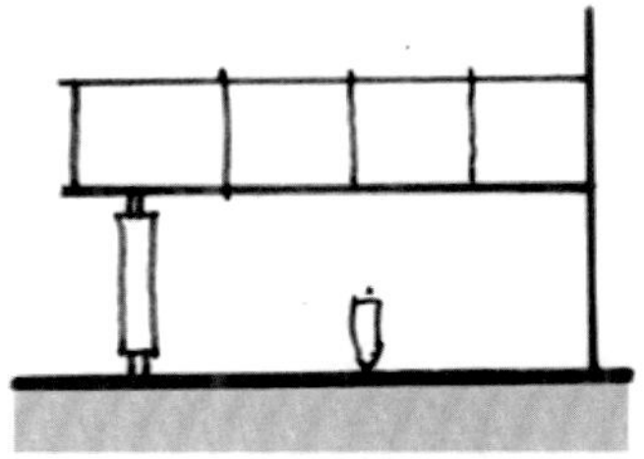

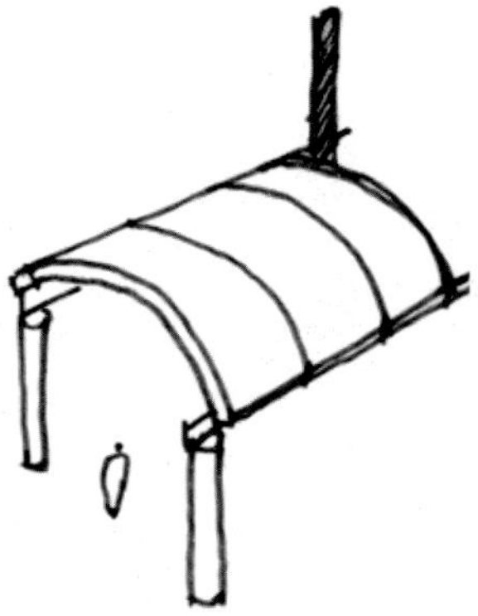

5.2 기둥

기둥은 지붕의 하중을 받아 기초에 전달하는 기능을 가진 것으로 건축물이 안정감을 유지할 수 있도록 하며, 건물의 입면 크기를 결정하고 지붕의 높이에도 영향을 미친다.

• 구조시스템

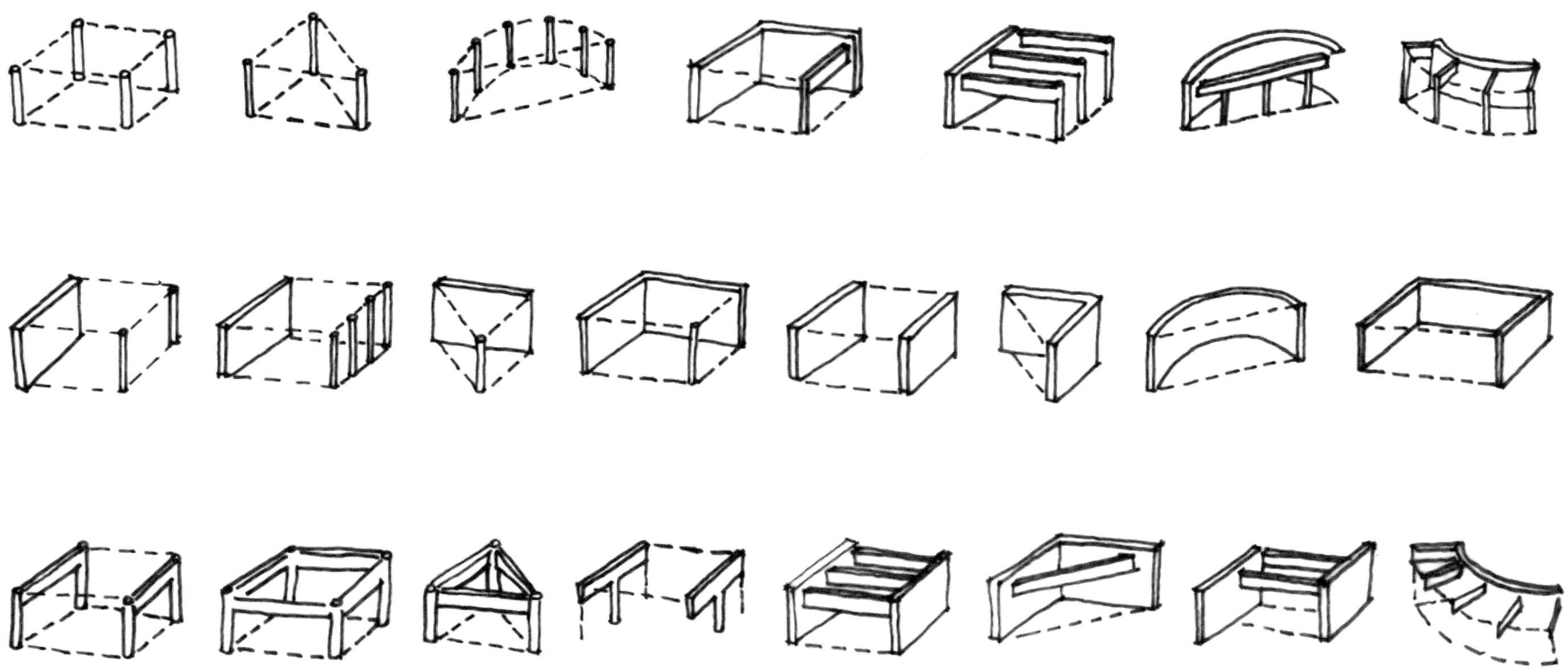

•고전건축의 기둥양식

그리스 신전건축은 본질적으로 기둥과 보로 구성되는 가구식 구조로 특유의 열주(列柱)를 사용하였으며 도릭, 이오닉, 코린티안의 세 가지이다.

그리스 신전의 건축 오더(order;주범(柱範))는 세 부분으로 구분되는데 기단(stylobate), 기둥(column), 엔타블레처(entablature)로 형성되어 있으며, 엔타블레처는 아키트레이브(architrave), 프리즈(frieze), 코니스(cornice)로 구성되어 있다.

착시 현상을 교정하기 위해 기둥의 배흘림(entasis) 기법을 사용하여 중앙부가 약간 부풀어 오르도록 하여 시각적인 안정감을 고려하였다.

– 도릭 오더(Doric Order)

그리스 최초의 건축 오더로 기둥 하부에 주초(base)가 없고, 주신(shaft)과 주두(capital)로 되어 있다. 골줄(fluting)은 대개 20개이며, 기단은 3단으로 되어 있고 단의 높이는 30 ~ 50㎝이다. 도릭 오더의 각 부의 치수는 원주의 직경(반경:1module)을 기준으로 정해져 있으며, 도릭 오더는 남성적인 강인함을 표현하고 있다.

– 이오닉 오더(Ionic Order)

도릭 오더 보다 후에 발달한 양식으로 이오니아 지방에서 발전된 오더로 주초, 주신, 주두로 되어 있다. 골줄은 대개 24개이며, 주두에는 소용돌이 형태의 나선형인 볼류트(volute;소용돌이 무늬)로 구성되어 있다. 이오닉 오더는 도릭 오더 보다 여성적이며 장식이 섬세하고 우아함을 표현하고 있다.

– 코린티안 오더(Corinthian Order)

그리스의 세 가지 양식 중 가장 나중에 발전된 것으로 주초와 주신은 이오닉과 같으며, 주두의 장식이 화려하게 되어 있다. 코린티안 오더의 주두는 아칸서스(acanthus)의 잎 무늬로 되어 있으며, 기념비적인 건축물에 주로 사용되었다.

· 도릭 오더 · 이오닉 오더 · 코리티안 오더

5.3 창호

1. 문

문은 사람과 물건이 출입하는 실질적 기능과 함께 장식적인 요소를 포함하여 구성된다.

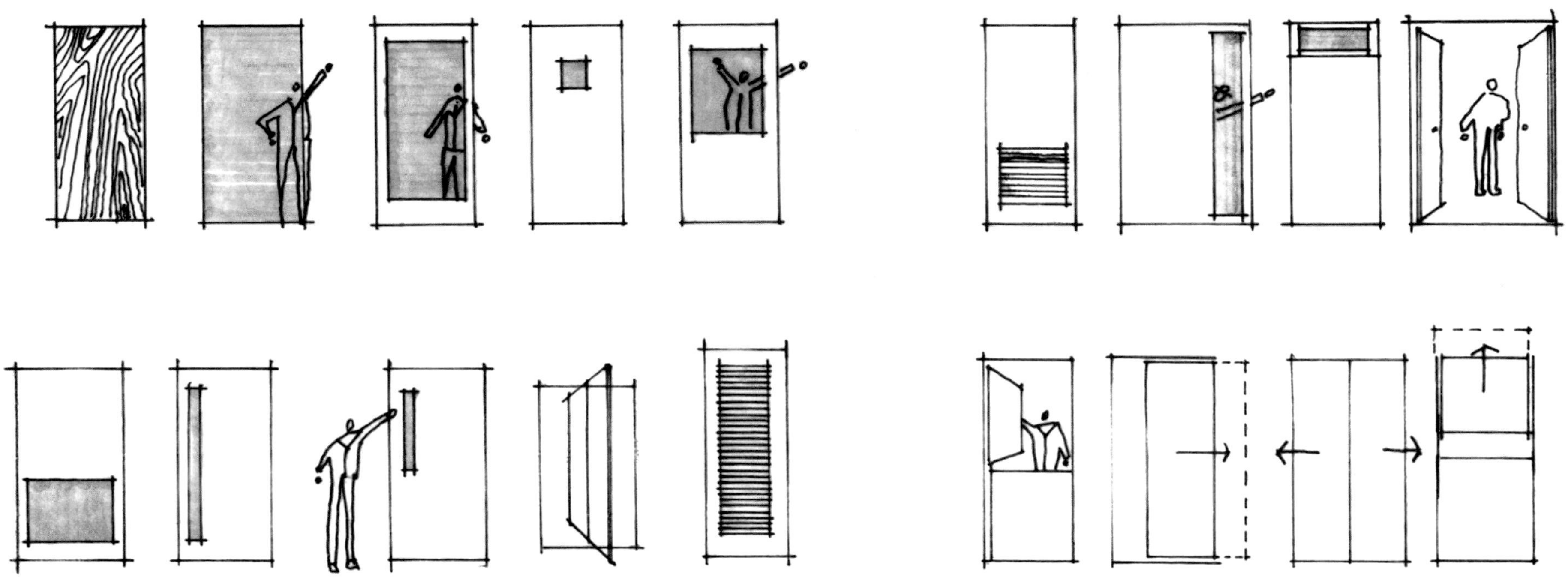

2. 창

창은 채광과 환기 등의 기능을 가진 것으로 전망, 위치, 형태에 대한 요구에 따라 형성된다.

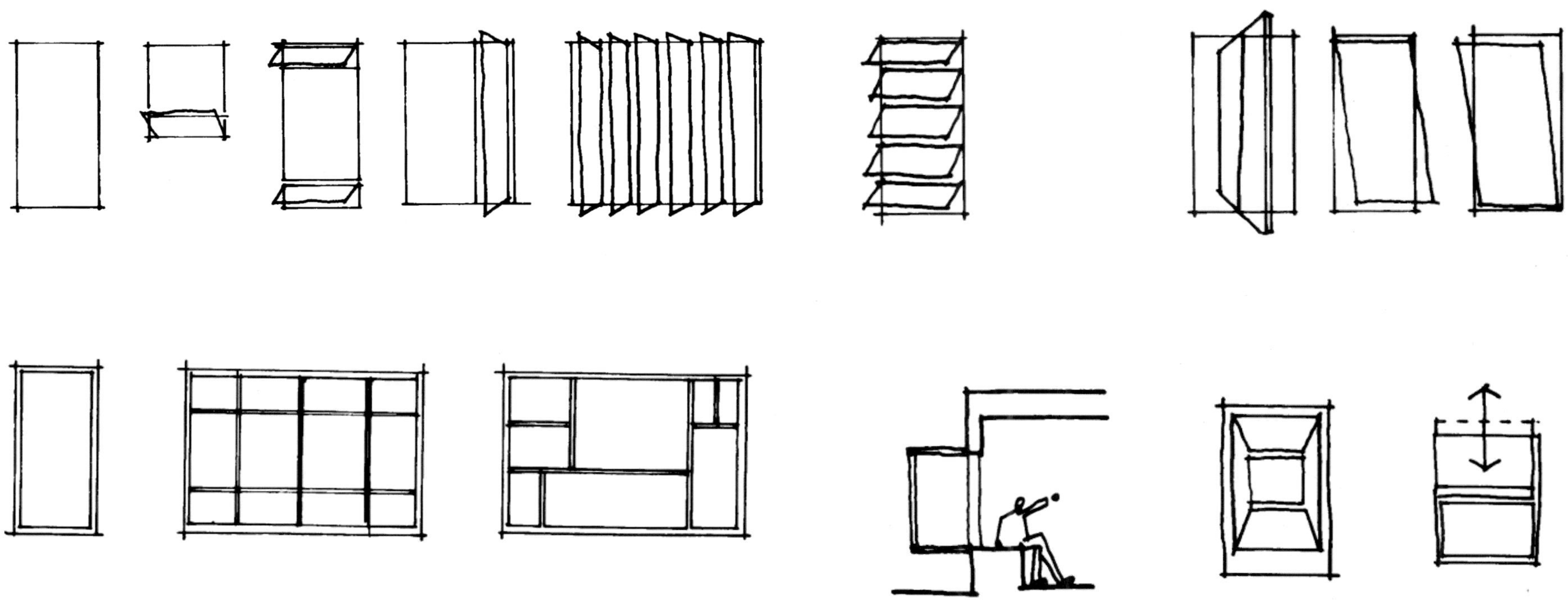

5.4 바닥

배치도 표현에서 보행자 등이 움직이는 보도, 진입공간, 휴게공간 등의 바닥 질감효과와 입면도에서 건물의 전체 질감효과를 극대화시키는 표현요소가 된다.

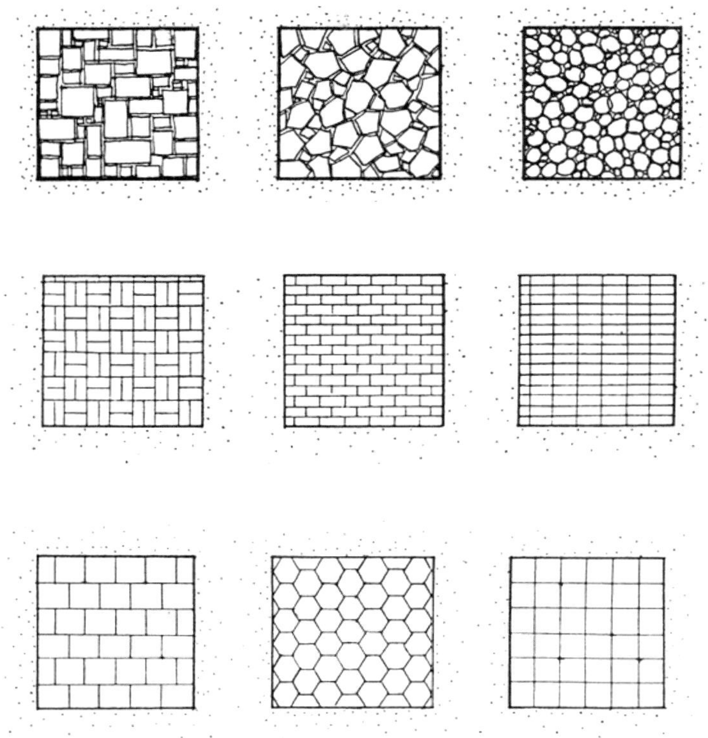

석재

벽돌

타일

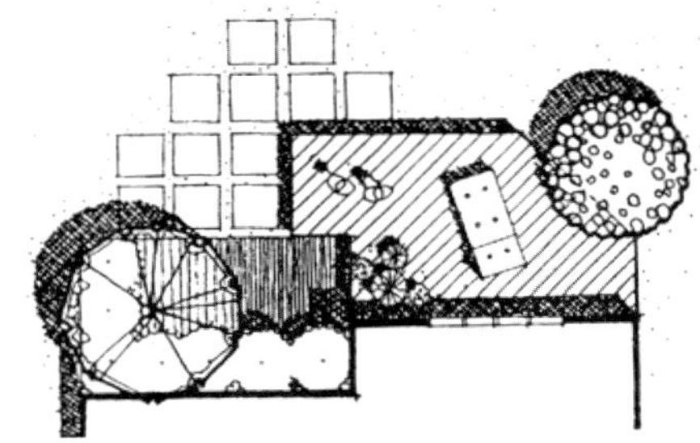

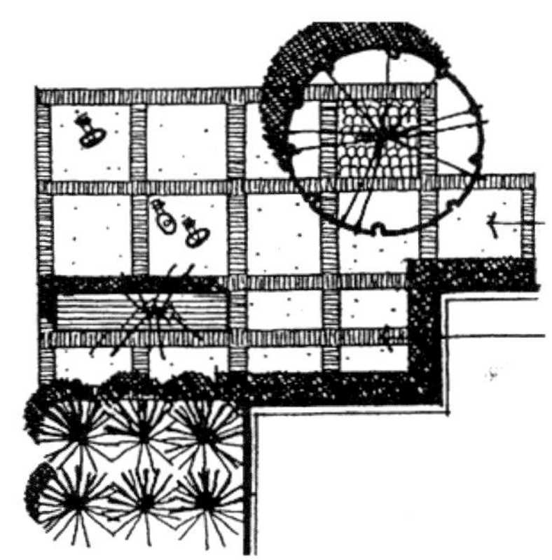

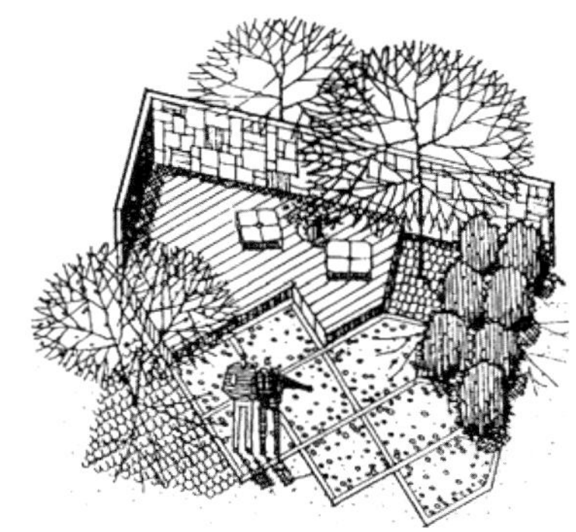

5.5 가구

실내공간에서 가구는 인체를 지지하여 휴식, 작업 등의 행위를 보다 안락하고 능률적으로 행하게 하는 수단으로써의 역할을 한다. 또한 물품의 보관, 정리, 진열 등 수납의 기능과 실내 장식적 요소로도 작용하며 미적 효과를 증대시켜 준다.

그리고 가구는 종류, 형태, 크기, 배치상태 등에 따라 실내공간의 성격을 규정한다.

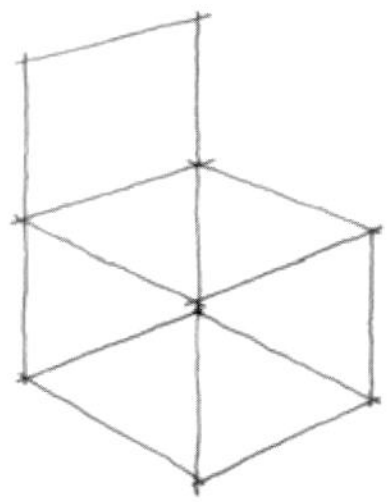

• 1단계 : 투시형 평면과 상자(box)형태로 가본형태를 그린다.

• 2단계 : 전체비율에 맞게 좌면과 등받이의 높이를 정하여 개략적인 형태를 그린다.

• 3단계 : 가구의 형태를 세부적으로 묘사한다.

(1) 의자류

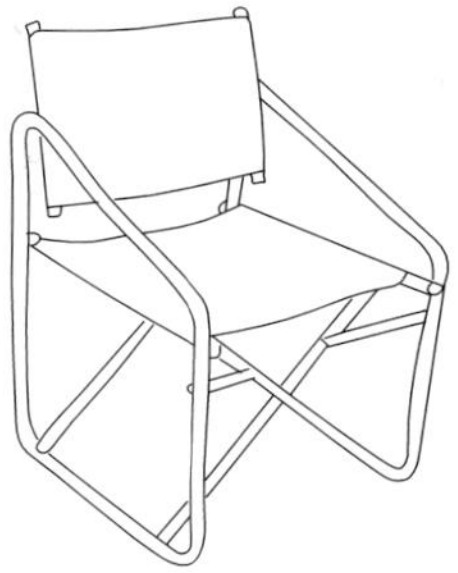

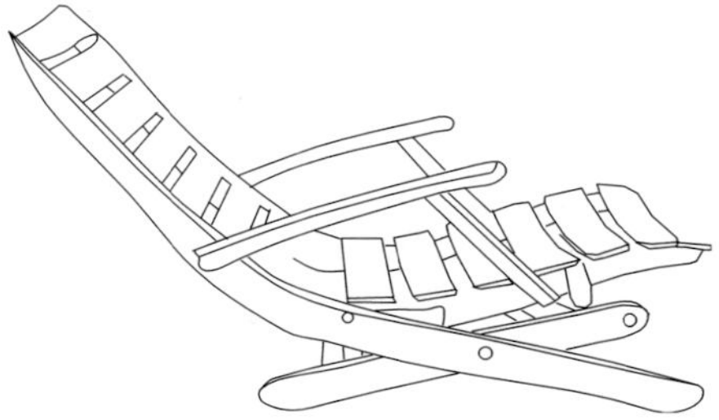

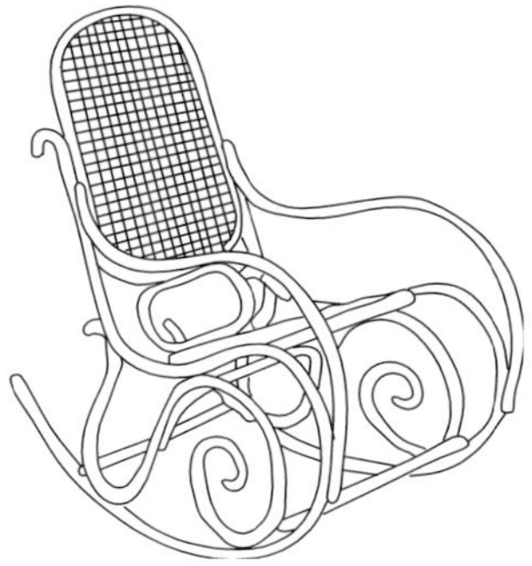

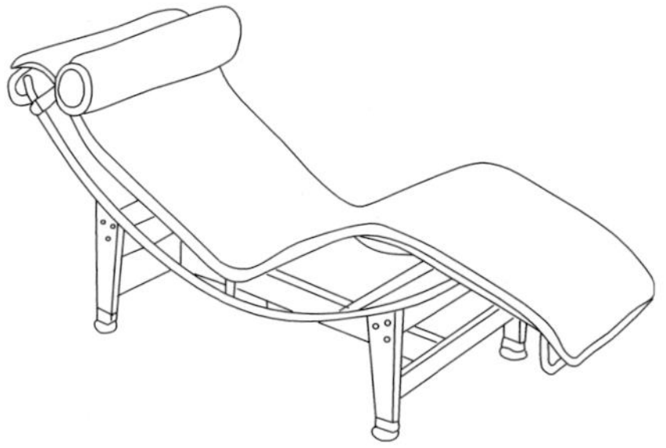

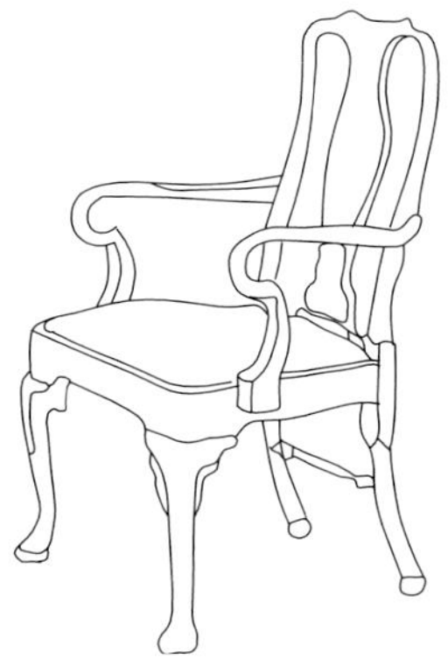

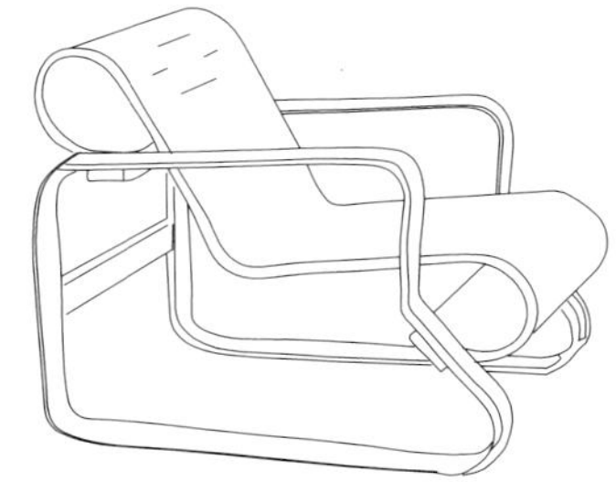
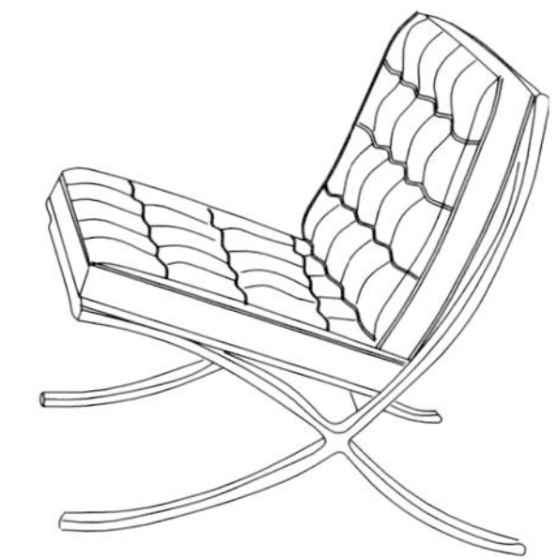
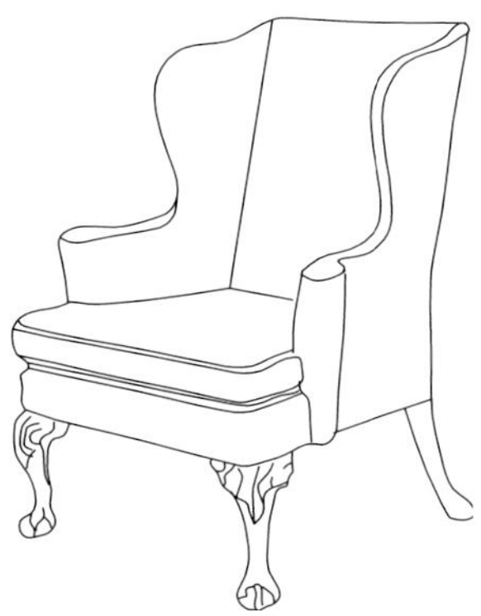

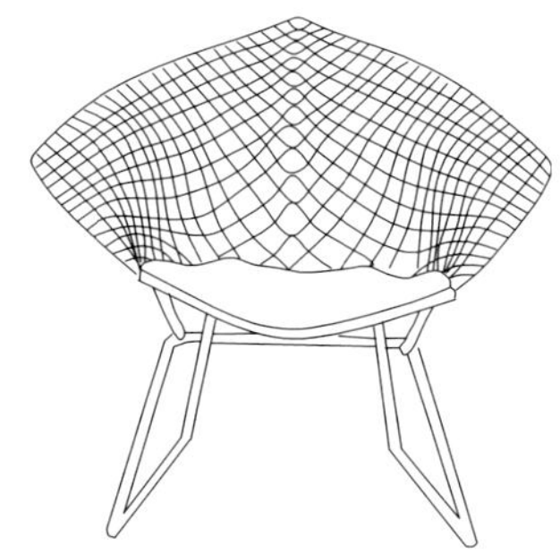

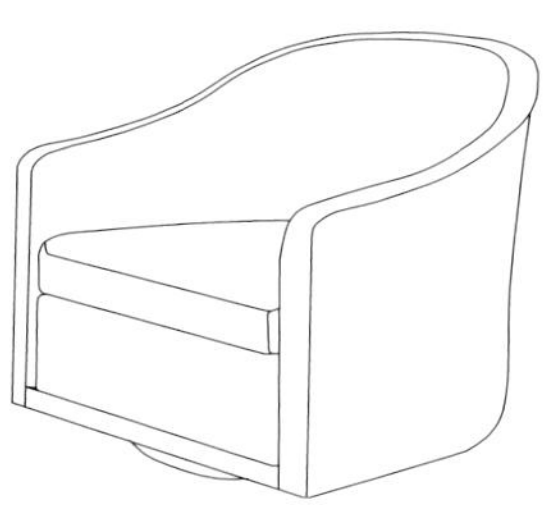
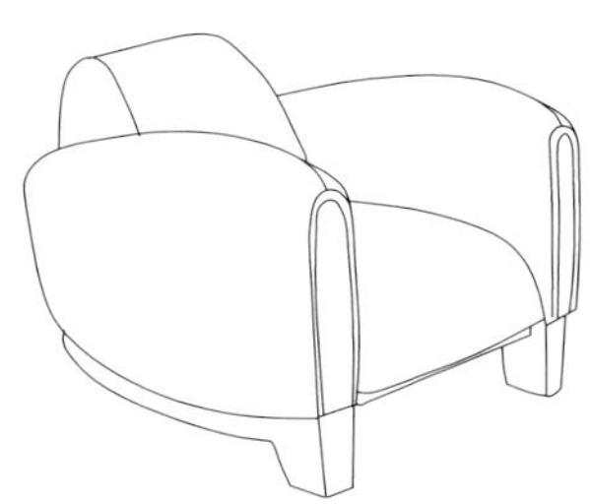
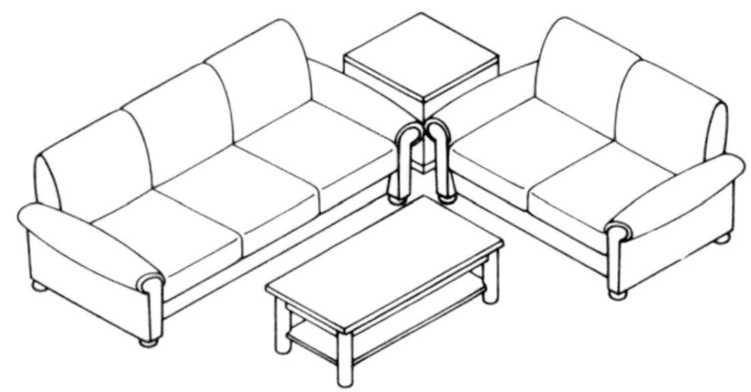

(2) 테이블류

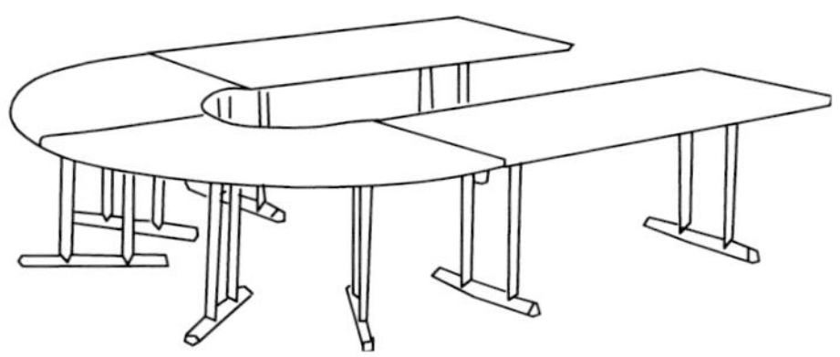

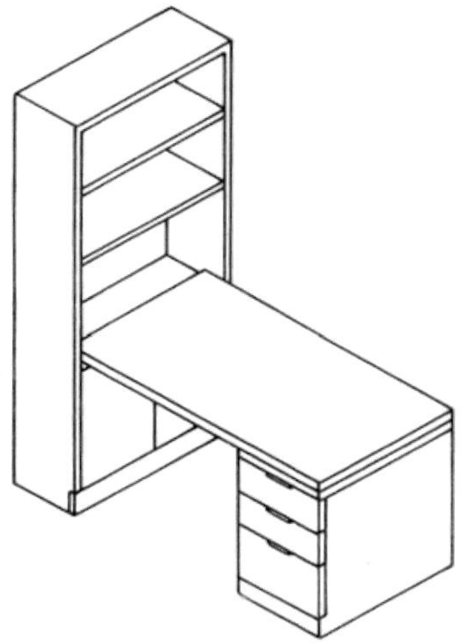

(3) 침실

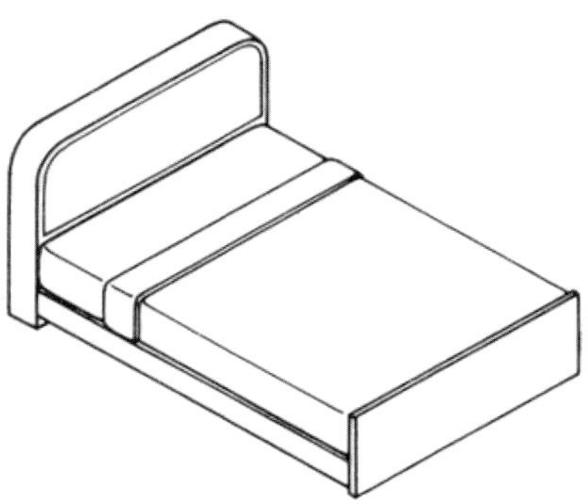

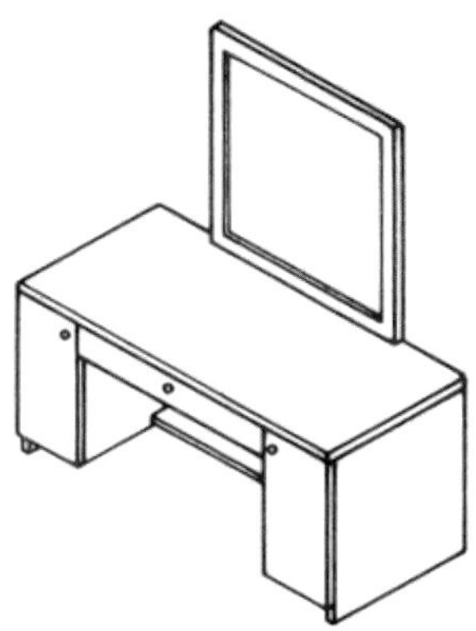

(4) 수납장

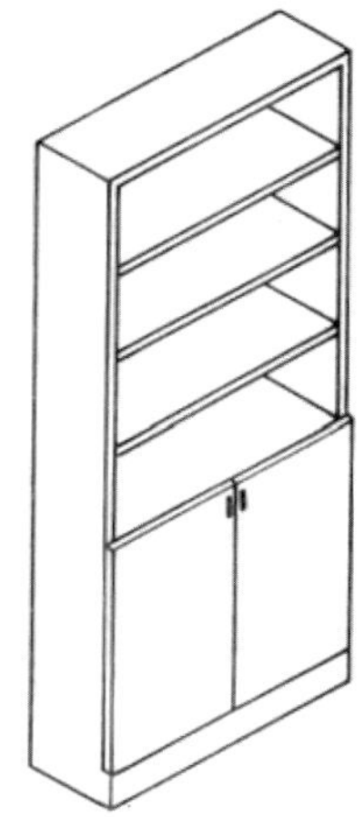

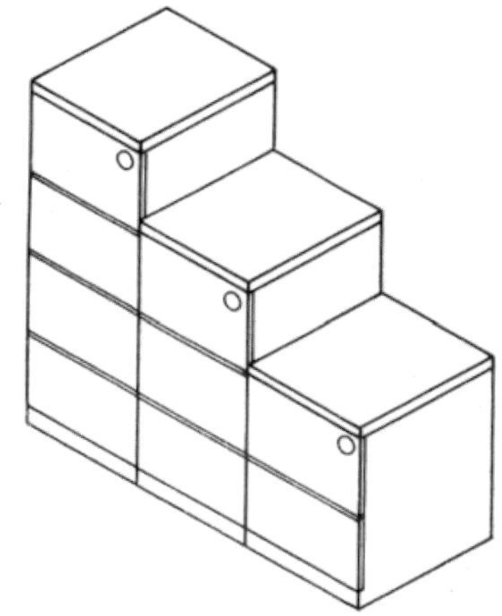

(5) 주방

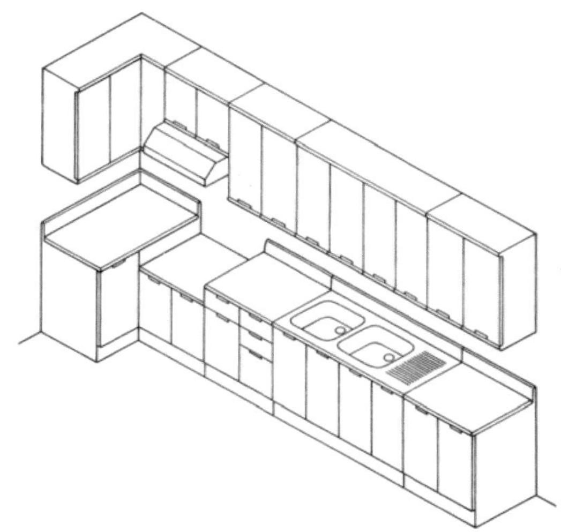

5.6 계단 및 코어

계단은 수직이동을 용이하게 하기 위해 만들어지며, 건물의 이용자를 고려한 단너비와 단높이를 설정한다.

① 계단의 형태

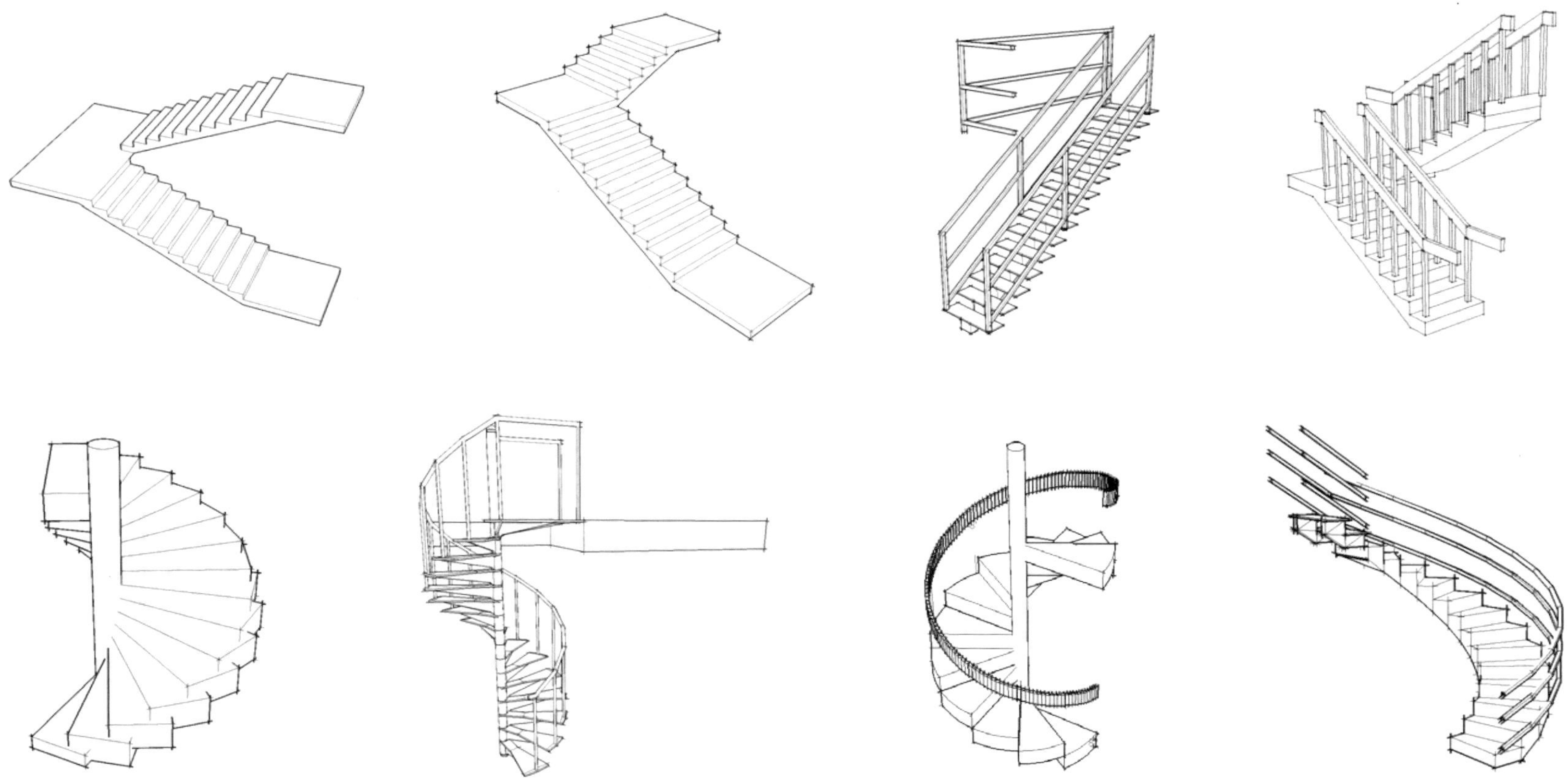

② 계단에 의한 연계

높이가 다른 공간을 상호 연계시키기 위해 계단의 위치와 방향을 조정하여 공간의 성격을 규정할 수 있다.

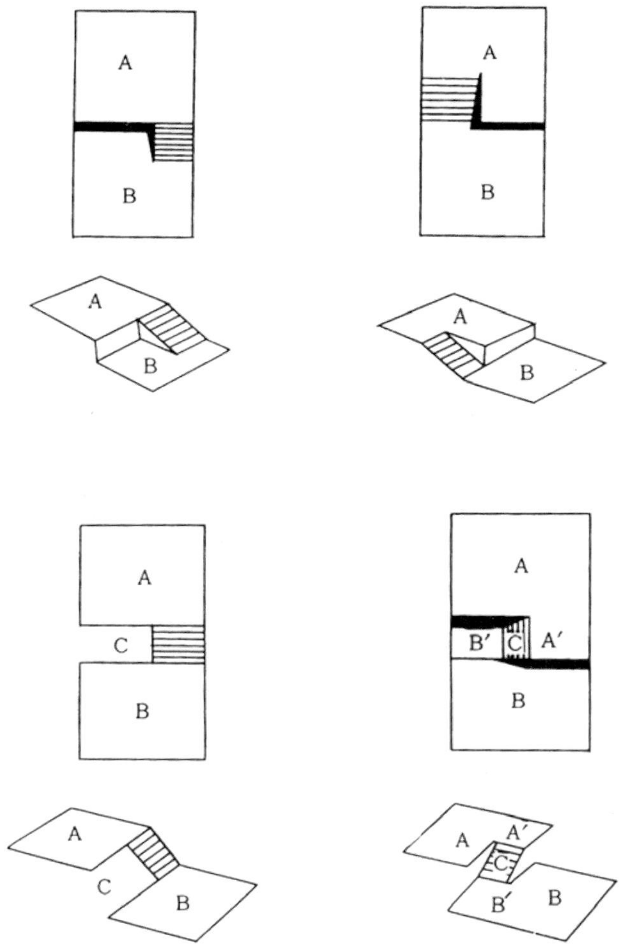

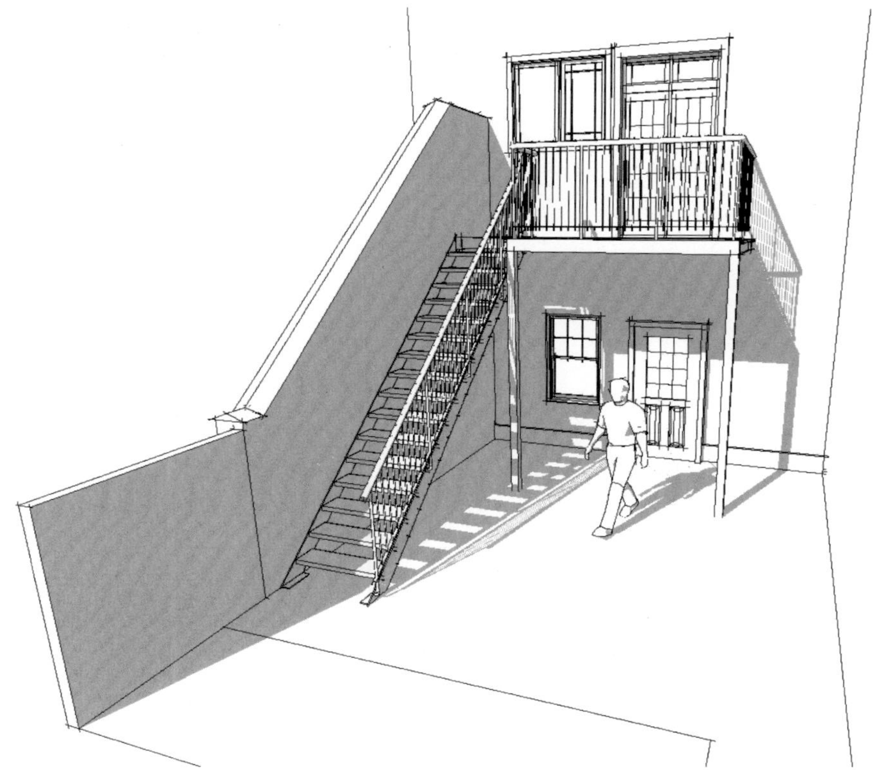

③ 코어(core)

코어는 평면, 구조, 설비의 관점에서 건물의 일부분에 어떤 집약된 핵적 형태로 존재하는 것을 의미한다.

유효면적을 높이기 위해 각 층의 서비스 부분을 분리 집약시키므로 코어가 하중을 부담하므로 긴 스팬의 구조계획이 가능하고, 설비계통의 순환이 원활하여 설비비가 절약된다.

코어 공간에는 계단, 화장실, 엘리베이터, 굴뚝, 덕트, 파이프배선 공간, 공조실, 잡용실 등을 배치한다.

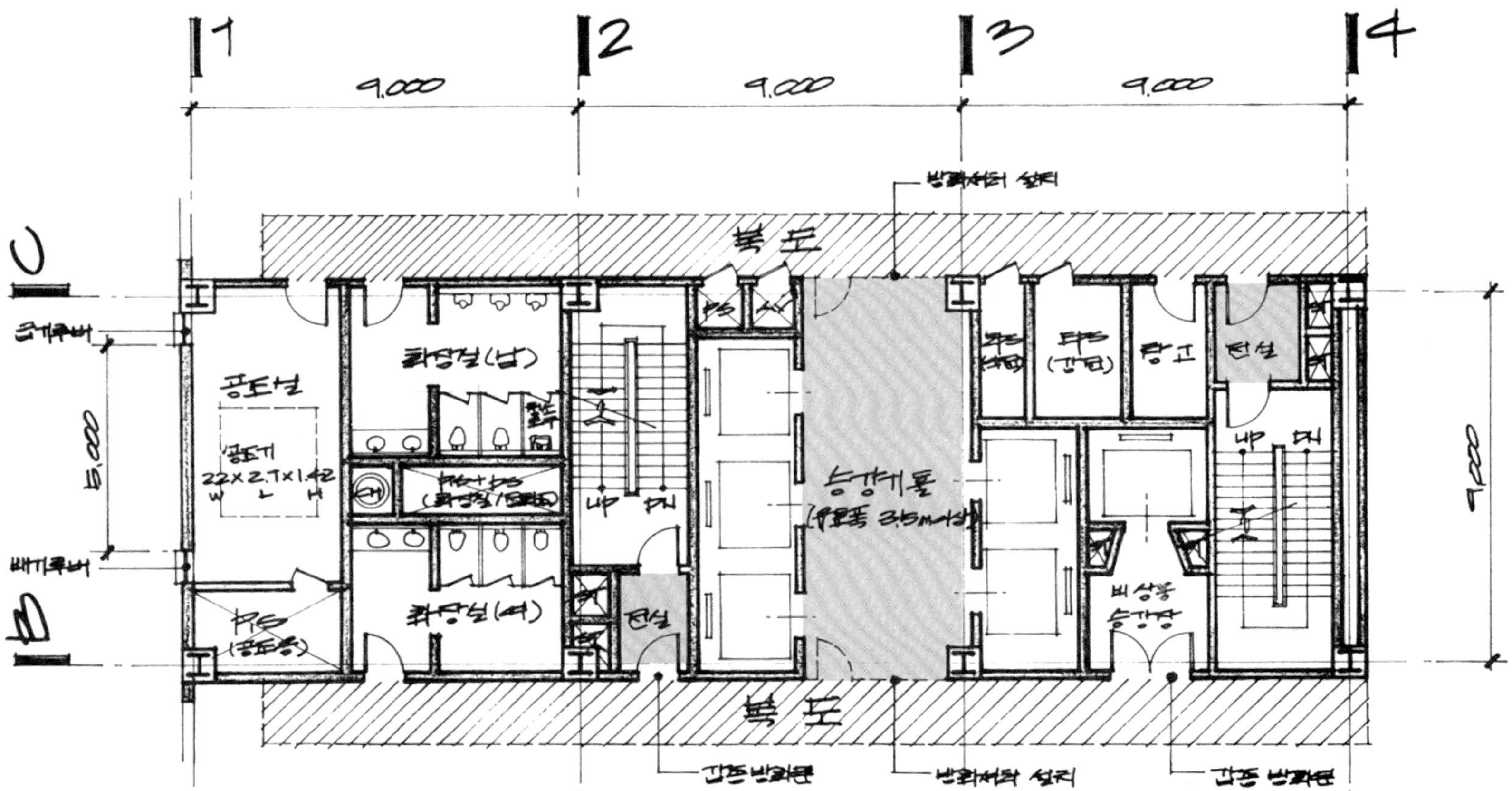

5.7 발코니

발코니는 2층 이상에서 직접 외기에 접하는 장소로 일광욕, 건조장 등으로 이용되며, 입면계획에 중요한 역할을 한다.

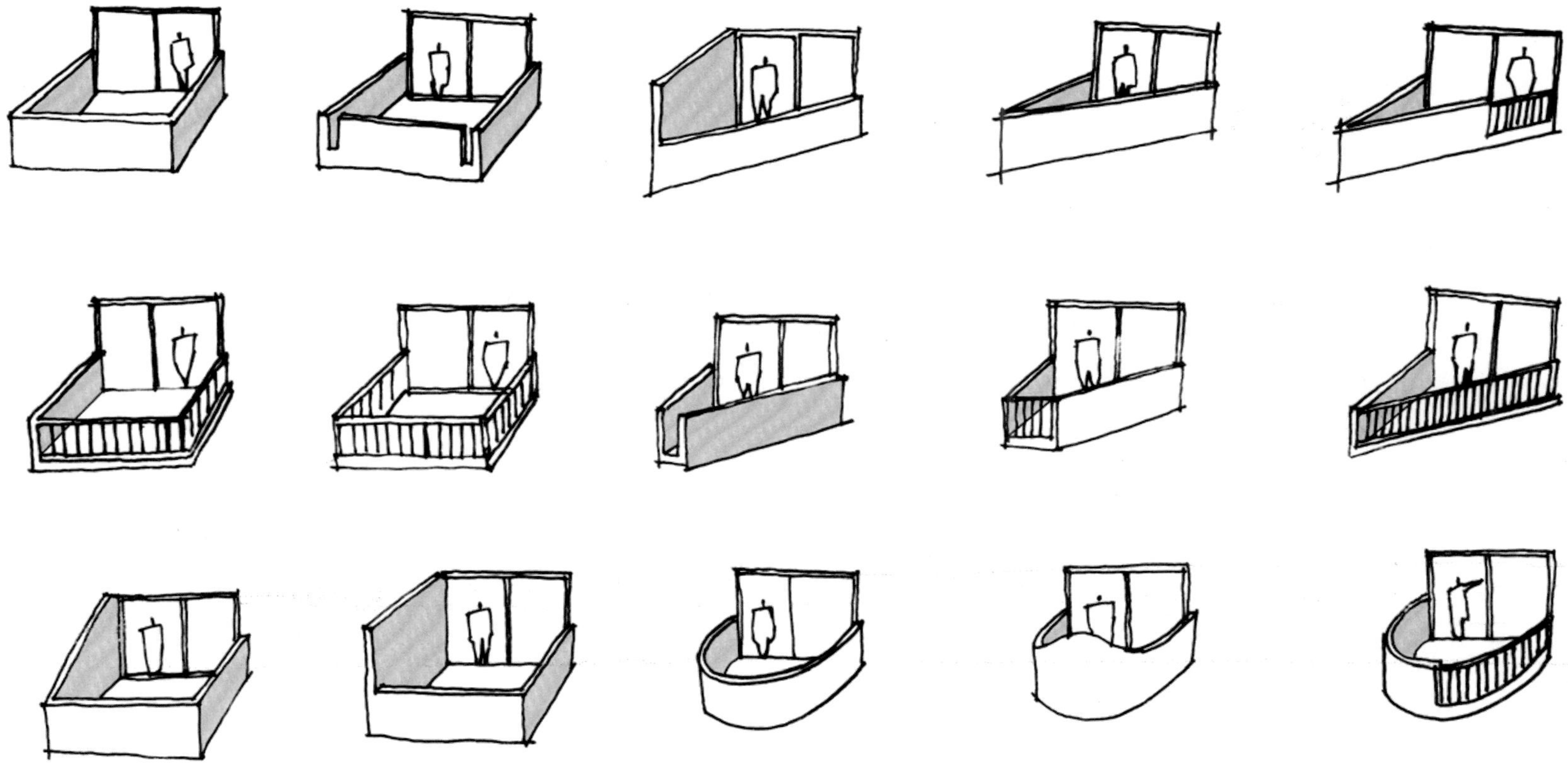

5.8 지붕

지붕은 건물의 제일 위에 설치하여 구조물을 가리고 보호하는 기능을 하며 천장의 고저차를 두어 공간의 변화를 풍부하게 할 수 있다. 천장의 형태는 실내공간의 음향과 지붕의 형태에 영향을 준다.

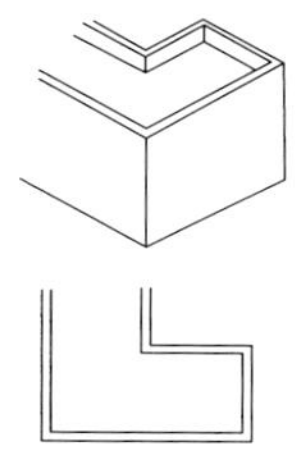
(a) 평지붕

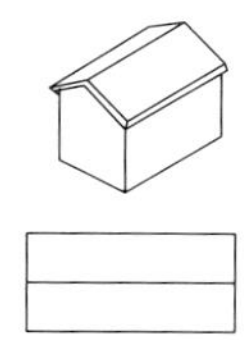
(b) 박공지붕

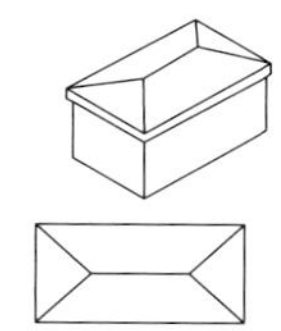
(c) 모임지붕

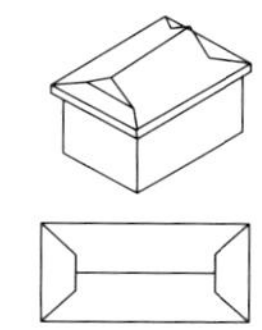
(d) 합각지붕

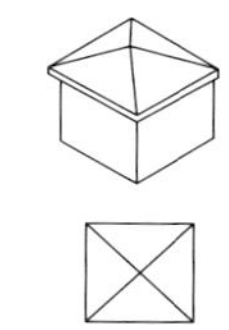
(e) 네모지붕

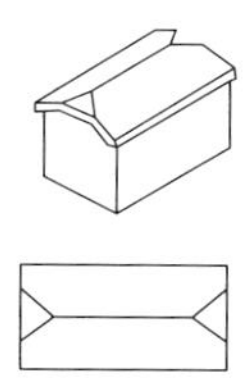
(f) 반박공지붕

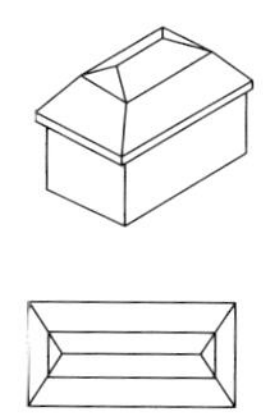
(g) 맨사드지붕

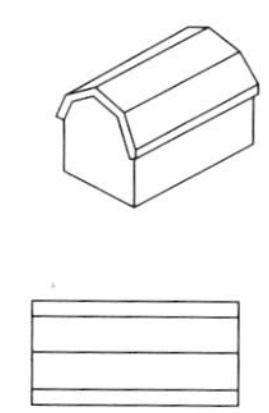
(h) 꺾인지붕

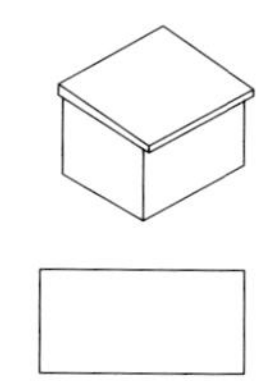
(i) 외쪽지붕

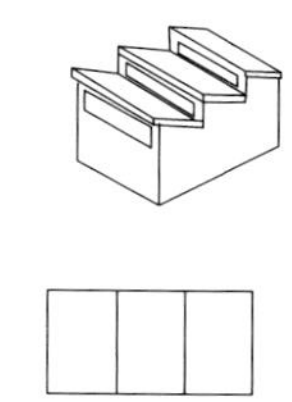
(j) 톱날지붕

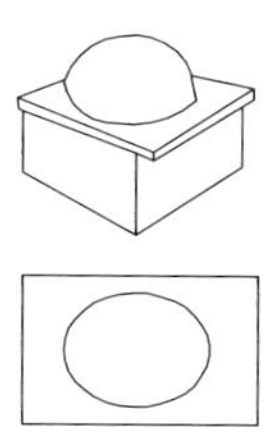
(k) 돔

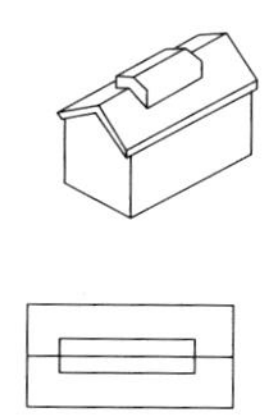
(l) 솟을지붕

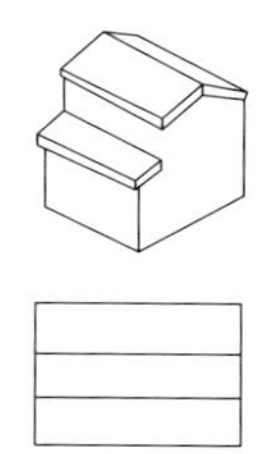
(m) 눈썹지붕

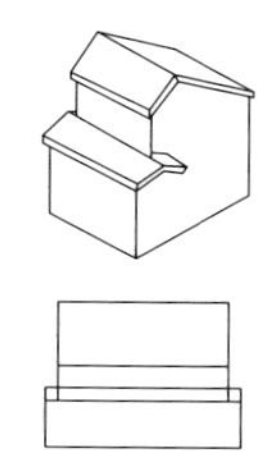
(n) 부섭지붕

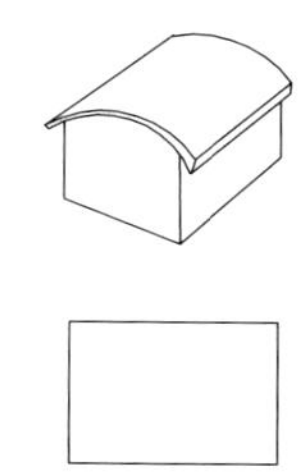
(o) 볼트지붕

5.9 파라펫 및 옥탑

1. 파라펫 상부

건축물의 지붕에 있어서 파라펫 상부에 다양한 디자인 구조물의 형태미를 나타낼 수 있으며, 평슬래브 공간을 옥상정원 및 휴게공간 등으로 활용하고 전체적인 입면 형태 등의 변화를 줄 수 있다.

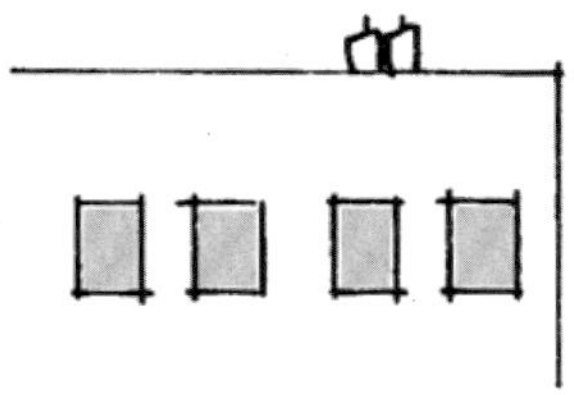
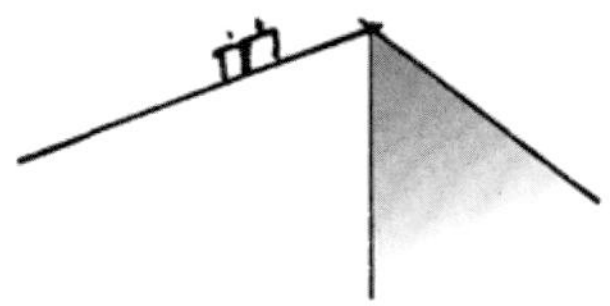
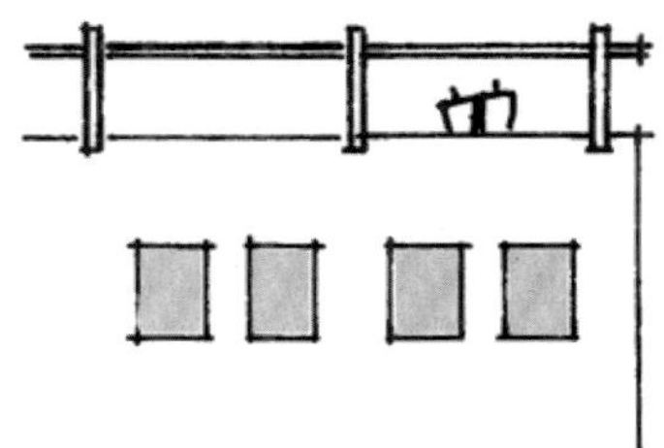
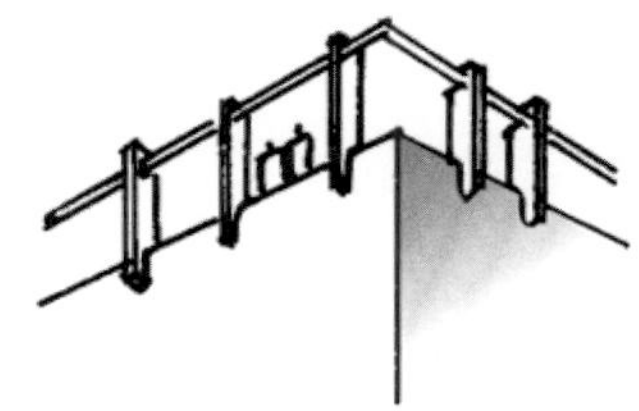
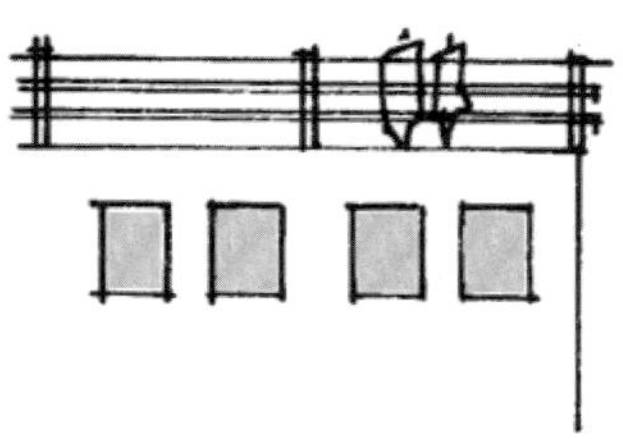
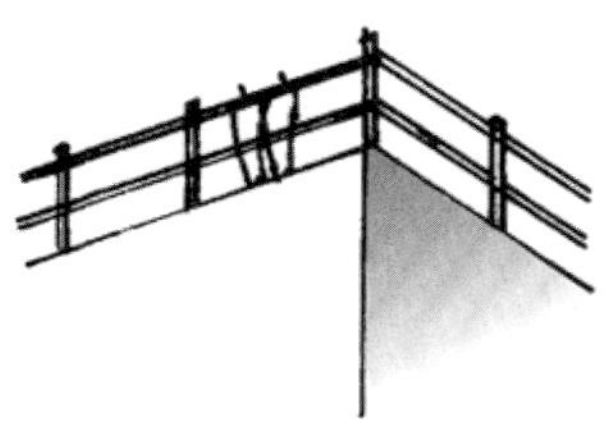
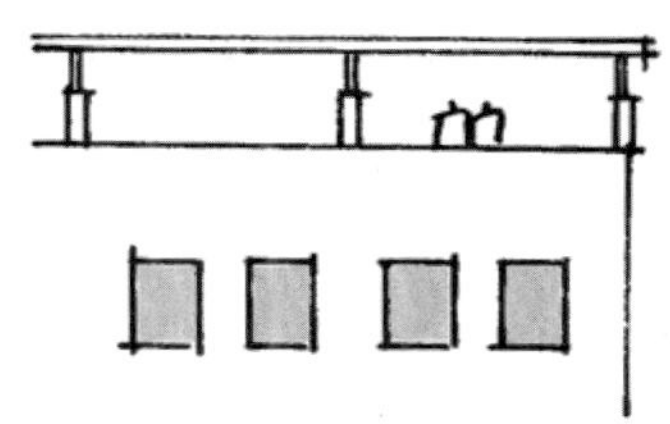
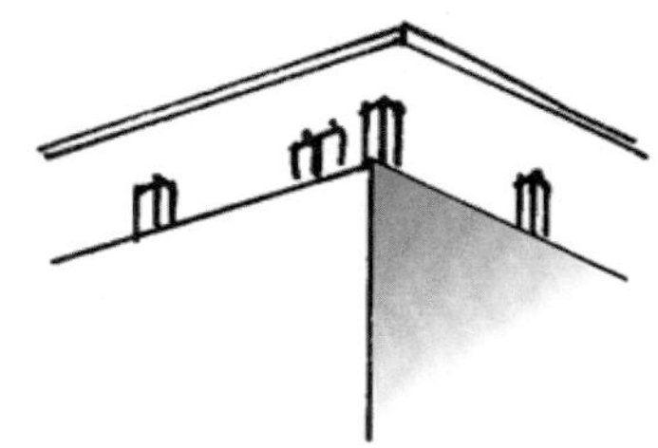

2. 옥탑

입면의 최상부분에 해당하는 요소로 피뢰침과 상호 보완이 되도록 구성해야 하며 건축물의 스카이라인(skyline) 형성 및 상승감의 극적인 효과 등을 표현하도록 한다.

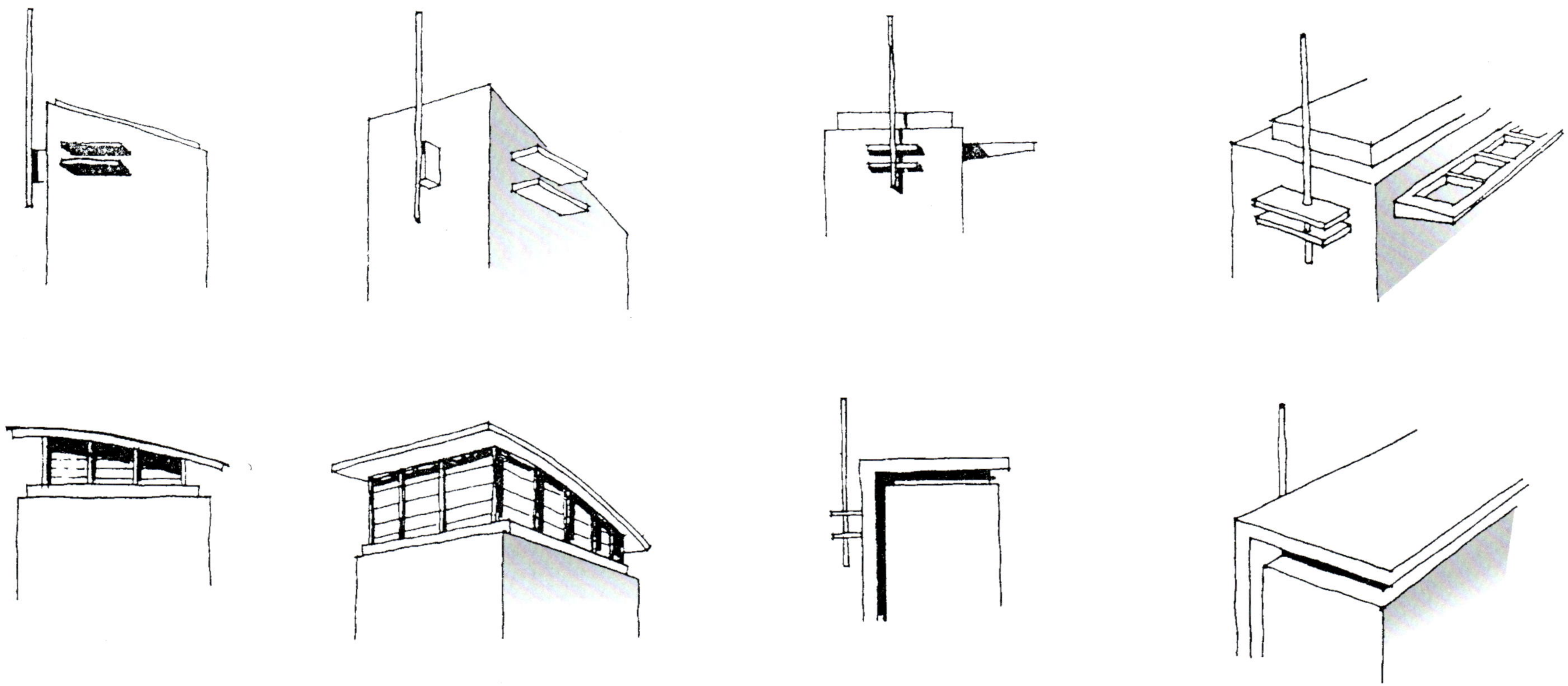

Chapter 6.

건축설계 도면작성 표현

6.1 배치도
6.2 평면도
6.3 입면도
6.4 단면도

6.1 배치도

배치도는 대지형태, 도로상황, 방위, 출입구, 건축물의 위치 및 전체적인 형태, 주차위치, 조경, 옥외공간 등을 파악할 수 있는 도면으로 공간의 기능과 구조 형태가 자연스러운 아름다움으로 표현될 수 있도록 한다.

배치도는 하늘에서 비행기를 이용하여 항공사진을 촬영한 것으로 이해하는 것이 편리하다. 즉 도로와 건축물의 지붕, 그리고 나무 등을 위에서 보여지는 형태를 작도한다.

① 가선그리기

⇓

② 1층 시설물, 옥외공간

⇓

③ 실명

⇓

④ 표현효과

① 가선그리기

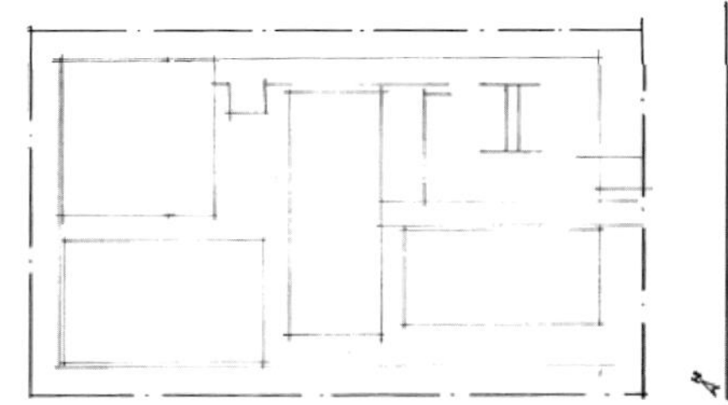

② 1층 시설물, 옥외공간

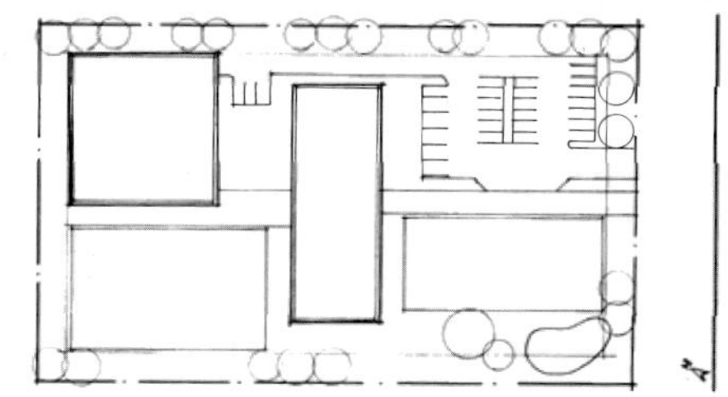

③ 실명

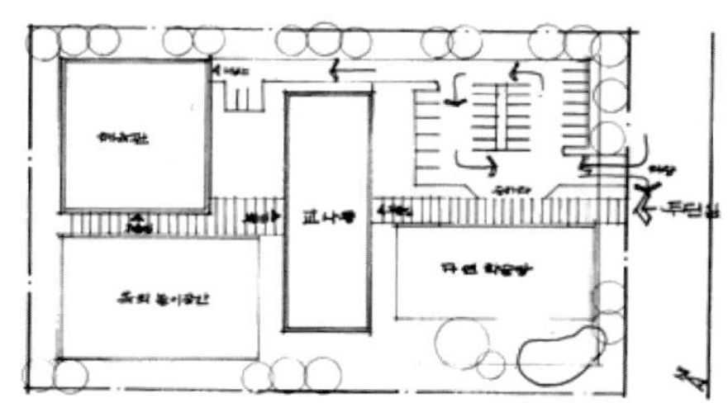

④ 표현효과

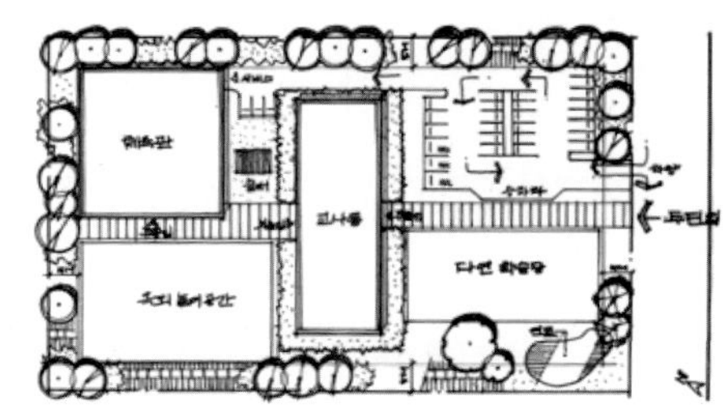

① 가선그리기

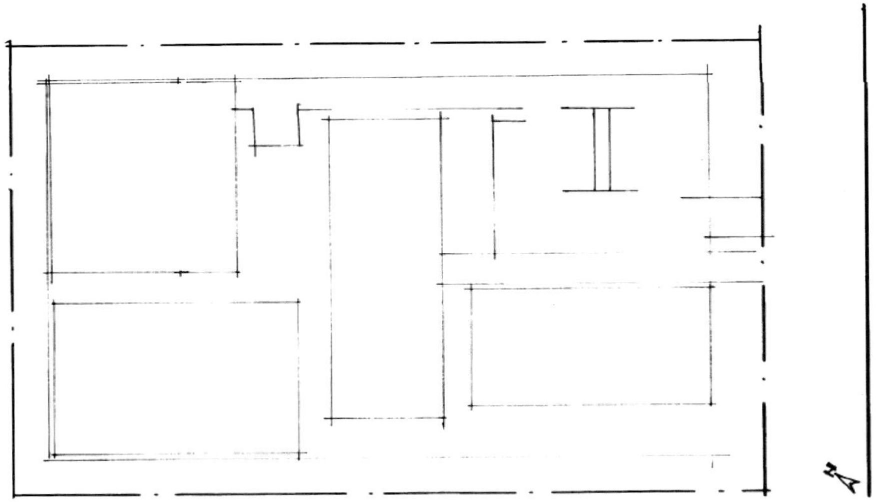

② 1층 시설물, 옥외공간

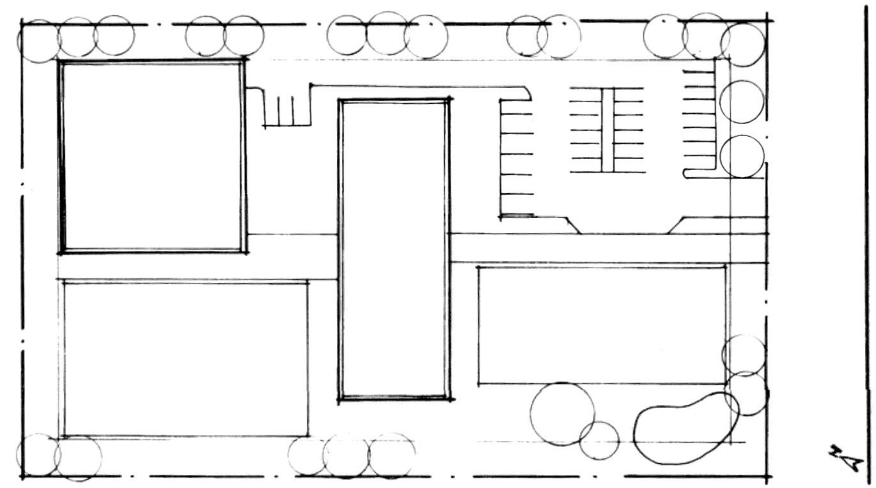

③ 실명

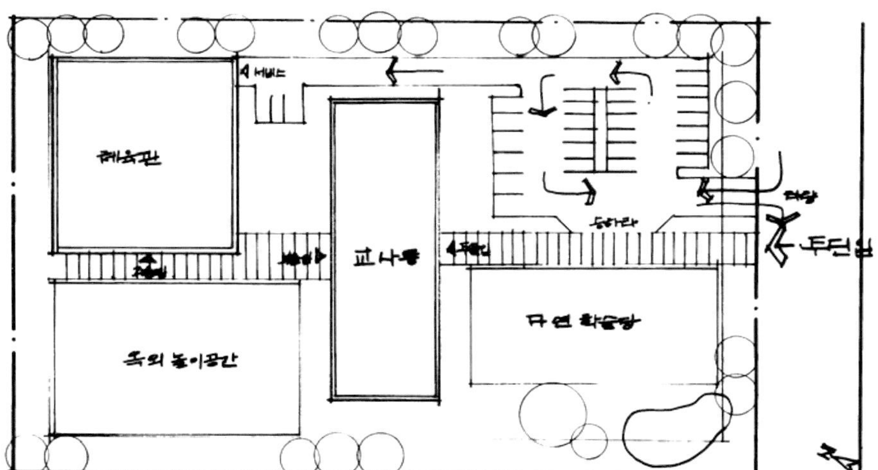

④ 표현효과

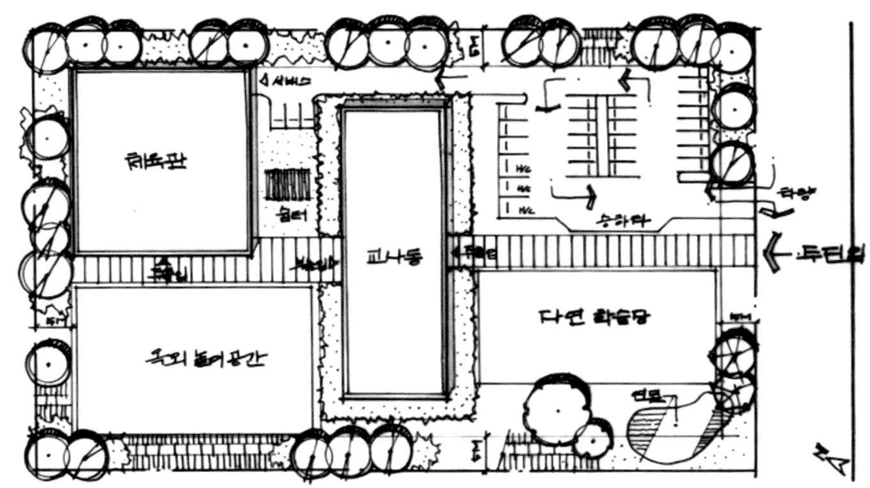

6.2 평면도

어떤 건물 내부에서 일어나는 모든 활동의 종류, 규모 및 그 상호관계를 평면상에 배치하여 각 실의 유기적인 관계를 바닥으로부터 1.2m의 높이와 개구부를 중심으로 해서 건축물을 수평으로 절단하여 표현한다.

평면도는 건축물을 수평으로 절단하여 위에서 아래를 보고 작도하며, 바닥으로부터 1.2m 높이의 윗부분이나 아랫부분에 있는 개구부도 표현하고 단면선은 굵은 실선으로 표현한다.

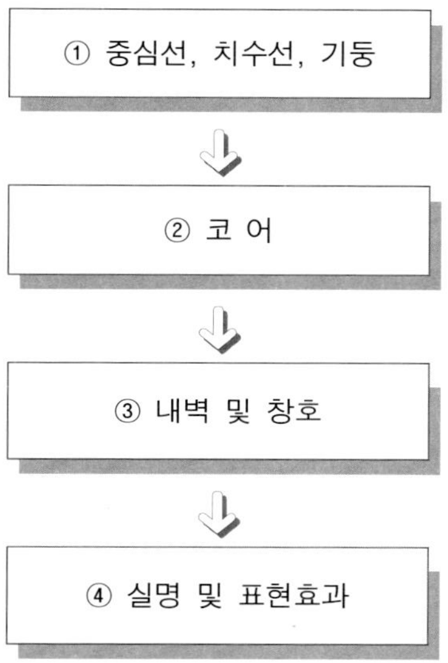

① 중심선, 치수선, 기둥

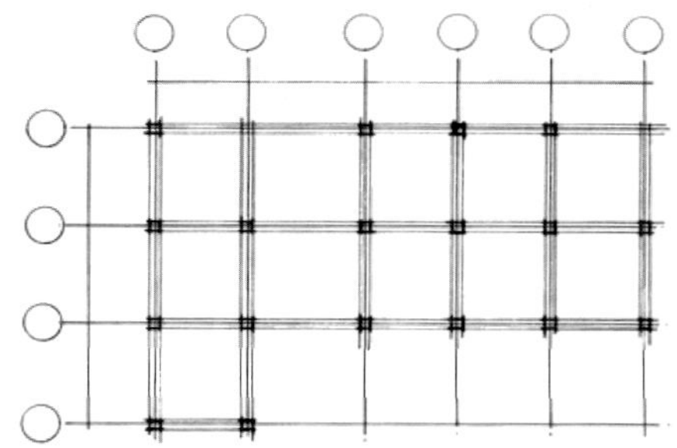

② 코어

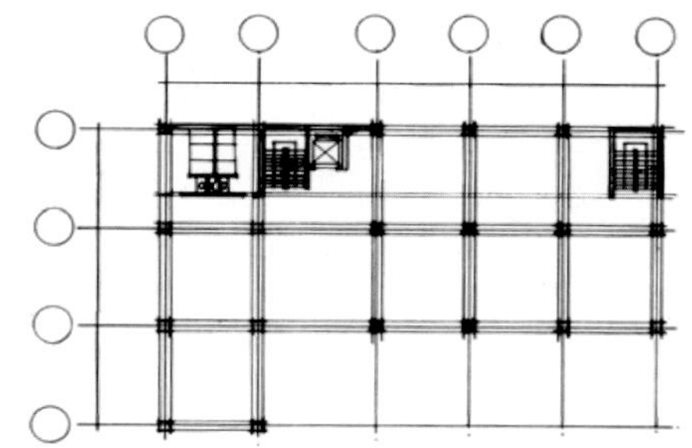

③ 내벽 및 창호

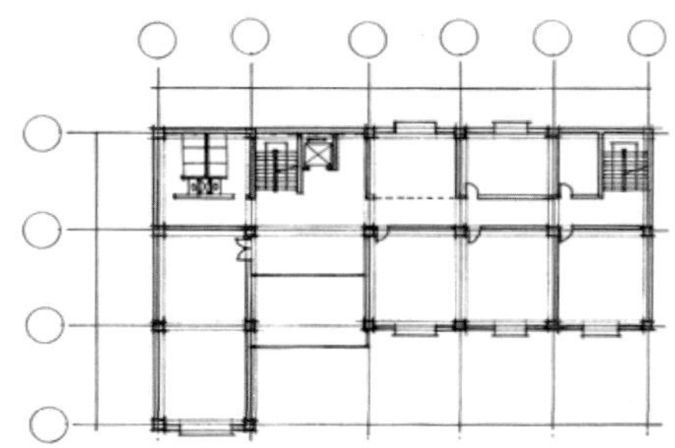

④ 실명 및 표현효과

① 중심선, 치수선, 기둥

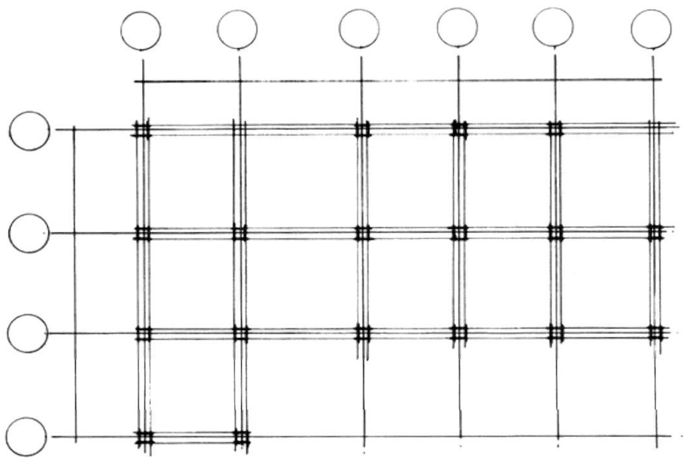

② 코어

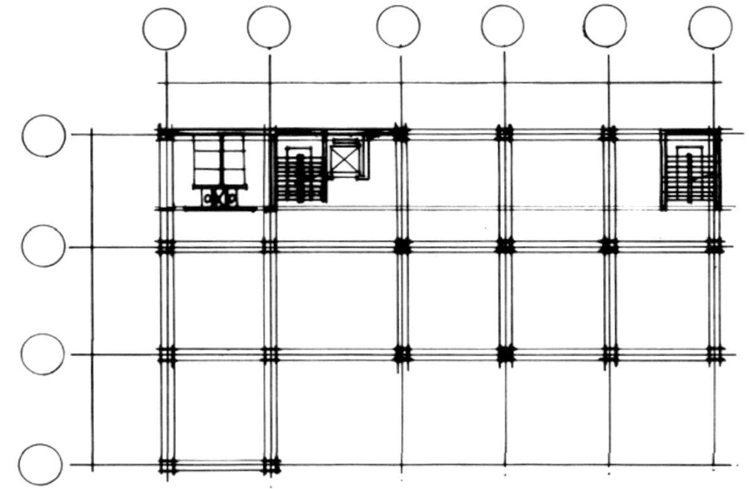

③ 내벽 및 창호

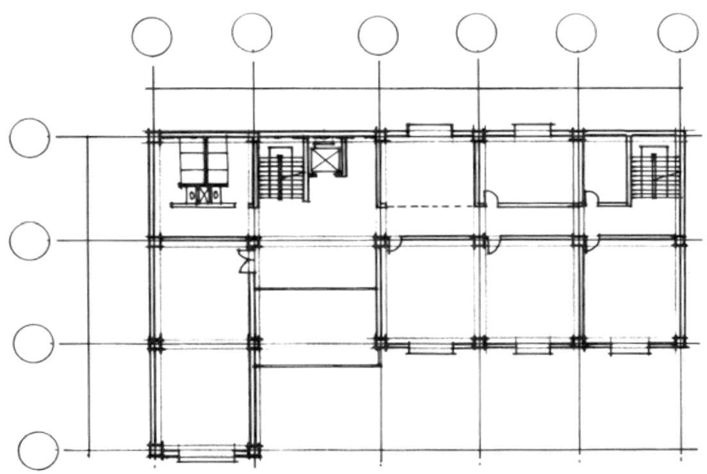

④ 실명 및 표현효과

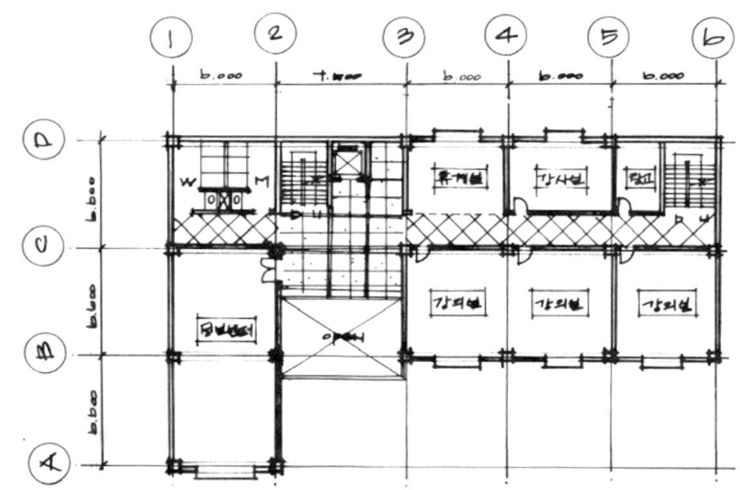

6.3 입면도

입면도는 평면적인 공간을 입체화시켜 형태와 표면구조를 나타내며, 작성순서는 외벽 등 전체적인 형태를 작성한 후 창호 등 상세하게 작성하는 것이 일반적인 방법이다.

입면도는 원근감을 표현하지 않으며, 원근감 표현은 수직 및 수평선을 굵은 실선으로 표현한다. 그리고 입면도는 기능적인 지붕 디자인에 의해 다양한 표현을 할 수 있으며, 기본형태를 중심으로 변화 가능한 입면 디자인을 고려한다.

① 중심선, 층 기준선

↓

② 지반선 및 건물외곽

↓

③ 창호 및 글자

↓

④ 표현효과

① 중심선, 층 기준선

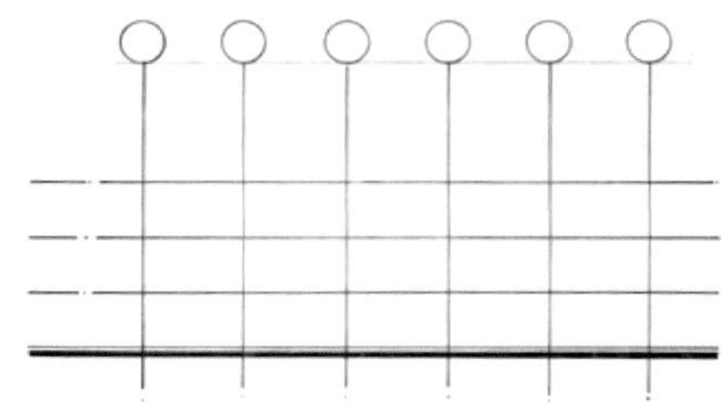

② 지반선 및 건물외곽

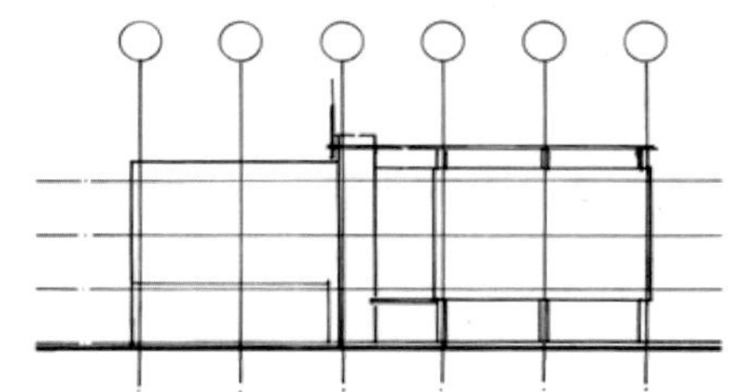

③ 창호 및 글자

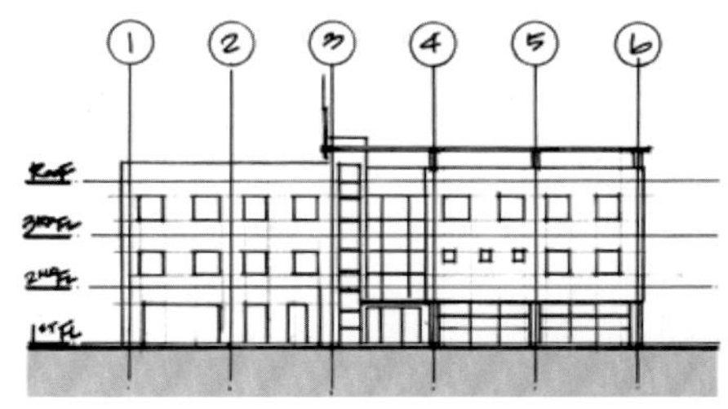

④ 표현효과

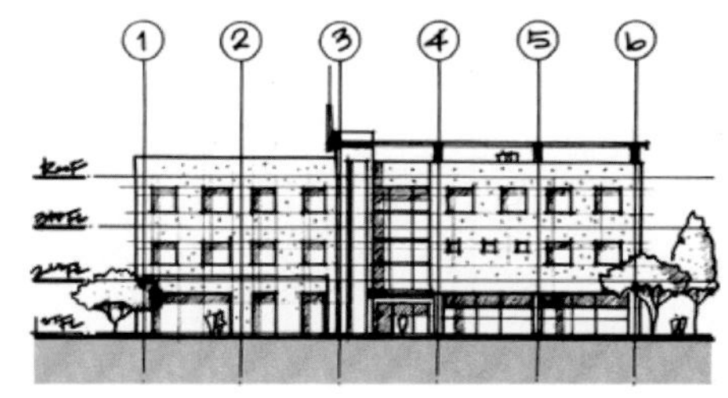

6.4 단면도

단면도는 건축물의 수직적인 치수와 건축물의 구조형태, 그리고 마감재료 등을 표현하는 것으로 건축물의 어느 부분을, 무엇을 보여줄 것인가에 대해서 고려해야 한다.

단면도는 건축물을 수직으로 절단하여 옆에서 보고 작도한다. 단면으로 잘린 구조체는 굵은 실선으로 표현하며, 입면으로 보여지는 부분은 가는 실선으로 표현한다.

① 중심선, 층 기준선

⇩

② 지반선 및 보 · 슬래브

⇩

③ 외부창호 및 천정, 글자

⇩

④ 표현효과

① 중심선, 층 기준선

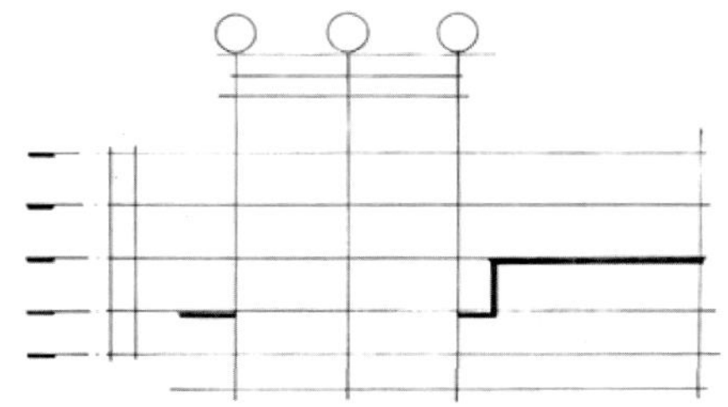

② 지반선 및 보 · 슬래브

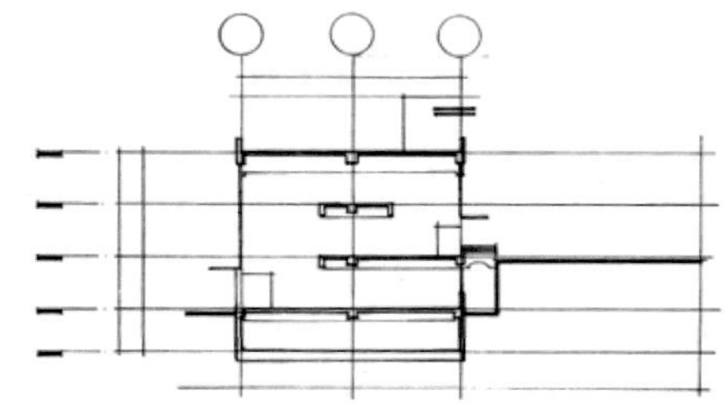

③ 외부창호 및 천정, 글자

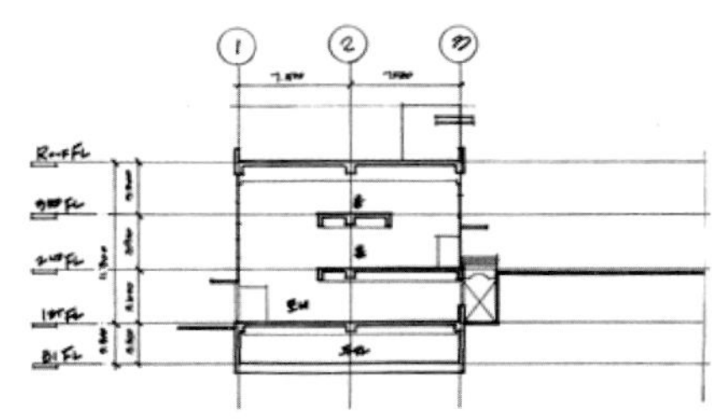

④ 표현효과

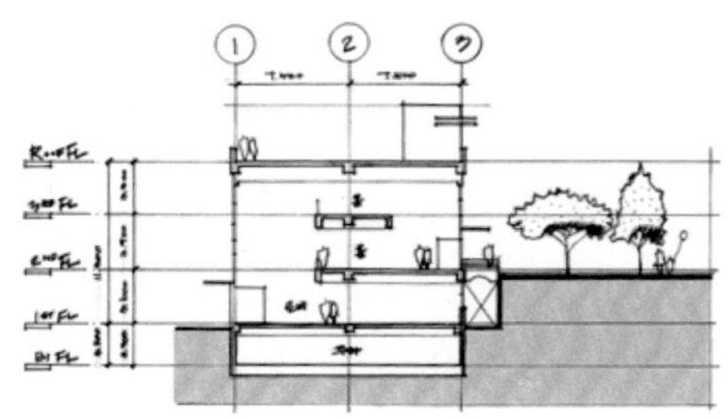

① 중심선, 층 기준선

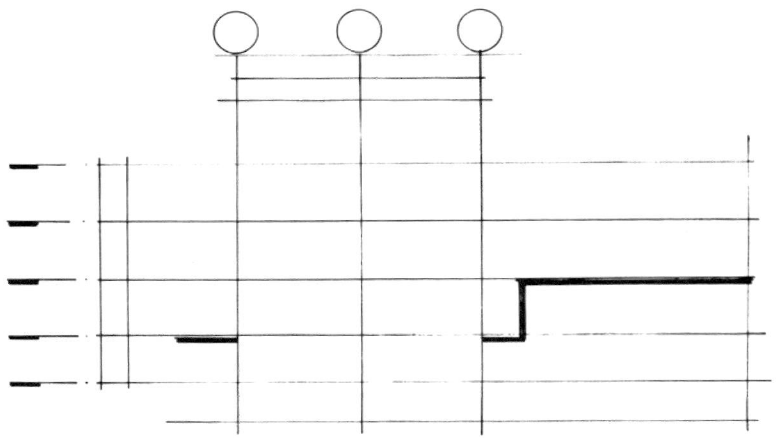

② 지반선 및 보 · 슬래브

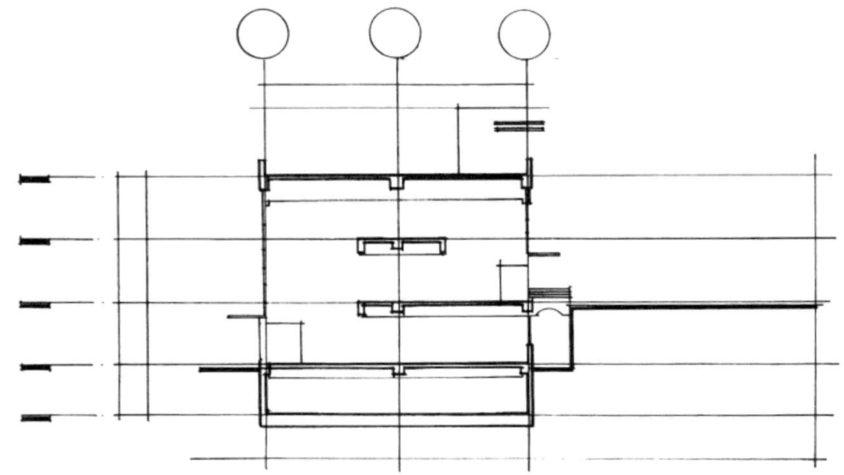

③ 외부창호 및 천정, 글자

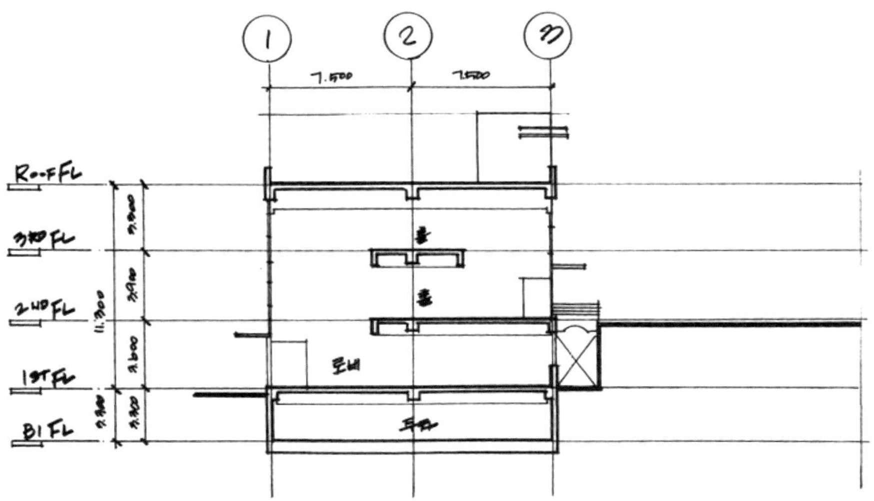

④ 표현효과

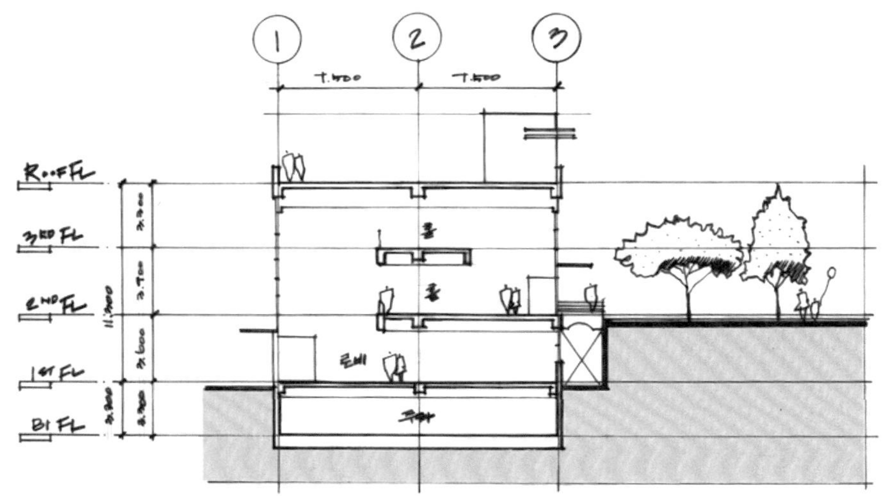

Architectural Design Presentation

Chapter 7.

투시도 표현

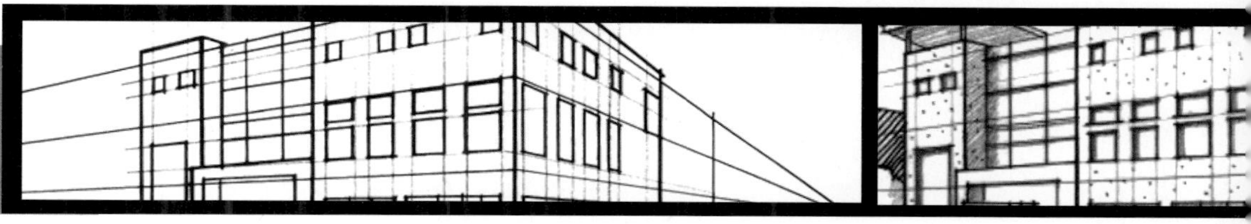

7.1 투시도의 종류 및 원리
7.2 작도방법
7.3 작도순서
7.4 표현효과

7.1 투시도의 종류 및 원리

투시도는 3차원적인 건물을 2차원의 평면에 표현하는 것으로 건물의 전체 형태를 파악하는데 효과적인 도면이다.

1. 투시도의 종류

(1) 화면 및 지반면의 관계에 의한 분류

① 평행투시도(Parallel Perspective)

물체가 화면에 평행이고, 지반면에 수직인 경우를 말한다.

② 유각(성각)투시도(Angular Perspective)

물체가 화면에 대해서 일정한 각도를 가지며, 지반면에 수직인 경우를 말한다. 이 경우 평면도는 30°, 60°로 배치하는 것이 통례이며, 가장 일반적으로 사용하는 방법이다.

③ 사각투시도(Oblique Perspective)

물체가 화면과 지반면에 대해서 일정한 각도를 가지는 경우를 말한다.

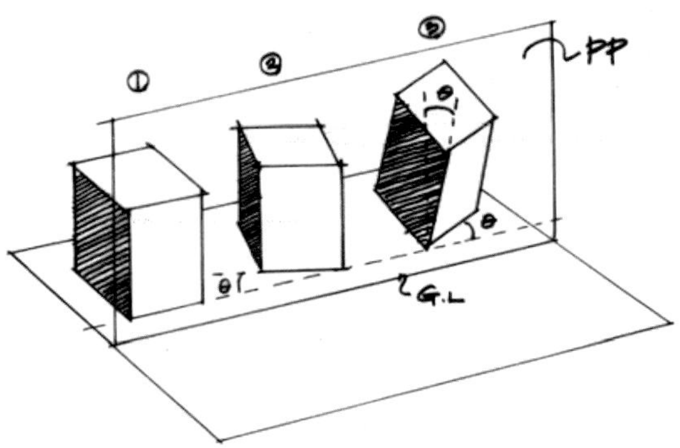

(2) 시점위치의 고저에 의한 분류

눈의 높이에 따라 건물의 모양이 달라지며 전달하려는 정보의 느낌이 달라지게 된다.

일반적으로 투시도라고 하면 사람의 눈높이에서 작성된 것만을 생각하지만 건물보다 높은 위치에서 작성된 것 역시 투시도의 일종이다.

① 일반투시도(General Perspective)

보통사람이 선 자세에서 건물을 보았을 경우의 투시도를 말한다.

일반적으로 광범위한 지역을 함께 나타낼 필요가 없을 때 적용하며, 건물의 2면만을 작성하는 투시도 작성법이다.

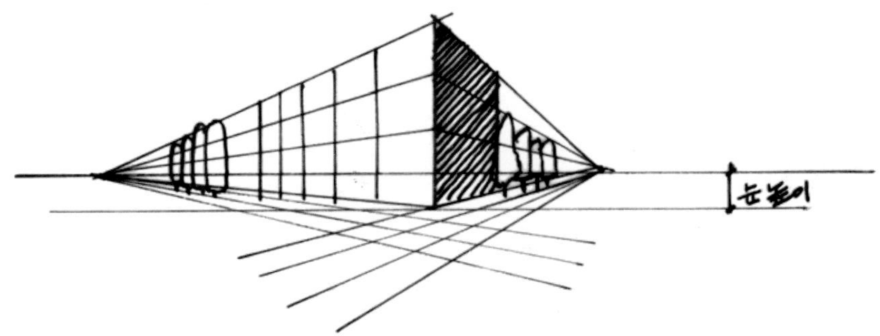

② 조감투시도(Bird´s eye Perspective)

시점이 높이 있어서 건물을 내려다보는 경우의 투시도를 말한다.

주로 광범위한 지역을 연관시켜 작도할 때 응용하며, 투시도에 많은 정보를 표현할 수 있는 투시도 작성법이다. 주변 건물 등을 효과적으로 표현하면 도시 속에서 계획건물의 Context를 느낄 수 있다.

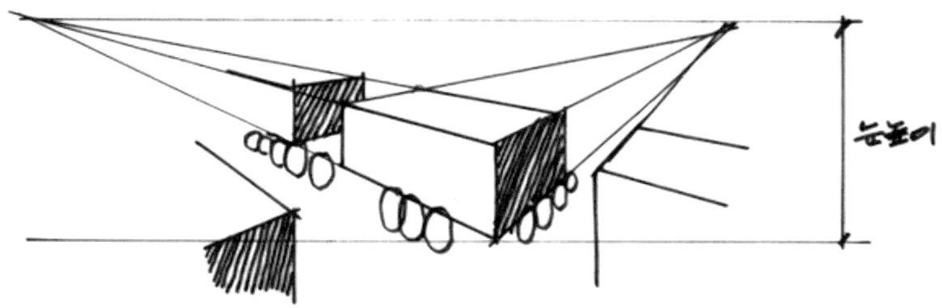

1소점 2소점

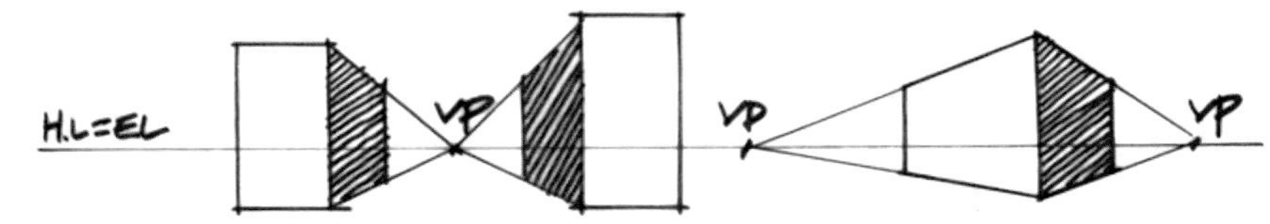

• 일반투시도

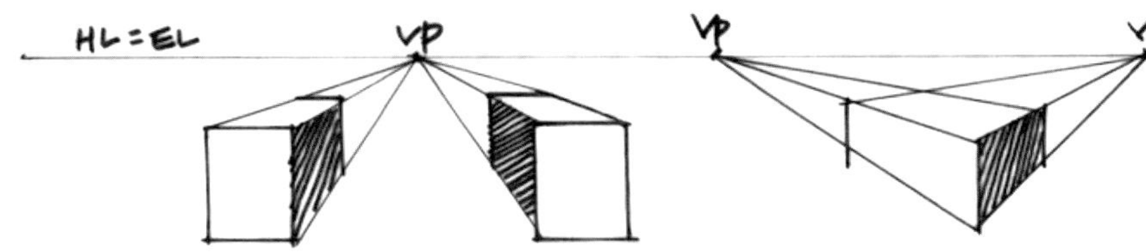

• 조감투시도

2. 투시도의 원리

투시도는 소점에 대한 원리와 시점에 대한 원리를 이해한다면 투시도 작성시 상당히 유용하다.

3소점

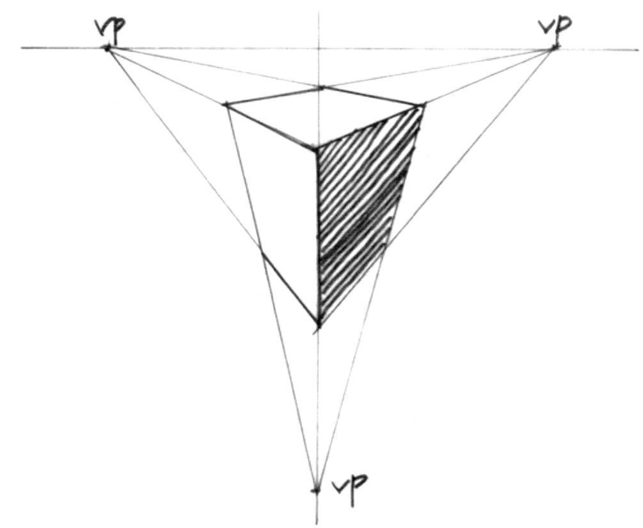

① 기본원리 및 소점에 의한 원리

· 가상의 수평선(H.L. : Horizon Line)은 언제나 눈높이(eye level)와 일치한다.

· 소점(V.P. : Vanishing Point)은 언제나 수평선상에 있다.

· 관찰자의 위치, 그리고 시선면에 대한 물체의 관계에 따라 하나, 둘 또는 세 개의 소점을 갖는다.

② 시점(Point of View)에 의한 원리

관찰자의 시점(보는 각도, 눈높이, 물체와 화면과의 거리)은 투시도의 최종적인 그림효과를 결정하는데 중요하다.

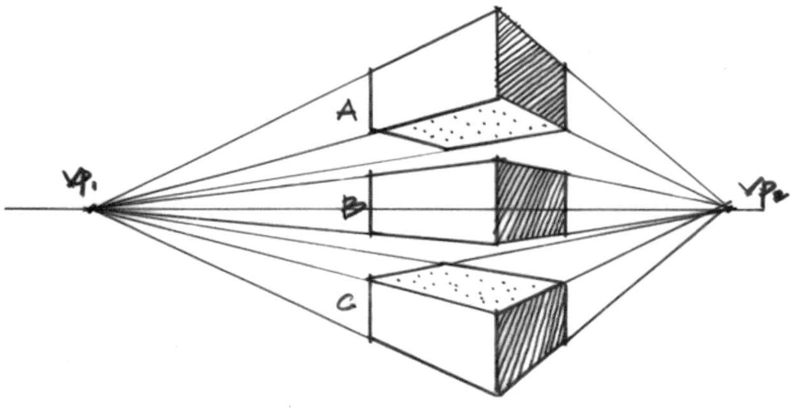

7.2 작도방법

기존 투시도법에서 적용되던 S.P.(시점)에서 평면의 각 부분을 연결하여 투시도 윤곽을 작성하던 방법과는 달리 평면도를 화면상에 접하도록 하지 않고도 작도법 내에서 건물의 그리드를 작도할 수 있는 투시도법이다.

(1) 주요 용어

① 소실점 V.L.(Vanishing Line)

소실점들이 수평선에 맺히는 선이다.

② 소실점 V.P.(Vanishing Point)

입면, 평면 등에서 각각의 평행한 선들이 한 점에 모이게 되는데 이들이 만나는 점이다.

③ VP_3(Vanishing Point 3)

건물의 실제 정면과 축척 선상에서 만나는 점을 연결했을 때 눈높이(VL)에 맺히는 정면 분할선, 즉 AB연장선이 VL과 만나는 점이다.

④ VP_4(Vanishing Point 4)

건물의 실제측면과 축척 선상에서 만나는 점을 연결했을 때 눈높이(VL)에 맺히는 정면 분할선, 즉 CD연장선이 VL과 만나는 점이다.

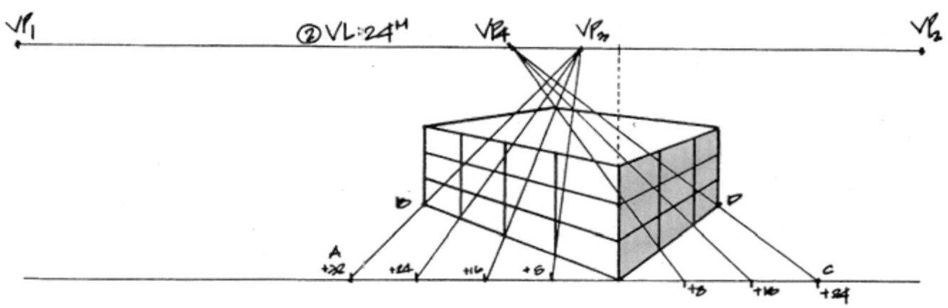

(2) 일반투시도

1) 기본 작성순서

① 수직선 그리기

①번 선은 투시도의 높이 기준선으로 투시도 실치수에 의한 비례 기준선이다.

② GL선 그리기

②번 수평선은 축척 1/300 적용선이다.

③ VL선 그리기

③번 수평선은 높이가 6m로 결정된 수평선이다.(조정 가능함)

④ VP_1잡기(정면 소실점)

VL선 위에 정면 방향으로 건물 측면길이 32m의 1.5배(32m × 1.5 = 48m)인 곳으로 이동한 좌표이다.

⑤ VP_2잡기(측면 소실점)

VL선 위에 측면 방향으로 건물 측면길이 24m의 1.5배(24m × 1.5 = 36m)인 곳으로 이동한 좌표이다.

⑥ 건물 외곽선

④번 수직선은 ①번 수직선을 기준으로 하여 건물 정면길이의 60%를 축소(32m × 0.6 = 19.2m)하여 적용한 것이다.

⑤번 수직선은 ①번 수직선을 기준으로 하여 건물 측면길이의 40%를 축소(24m × 0.4 = 9.6m)하여 적용한 것이다.

⑦ 층별 수평 module선 긋기

①번 수직선상의 4m 각 층별 지정선에서 VP_1과 VP_2를 ④, ⑤번 선까지 각각 작성하면 된다. 정면과 측면만 보이고 옥상은 보이지 않는다.

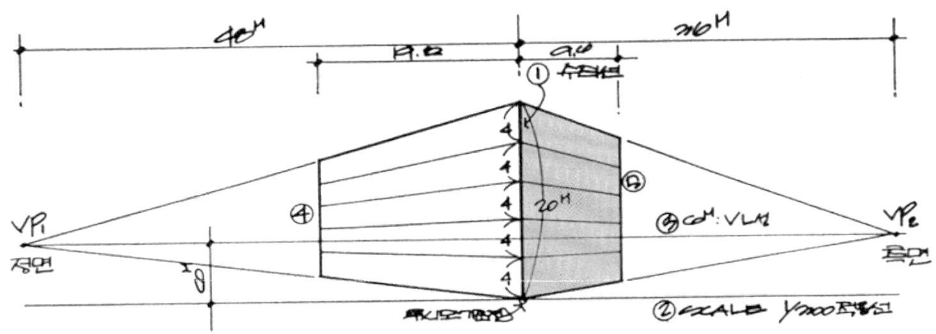

2) 일반투시도 작성방법

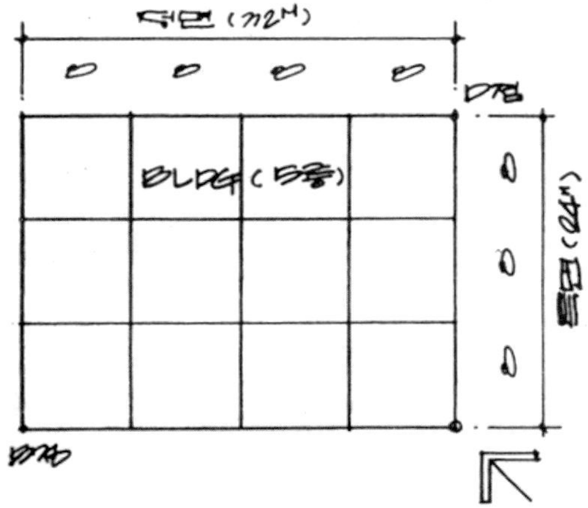

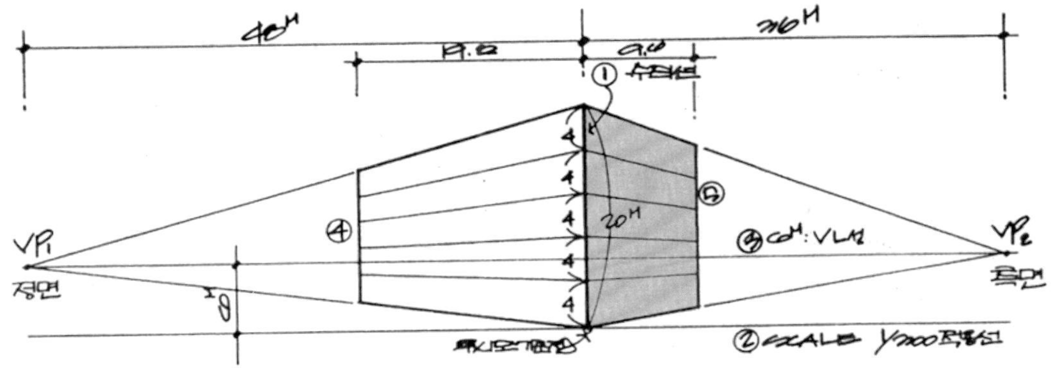

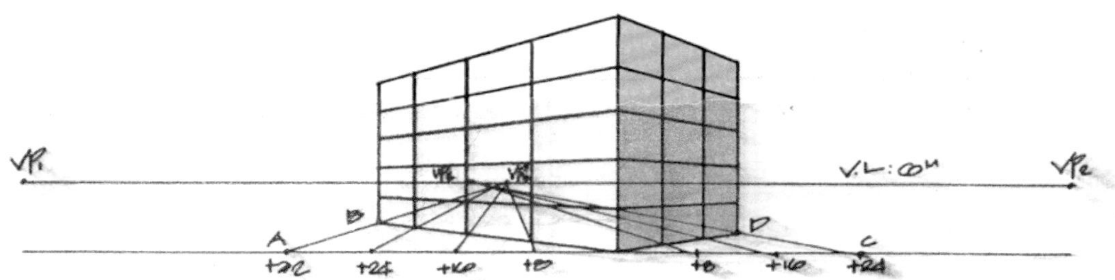

(3) 조감투시도

1) 기본 작성순서

① 수직선 그리기

①번 선은 투시도의 높이 기준선으로 투시도 실치수에 의한 비례 기준선이다.

② VL선 그리기

②번 선은 VL선으로 건물이 2, 3층일 때 높이가 24m로 결정되는 수평선으로 건물높이의 2배가 된다.

③ GL선 그리기

축척 1/300의 적용선이다.(0.0 level을 기준한 선으로 축척 1/200도 가능하지만 VP_3 및 VP_4가 멀어지므로 작업상 편의를 위해 1/300 축척을 적용한다.)

④ VP_1잡기(정면 소실점)

VP_1은 ①번 수직선에서 2, 3층 건물을 기준으로 정면 60m 거리에 있는 점이다.

⑤ VP_2잡기(측면 소실점)

VP_2는 ①번 수직선에서 2, 3층 건물을 기준으로 측면 30m 거리에 있는 점이다.

⑥ 건물 외곽선

①번 선상의 각각 4m 층별 지정선에서 VP_1과 VP_2로 향하면 되는데 ④번 수직선은 ①번 수직선을 기준으로 하여 건물 정면길이의 0.6배, 즉 60%를 축소시켜(32m × 0.6 = 19.2m) 적용한 선이다. ⑤번 수직선은 ①번 수직선을 기준으로 하여 건물 측면 길이의 0.4배, 즉 40%를 축소시켜(24m × 0.4 = 9.6m) 적용한 선이다.

⑦ 층별 수평 module선 긋기

①번 수직선상의 4m 각 층별 지정선에서 VP_1과 VP_2를 ④, ⑤번 선까지 각각 작성하면 된다. 반대편 옥상 건물선도 마찬가지로 VP_1과 VP_2를 향하면 건물외곽이 작성된다.

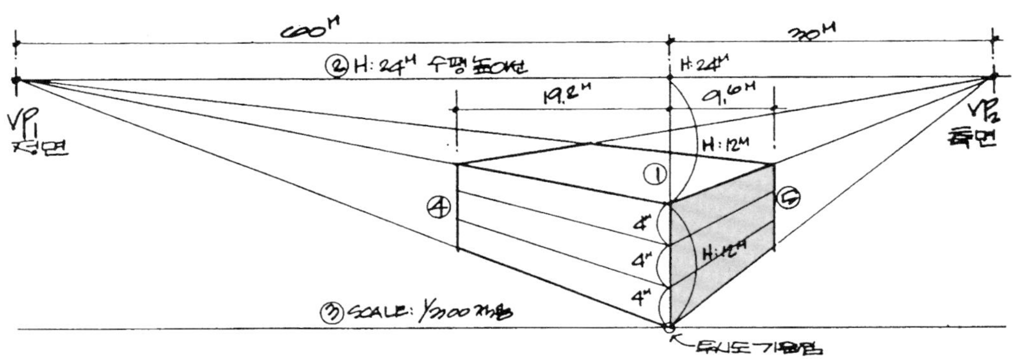

2) 조감투시도 작성방법

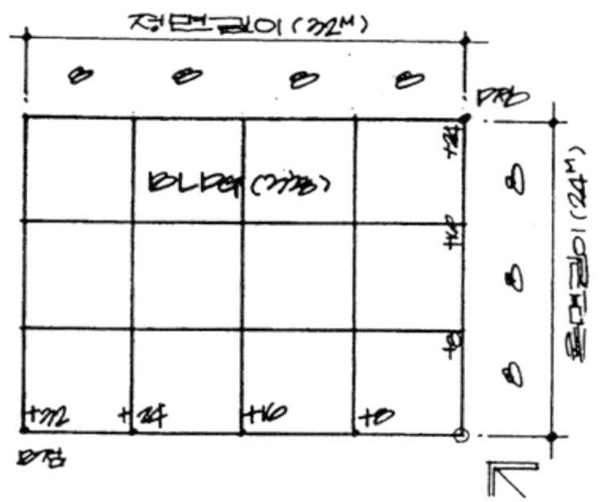

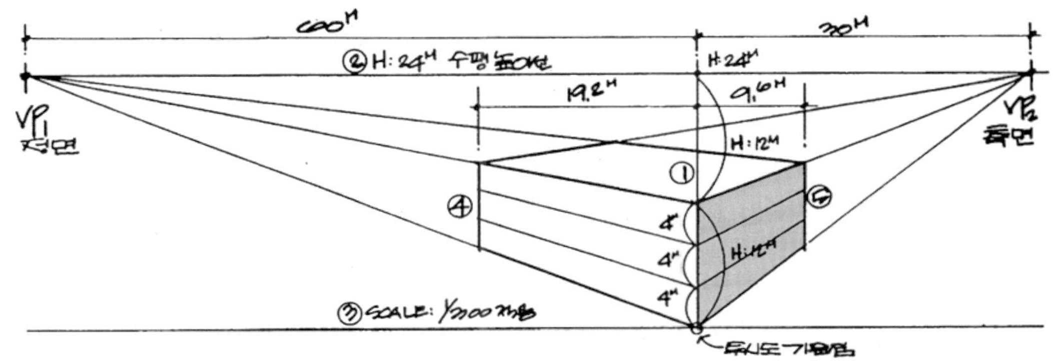

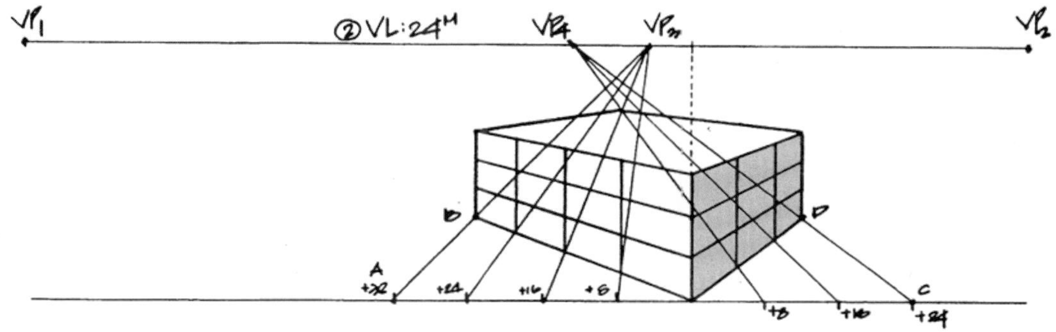

엑소노메트릭(Axonometric)

엑소노메트릭은 평면도를 경사지게 놓고 수직으로 동일한 높이까지 연장시켜 작도하는 입체적인 드로잉 표현기법으로 많이 사용되는 표현방법이다. 보통 구조의 골조를 이해하기 쉽도록 지붕을 제외하고 표현하며, 인테리어 디자인과 가로 건축군 디자인에 응용된다.

• 실내 엑소노메트릭

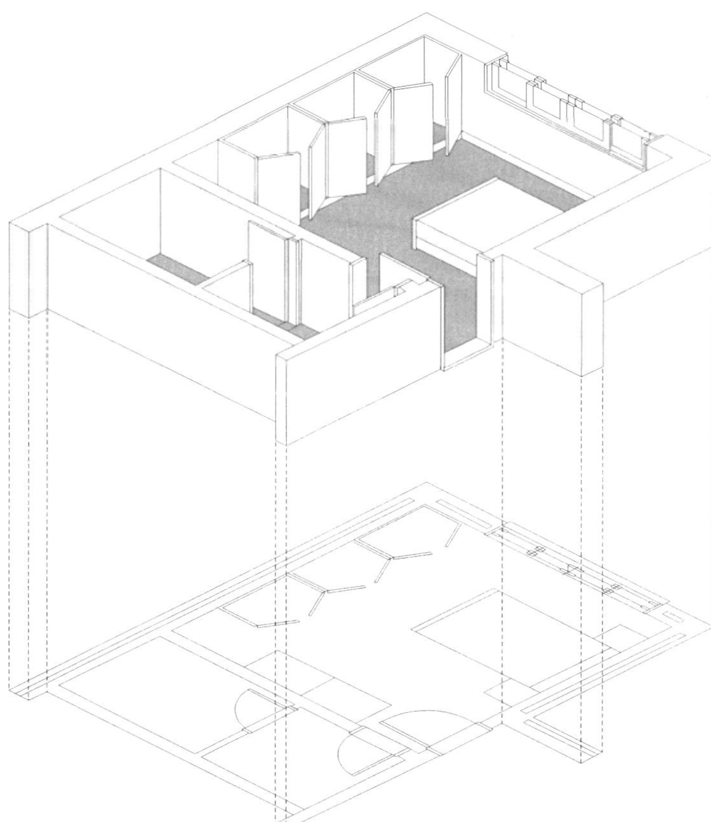

• 수직 동선계획

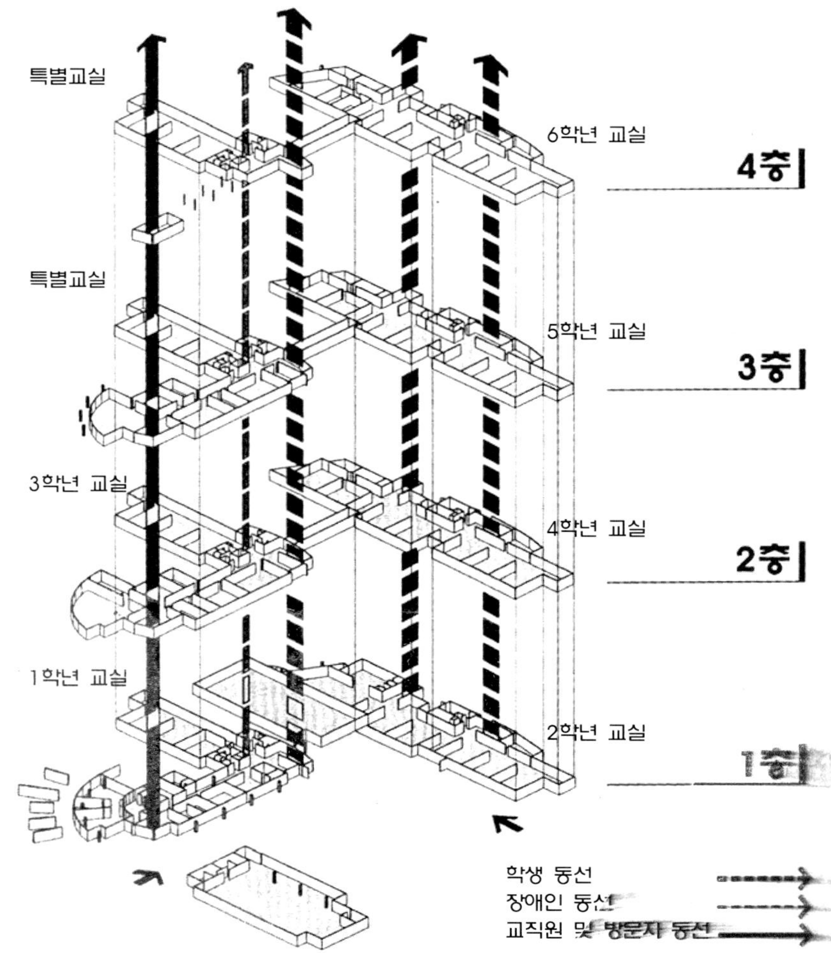

•주택표현 사례

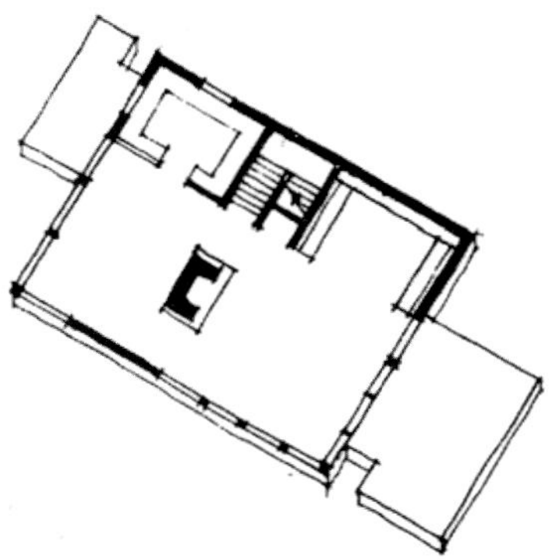

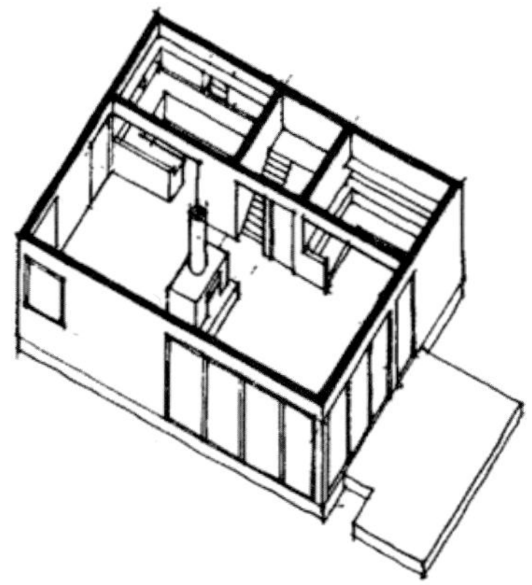

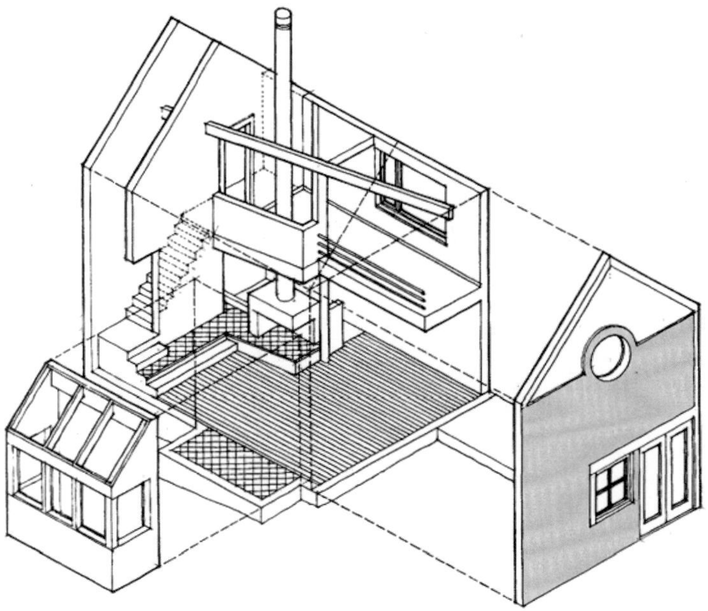

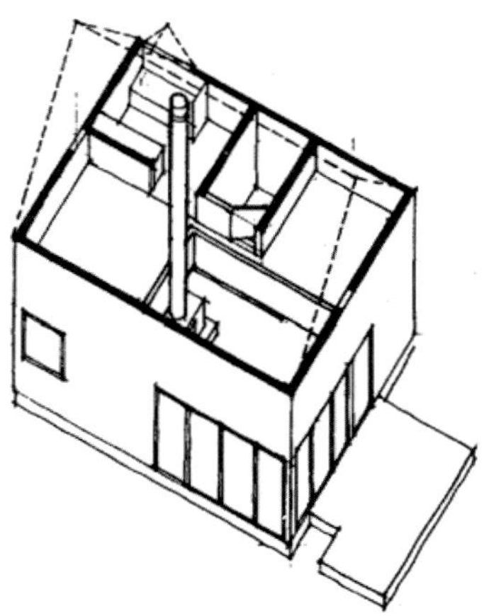

7.3 작도순서

1. 투시도 작성사례

다음 제시된 평면 및 입면을 기본으로 하여 투시도 작성순서를 전개하였다.

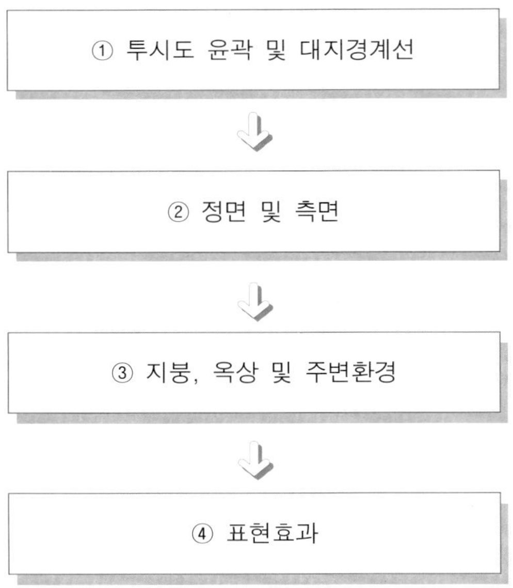

① 투시도 윤곽 및 대지경계선

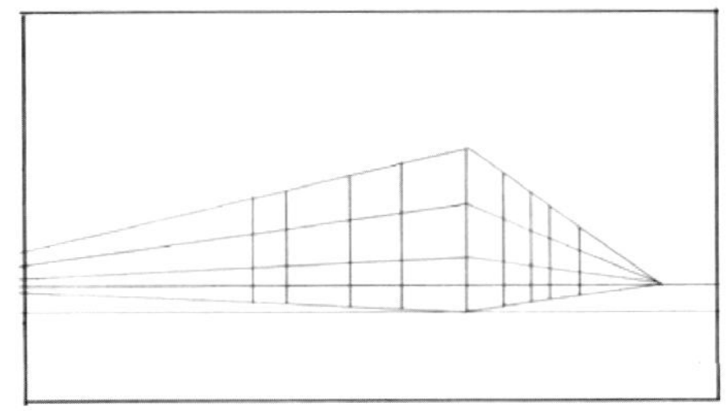

② 정면 및 측면

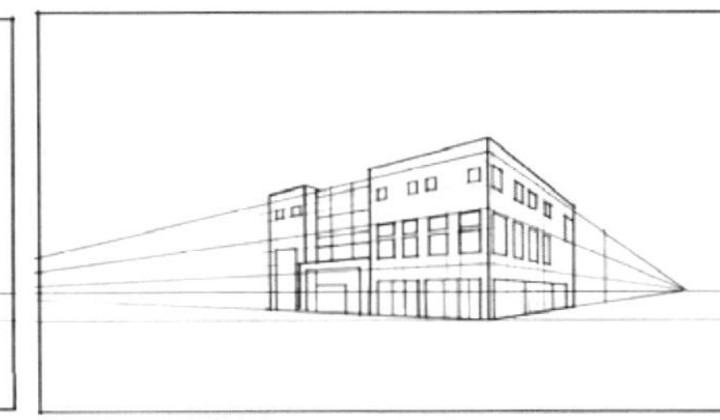

③ 지붕, 옥상 및 주변환경
– 수목 및 인물

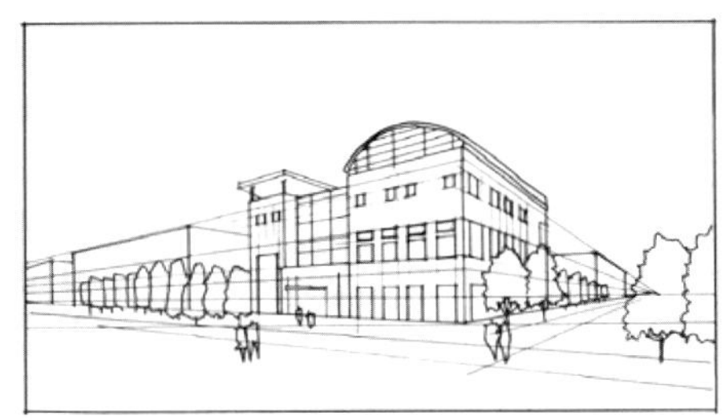

④ 표현효과
– 음영, 바닥패턴, Back칠

① 투시도 윤곽 및 대지경계선

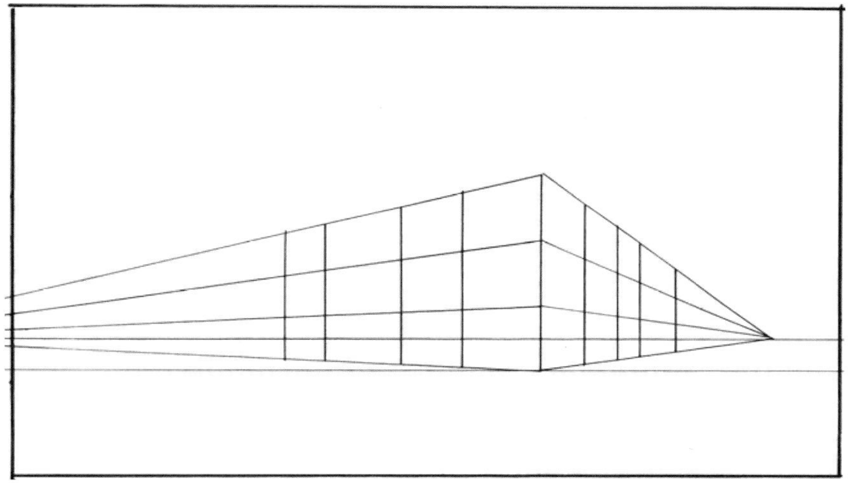

② 정면 및 측면

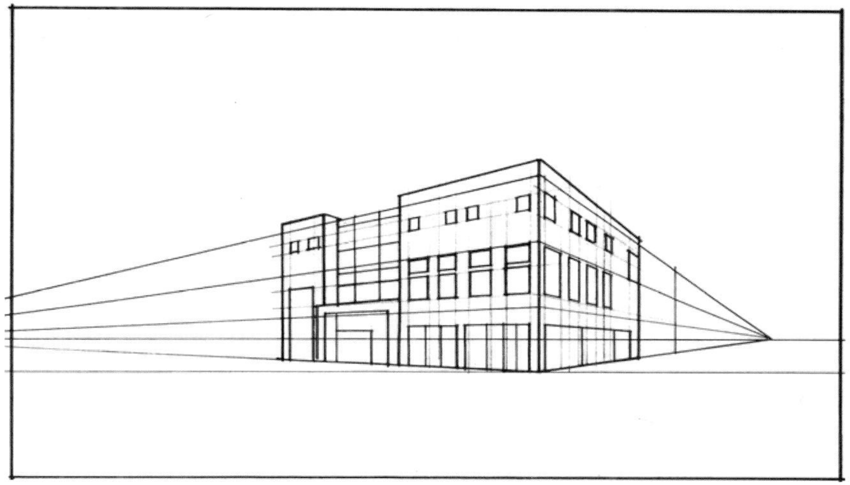

③ 지붕, 옥상 및 주변환경 - 수목 및 인물

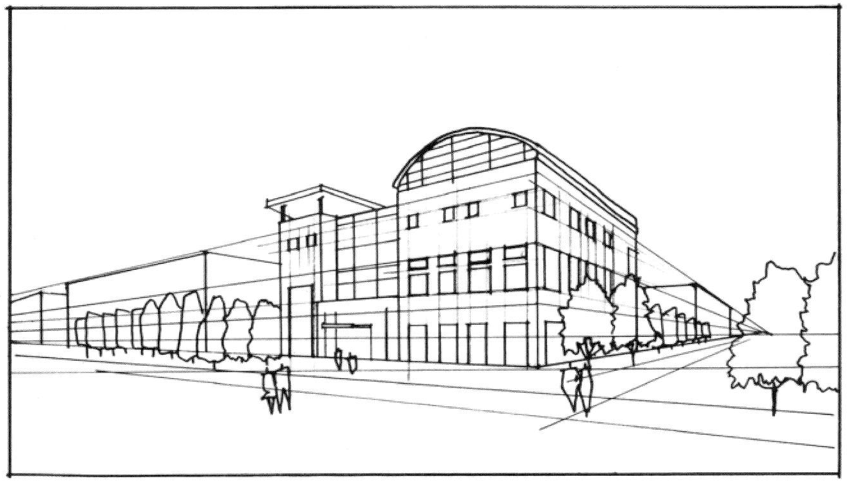

④ 표현효과 - 음영, 바닥패턴, Back칠

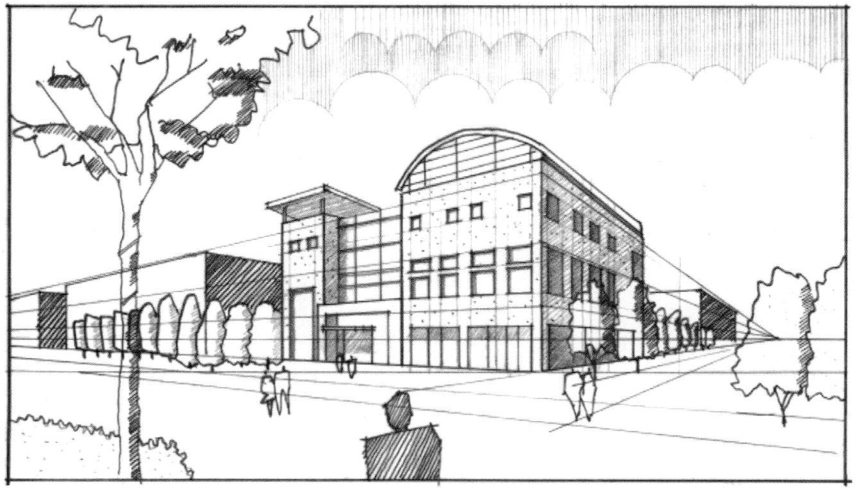

2. 조감투시도 작성사례

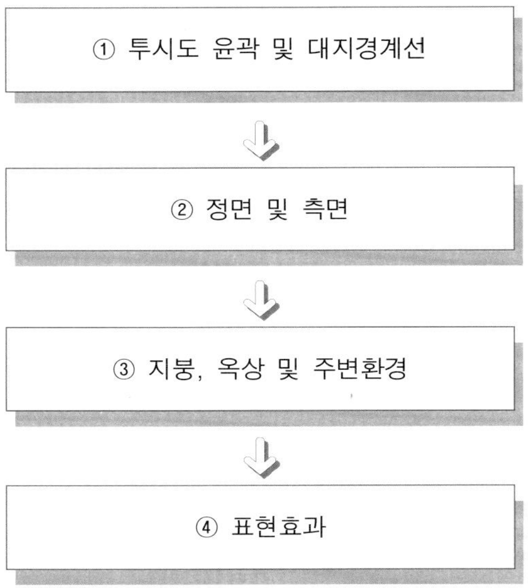

① 투시도 윤곽 및 대지경계선

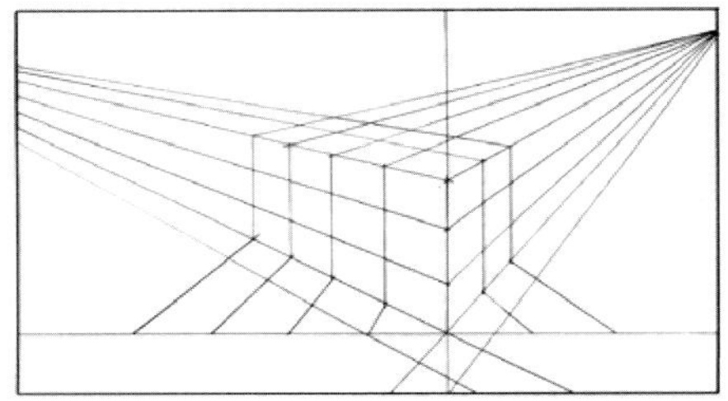

② 정면 및 측면

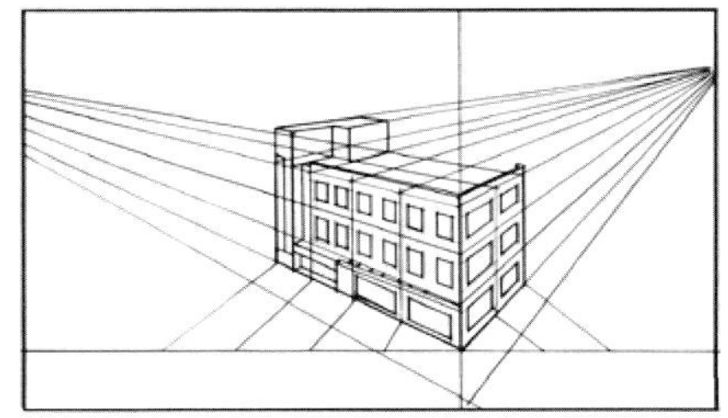

③ 지붕, 옥상 및 주변환경
– 수목 및 인물

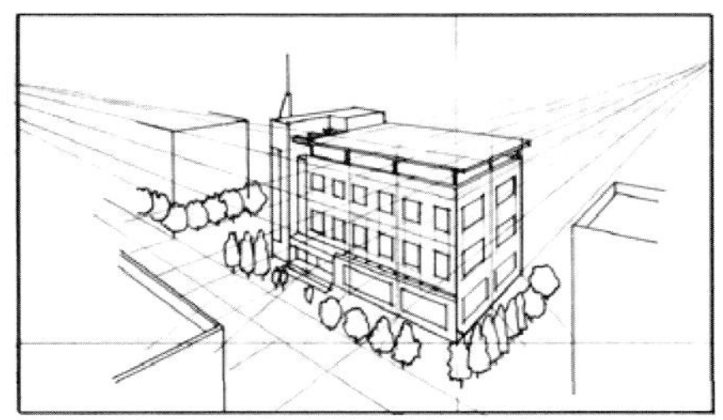

④ 표현효과
– 음영, 바닥패턴, Back칠

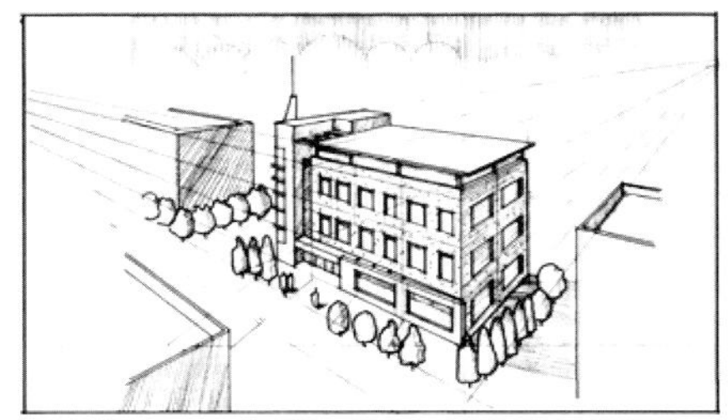

① 투시도 윤곽 및 대지경계선

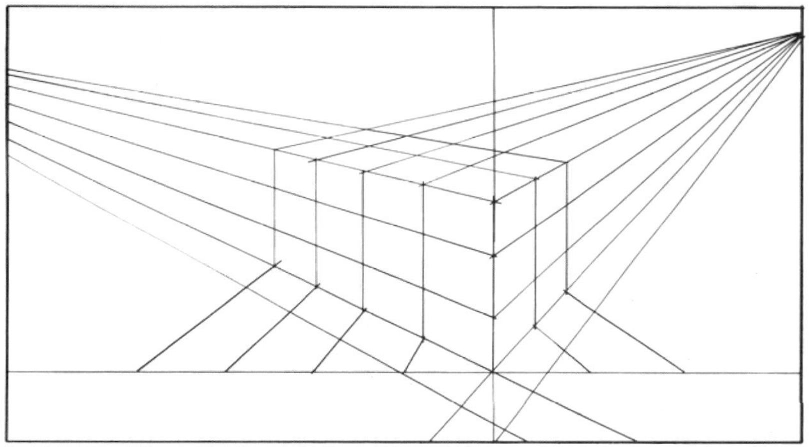

② 정면 및 측면

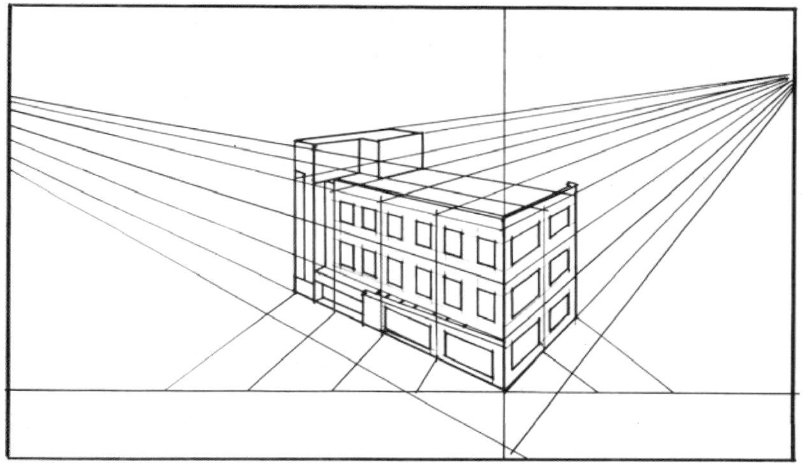

③ 지붕, 옥상 및 주변환경 - 수목 및 인물

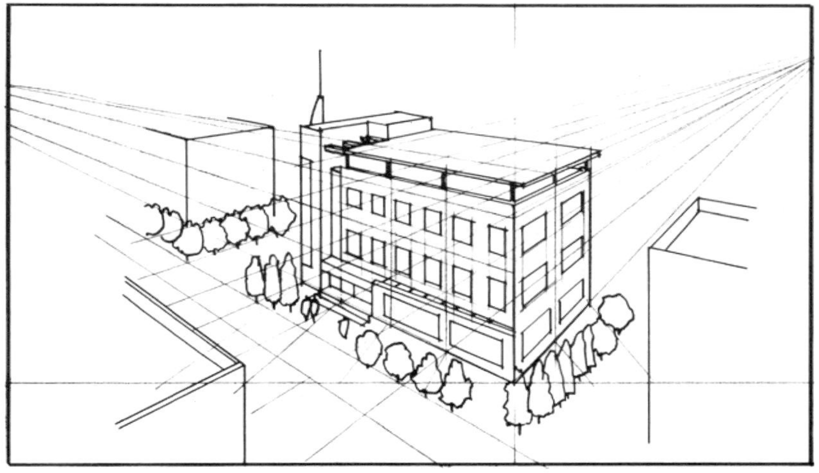

④ 표현효과 - 음영, 바닥패턴, Back칠

7.4 표현효과

1. 배경표현

• 하늘표현

하늘표현은 건축물의 입면도와 투시도를 표현하는데 중요한 표현효과로 다양한 방법을 고려한다.

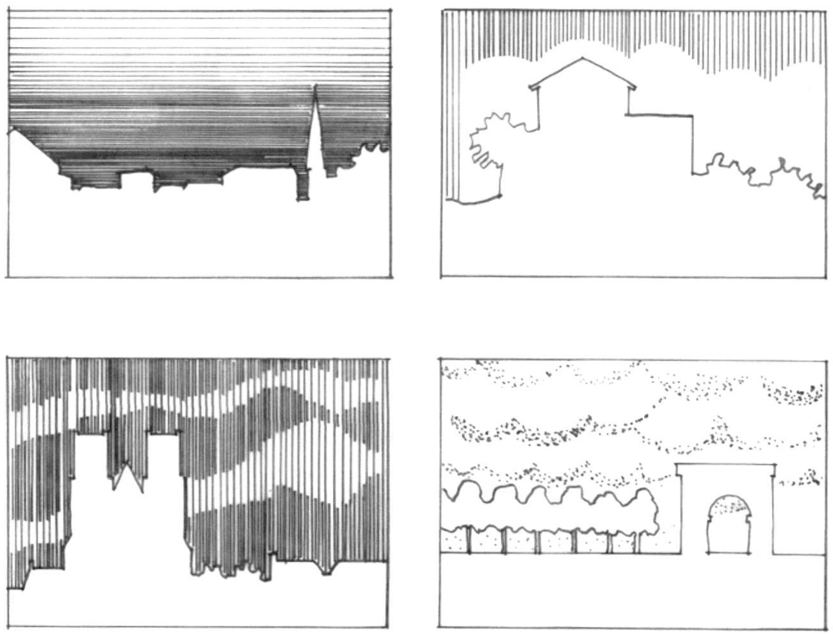

• 지반표현

지반표현은 건축물의 주단면도를 작도하는데 반드시 표현하며, 건축물을 시각적으로 안정감을 주는 다양한 표현효과가 있다.

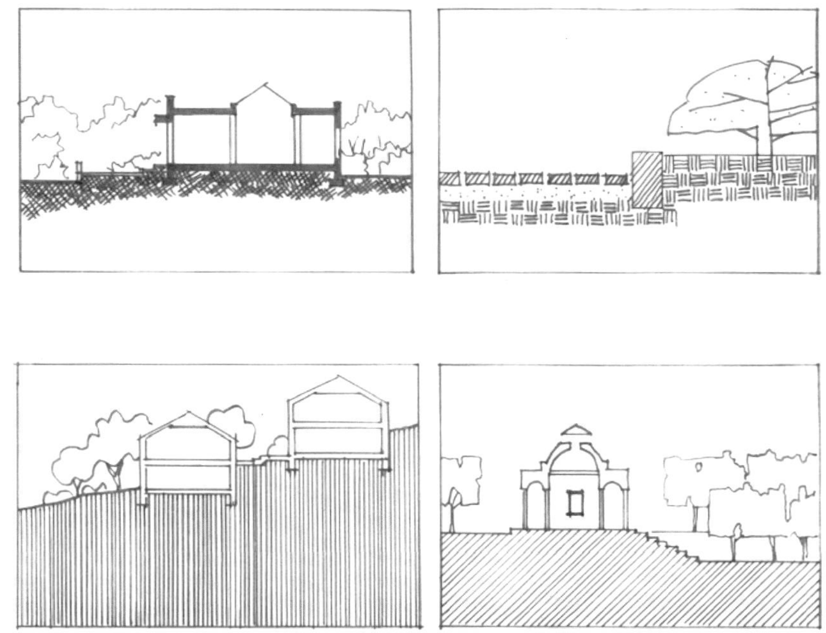

2. 색채표현

• 마커표현

마커펜은 색을 표현하는데 신속하게 사용할 수 있는 유용한 도구로 다양한 종류의 색상이 있다. 마커펜은 가볍게 잡고 끝의 사각형 전체면이 종이에 닿도록 하며, 종이에 번지고 자국이 밑에 남기 때문에 트레이싱지의 뒷면에 다른 종이를 깔고 사용한다.

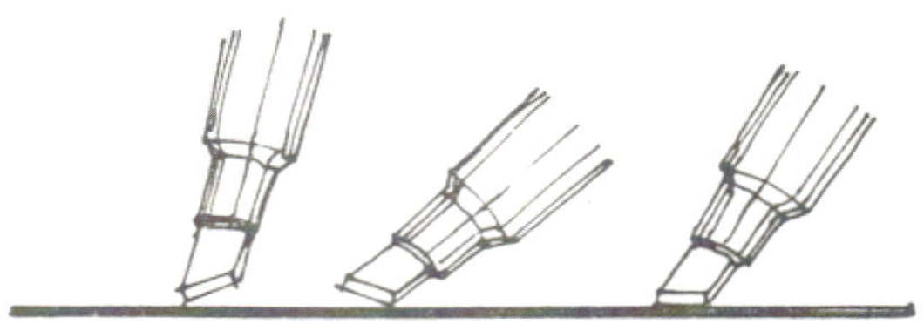

틀림 끝부분만 닿았다. | 틀림 끝의 아랫부분만 닿았다. | 옳음 전체면이 닿았다.

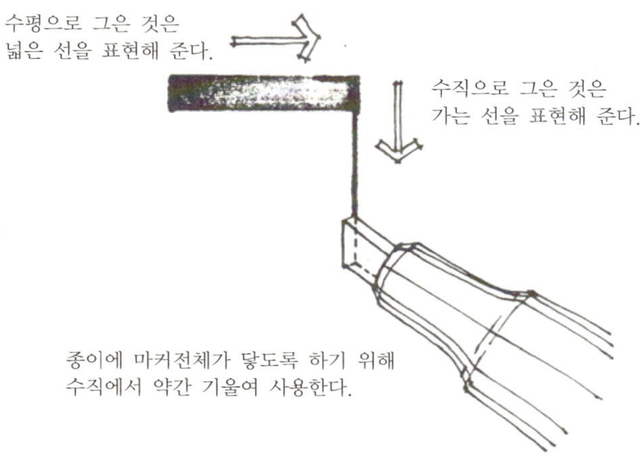

•마커표현

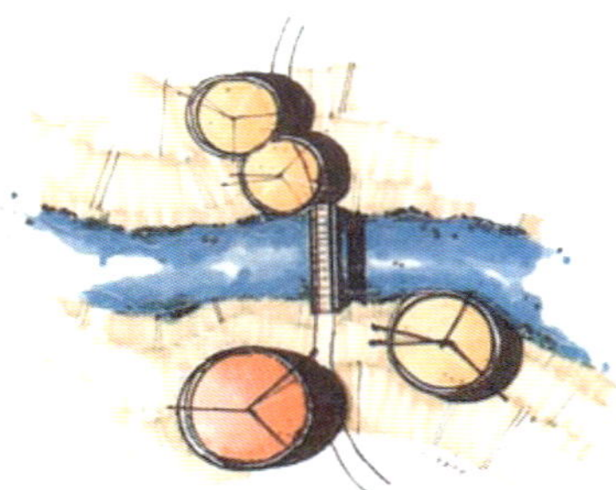

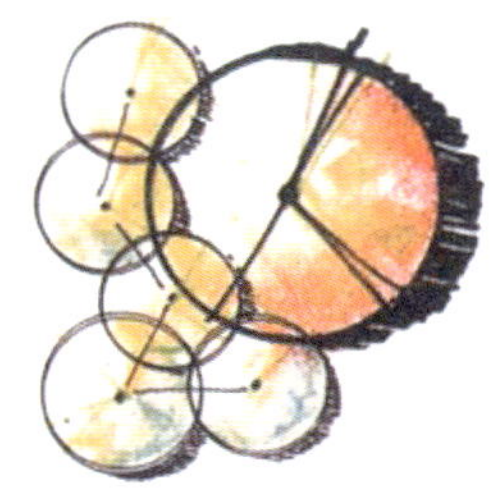

•마커표현

•사인펜과 마커표현

•사인펜과 마커표현

· 펜과 잉크드로잉 표현

•수채화 표현

Chapter 8.

패널 및 모형 표현

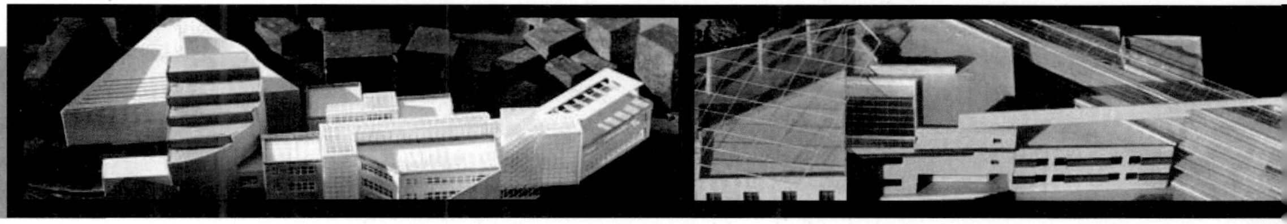

8.1 패널
8.2 모형
8.3 작품사례

8.1 패널

1. 패널 표현방법

전시를 목적으로 하는 패널은 건축설계안을 작성하여 전달하고자 하는 건축설계 내용을 쉽게 이해될 수 있도록 표현해야 한다.

패널 표현요소는 제목, 개념(concept), 위치도, 건물개요, 대지분석, 배치도, 각층 평면도, 입면도(2면), 단면도(2면), 투시도 및 실내투시도, 기타 표현요소 등이 있다.

패널 표현에 있어서 최근에는 거의 CAD를 활용하여 작성하며, 패널 전체와 패널 표현요소의 색상을 선택한다.

2. 패널규격 및 Layout

패널크기는 다양하지만 보통 900×900, 900×1,200, 900×1,800 등이 많이 사용되며, 패널을 두 장 크기로 덧붙여 활용하기도 한다.

패널계획은 그리드(grid)를 활용하여 가로 및 세로를 일정한 등분으로 나누어 계획한다.

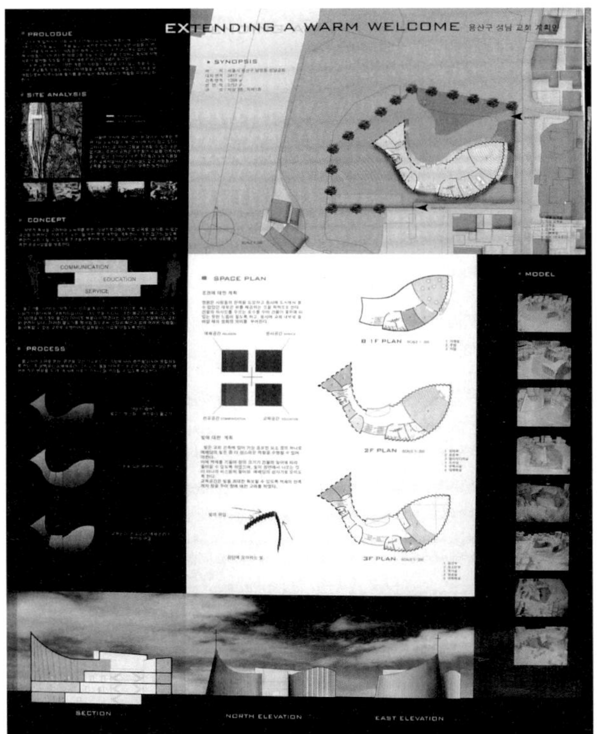

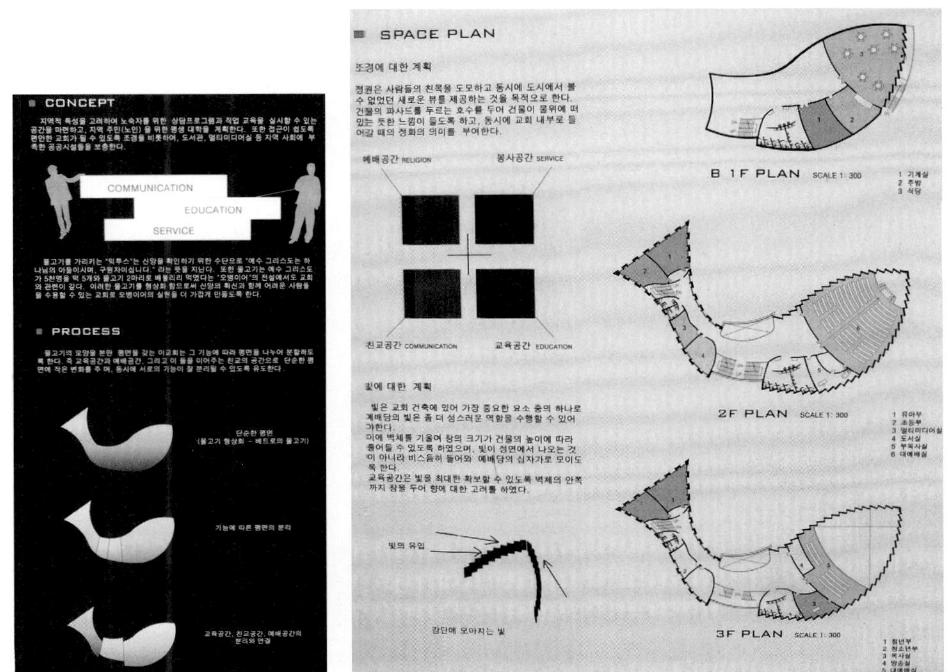

• 패널(900 × 1,200)

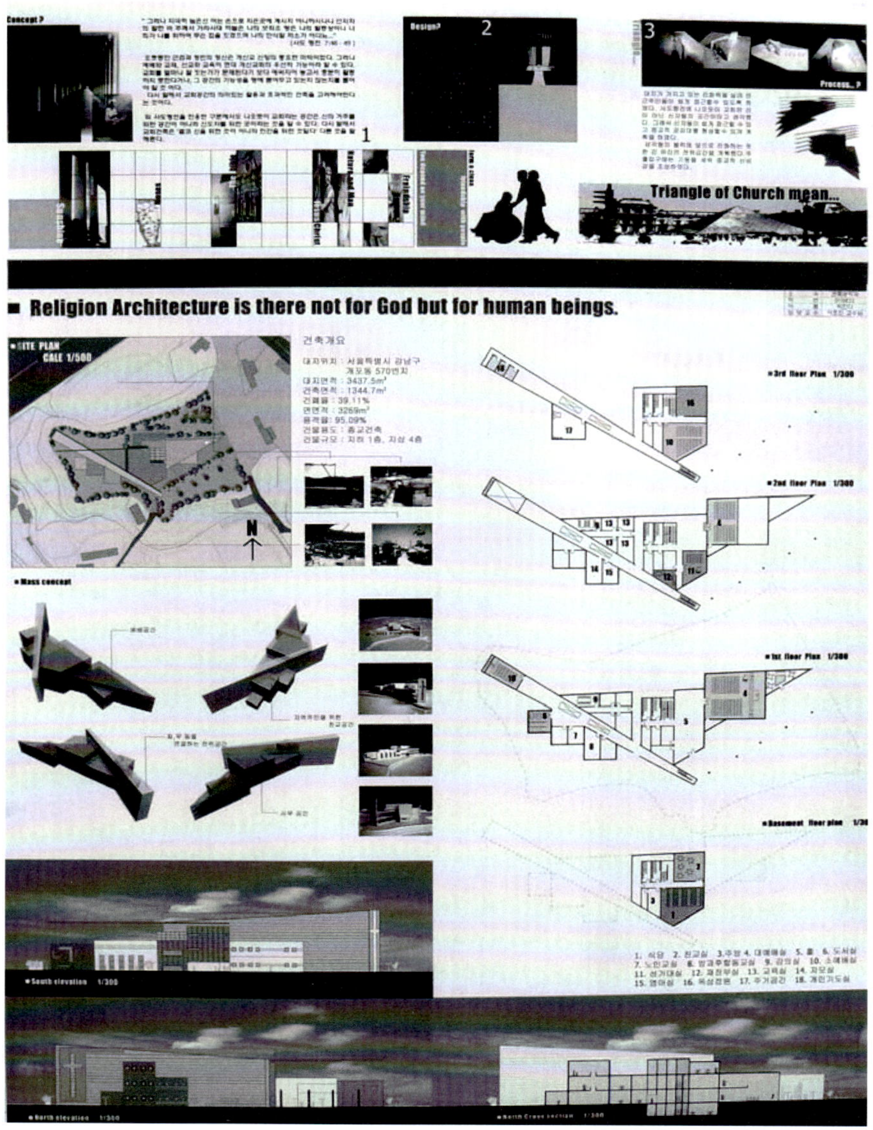
Triangle of Church mean...
Religion Architecture is there not for God but for human beings.
건축개요
Mass concept
South elevation 1/300
North elevation 1/300

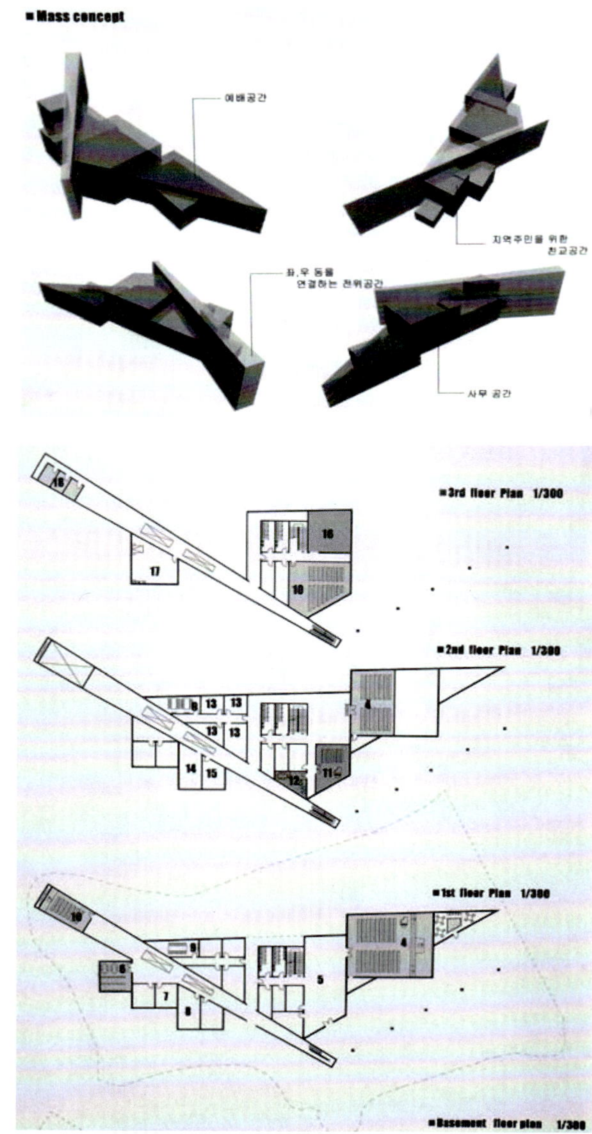
Mass concept
예배공간
지역주민을 위한 친교공간
좌,우 동을 연결하는 전위공간
사무 공간
3rd floor Plan 1/300
2nd floor Plan 1/300
1st floor Plan 1/300
Basement floor plan 1/300

• 패널(900 × 1,800)

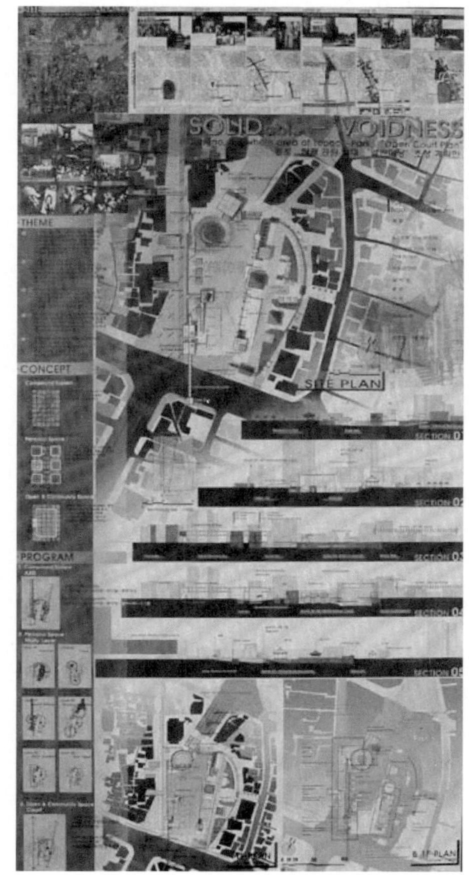

• 패널(900 × 1,200)

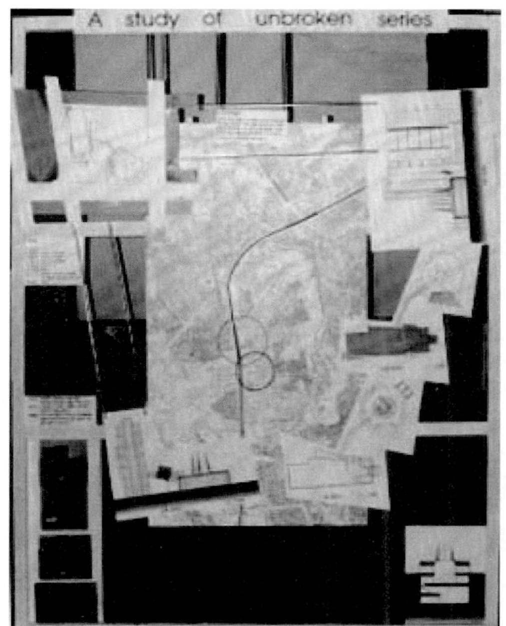

• 패널(900 × 900)

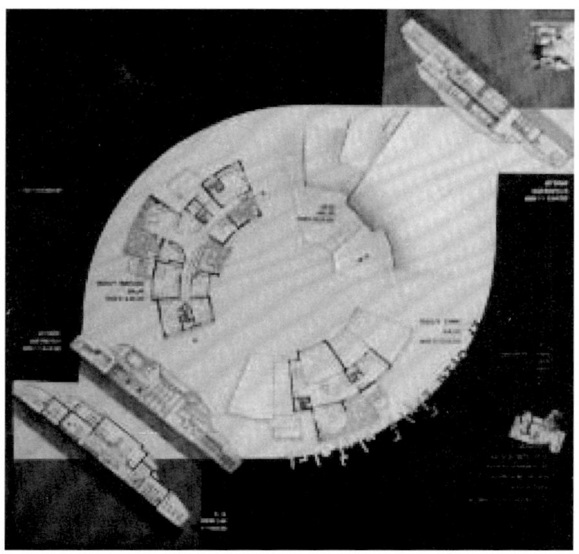

• 패널(900 × 1,800)

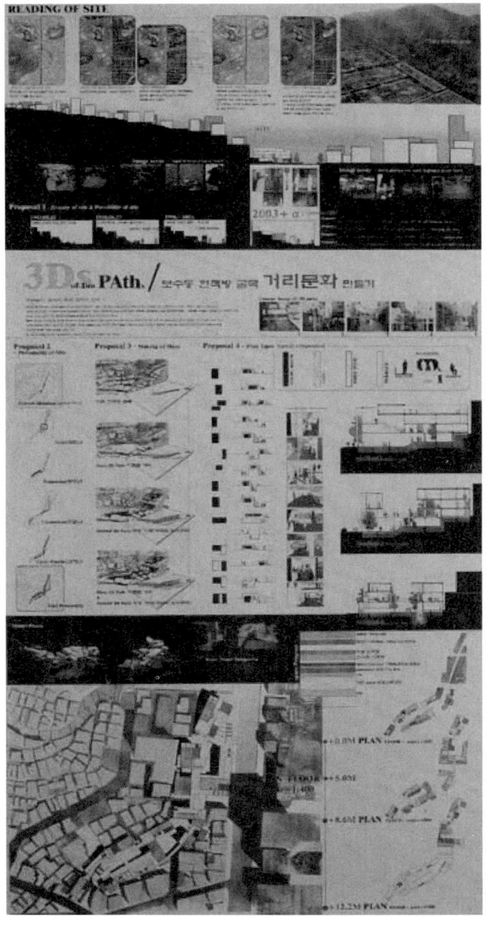
READING OF SITE
3Ds PAth./ 거리문화

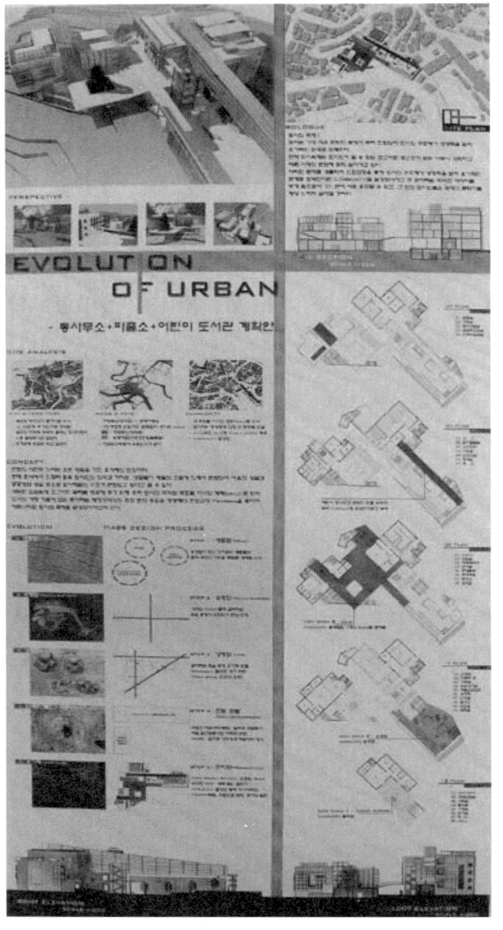
EVOLUT ON
OF URBAN

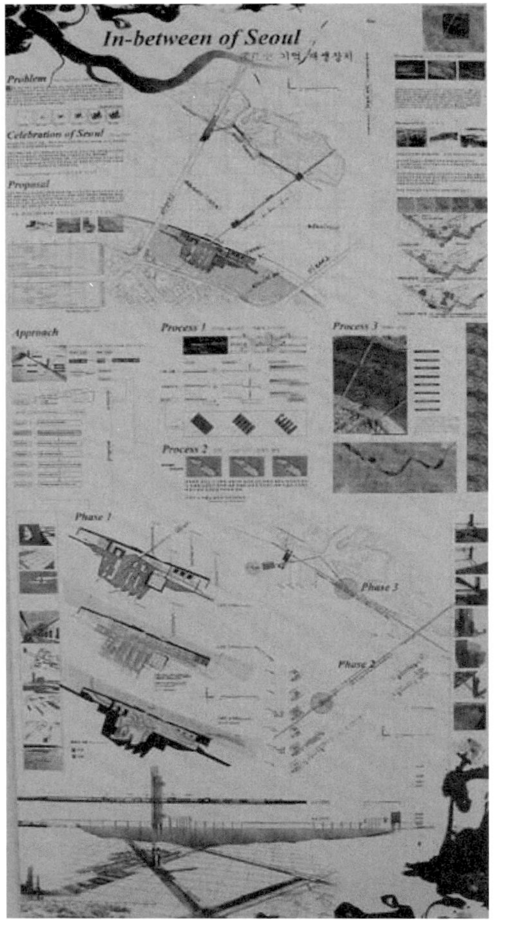
In-between of Seoul
Problem
Celebration of Seoul
Proposal
Approach
Process 1
Process 2
Process 3
Phase 1
Phase 2
Phase 3

8.2 모형

모형은 건축물의 형태나 공간을 입체적으로 표현하는 방법으로 효과적이다. 건축모형을 제작하기 위해서는 재료의 특징과 도구의 사용방법에 대한 이해가 필요하다.

모형은 실제 시공될 건축물을 이해하는데 좋은 표현기법이므로 모형을 정확하게 제작할 수 있는 기술을 습득하는 것은 자신의 디자인 표현을 풍부하게 한다.

1. 모형 제작순서

건축모형 제작은 건축물의 형태에 따라 사용재료를 선택하고 표현방법을 결정한다. 모형 제작순서는 바닥에 평면도를 놓고 벽체를 세운 후에 각종 기구나 집기를 부착하고 지붕을 씌우며 도로, 수목, 자동차 등 부수적인 부착물을 만든다.

2. 모형재료

모형재료는 종이, 목재, 점토, 압축스티로폼, 석고, 염화비닐, 아크릴, 플라스틱, 금속, 유리, 도료(착색제), 그밖의 점경용으로 사용되는 수목, 자동차, 가로등, 사람 등이 있다. 또한 생활용품 중에도 과자상자, 플라스틱 용기류 등 모형제작을 위해 필요한 것이 많다. 모형제작의 재료는 다양하며 모형의 형태와 재료의 특성을 고려하여 선택한다.

① 종이

모형재료로써 종이는 종류가 다양하며 두께, 색채, 질감 등을 이해하고 개성적인 표현방법을 고려하여 선정한다.

② 목재

건축모형에 사용되는 목재는 발사, 노송각재를 주로 사용한다. 발사는 크기가 다양하며 가공성도 좋고 사용하기 쉽기 때문에 널리 사용되고 있으며, 축조모형에는 노송각재가 사용되고 그밖에 코르크판, 대나무 등이 있다.

베스우드 + 아크릴 표현

발사 + 필름지 표현

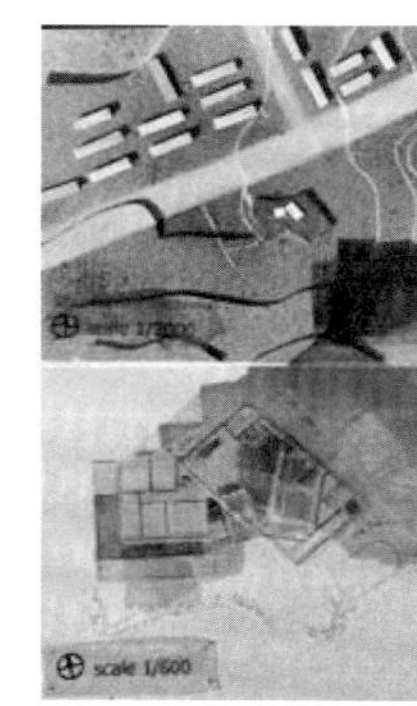

베스 우드 표현

발사+아크릴 표현

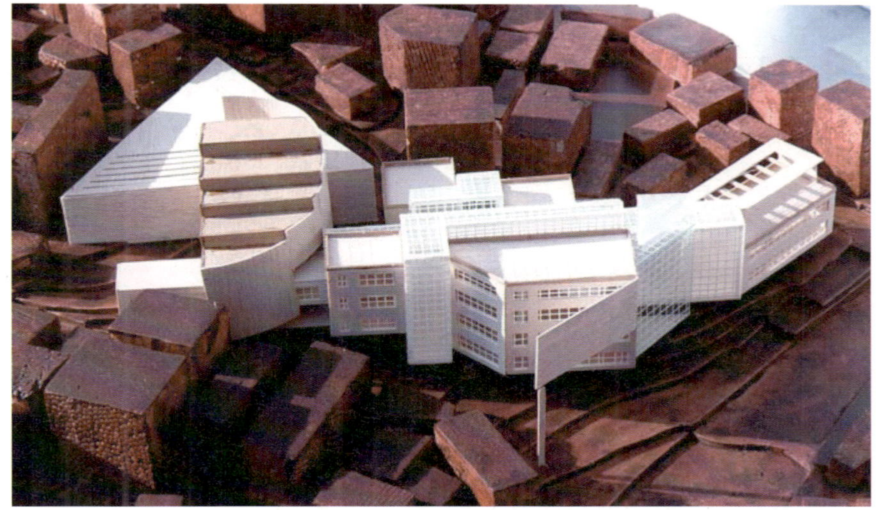

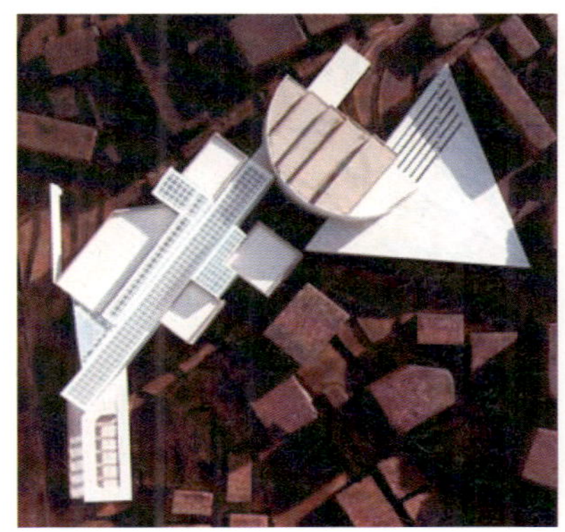

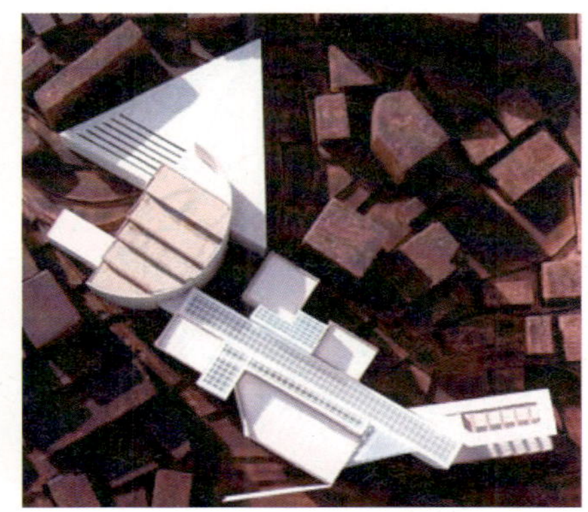

③ 압축스티로폼 + 제소

단열재를 모형용으로 전용하는 것으로 가볍고 가공성이 우수하고 경제적이므로 많이 사용된다. 특히 스터디 모형을 제작하는데 가장 적합한 재료이다.

폰보드지 + 우드락 표현 + 필름지

④ 아크릴, 플라스틱, 유리

내부가 보이는 모형을 만들거나 유리창 표현에 주로 사용하며, 다른 모형재료와 결합시켜 만드는 마감재료로 적합하다.

⑤ 금속

금속이 가지고 있는 재질감을 이용하여 상세한 부분의 표현이 가능하며, 가공이나 공구 등 고도의 기술이 필요하다.

⑥ 점경

자동차, 수목, 가로등, 사람 등을 사용하여 보조적인 역할을 하는 것으로 건물보다 돋보이지 않게 주의한다.

베스우드 + 스틸 + 아크릴 + 라이싱지

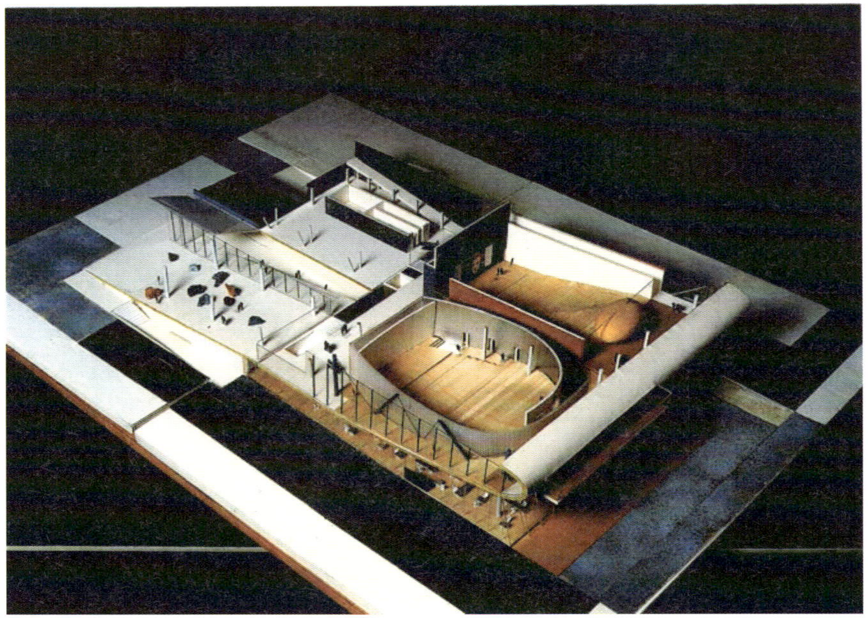

골판지 표현+아크릴

모형

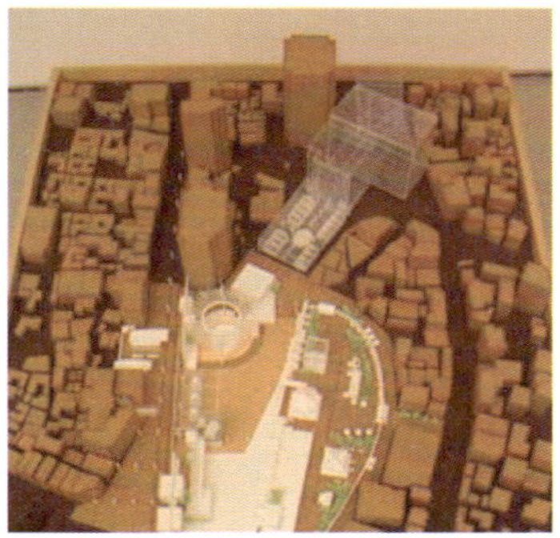

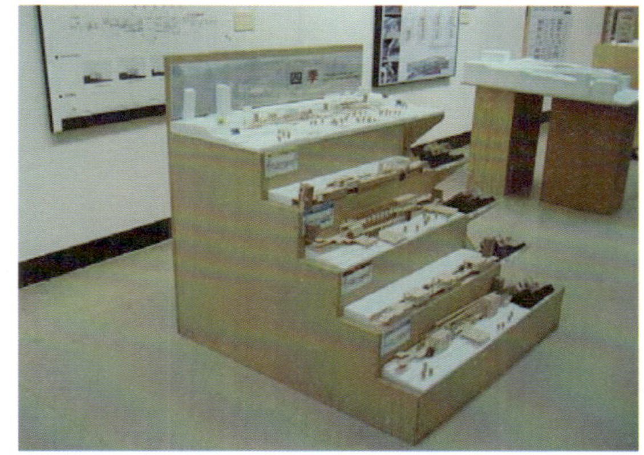

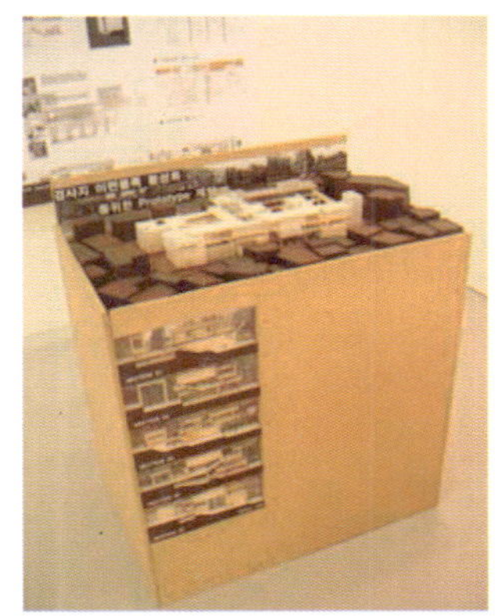

8.3 작품사례

•신정고등학교

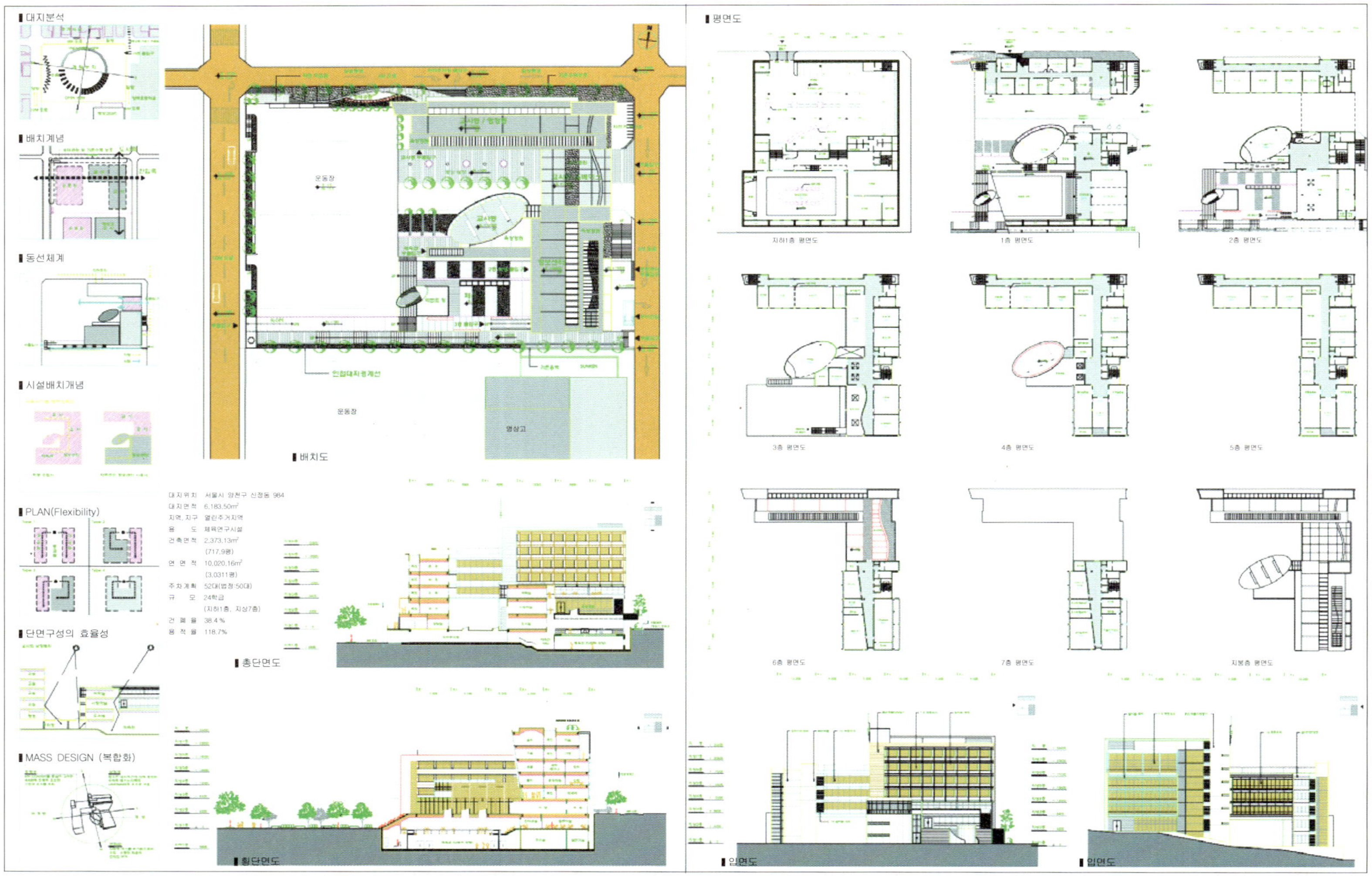

▮ 대지분석

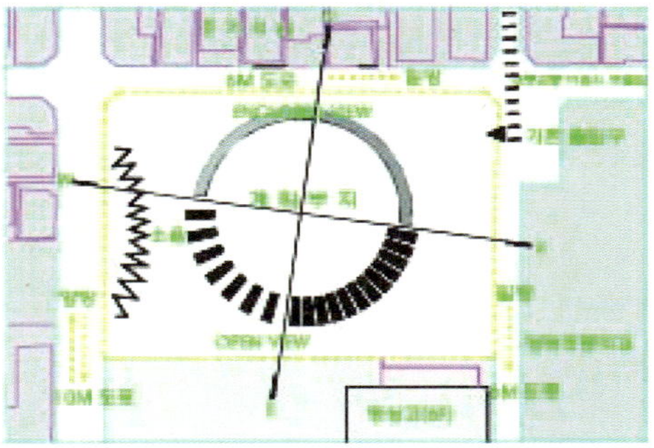

▮ 배치개념

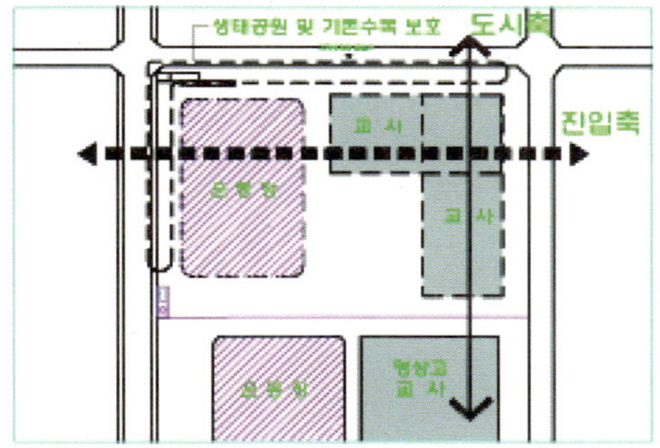

▮ 동선개념

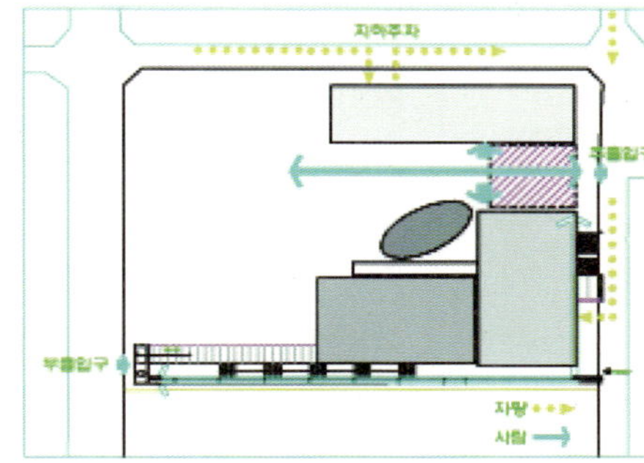

▮ PLAN (Flexibility)

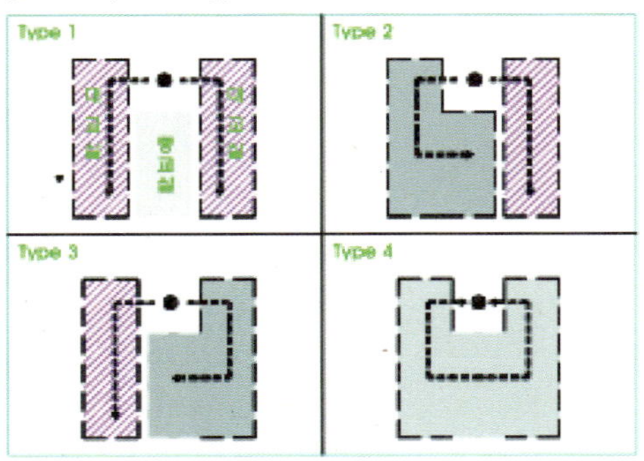

▮ 단면구성의 효율성

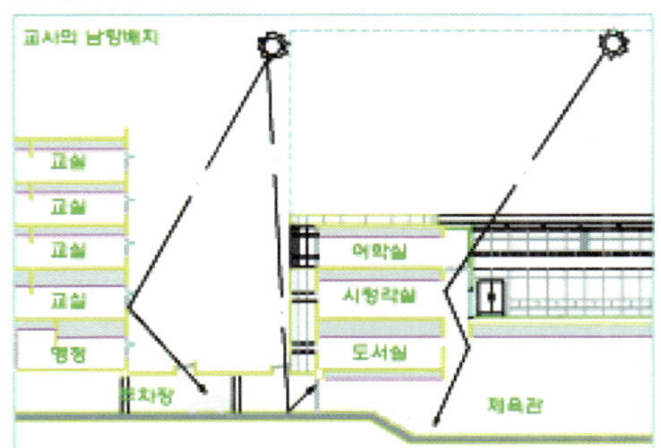

▮ MASS DESIGN (복합화)

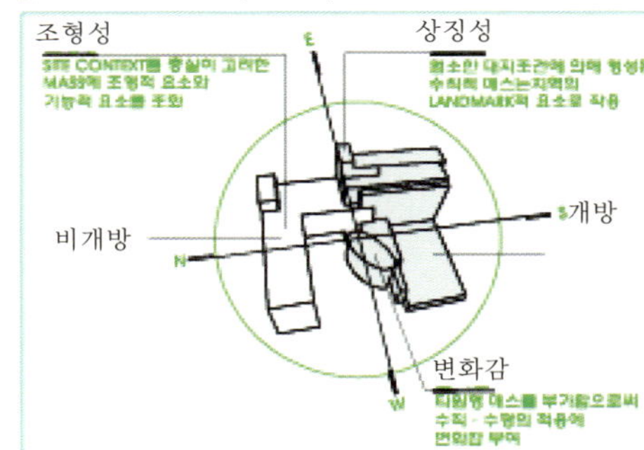

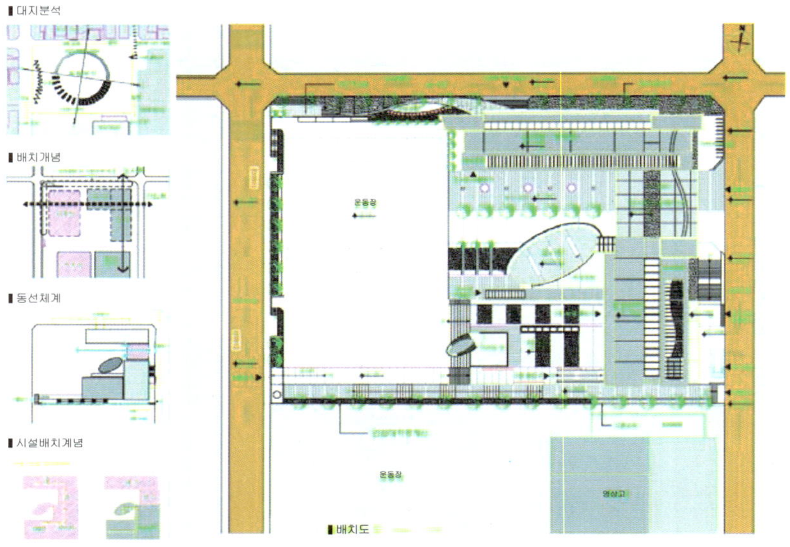
대지분석
배치개념
동선체계
시설배치개념
운동장
배치도

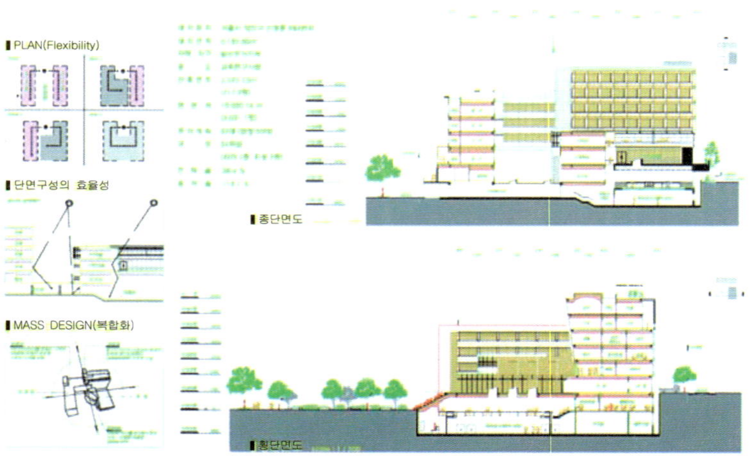
PLAN(Flexibility)
단면구성의 효율성
MASS DESIGN(복합화)
종단면도
횡단면도

평면도

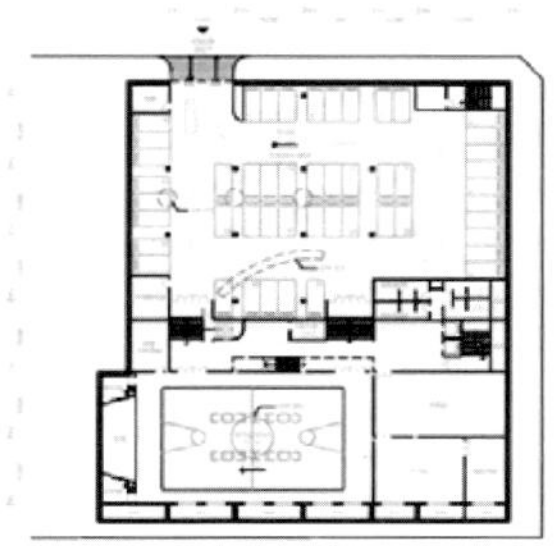
지하 1층 평면도

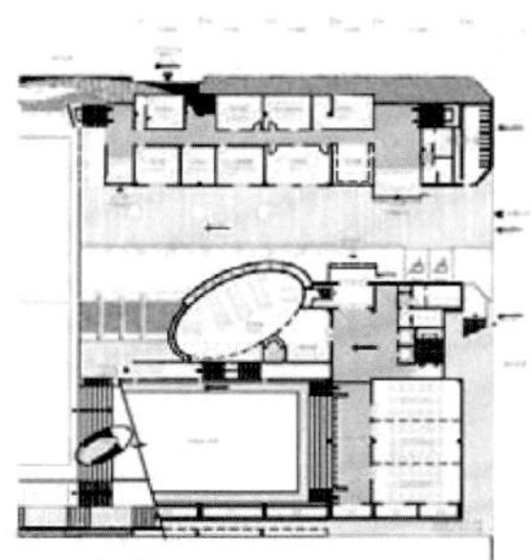
1층 평면도

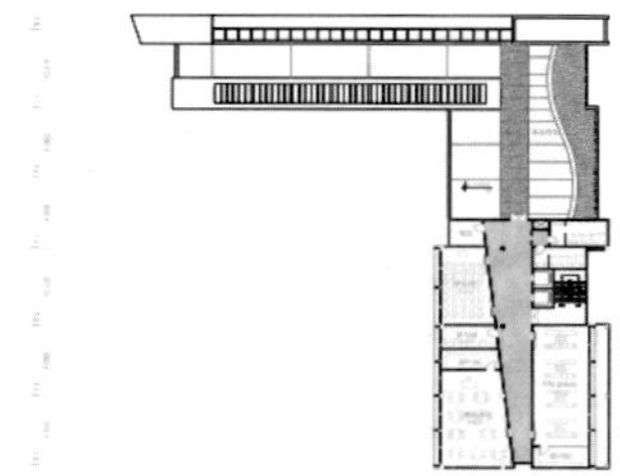
6층 평면도

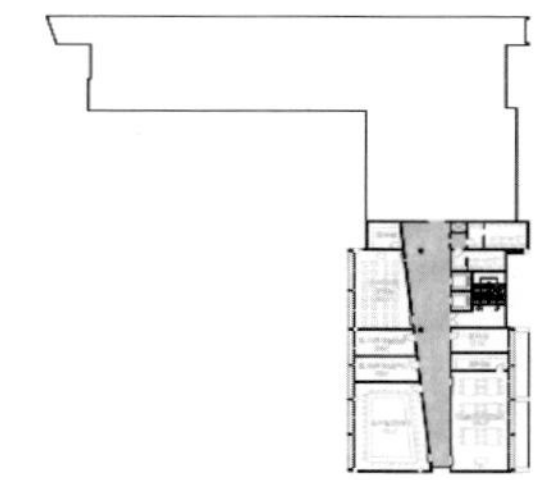
7층 평면도

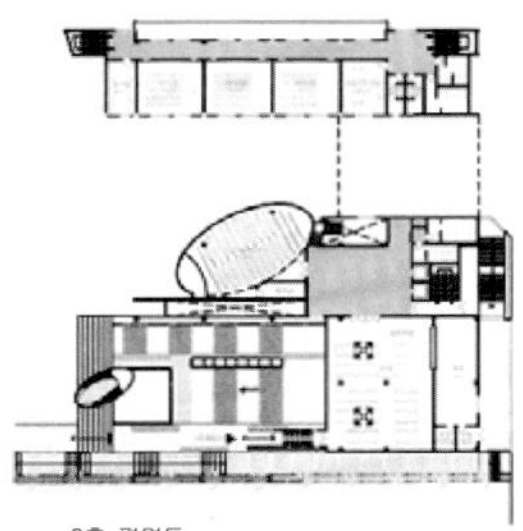
2층 평면도

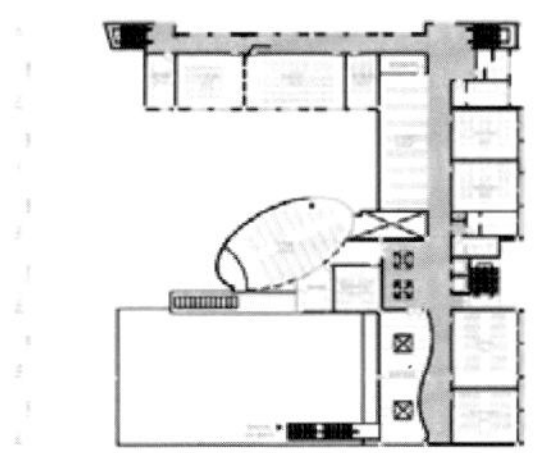
3층 평면도

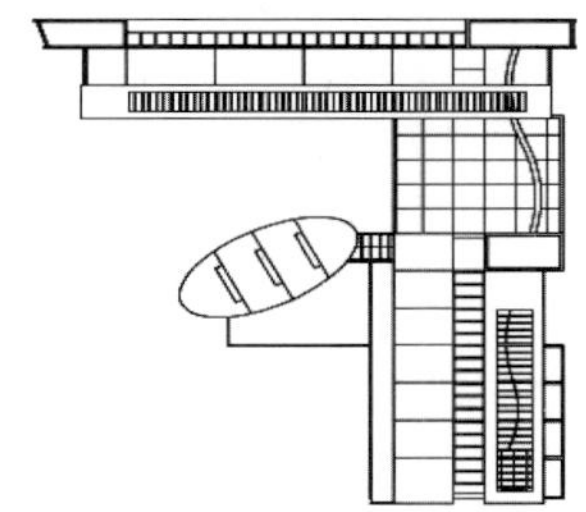
지상층 평면도

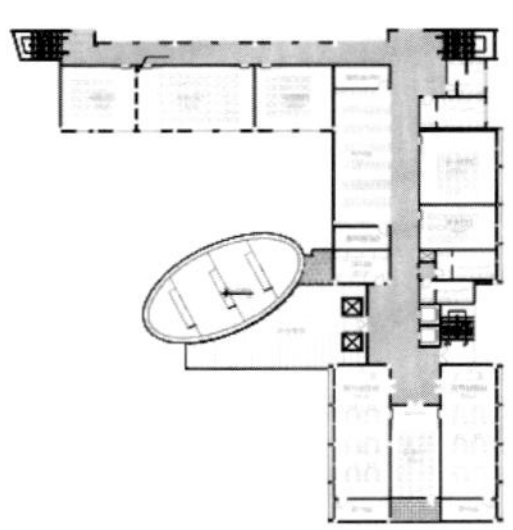
4층 평면도

5층 평면도

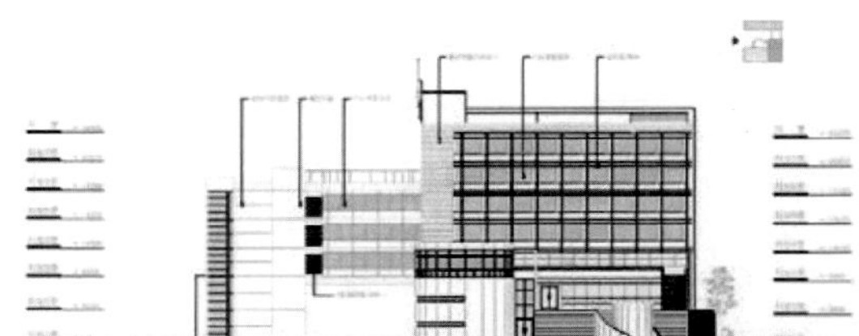
입면도

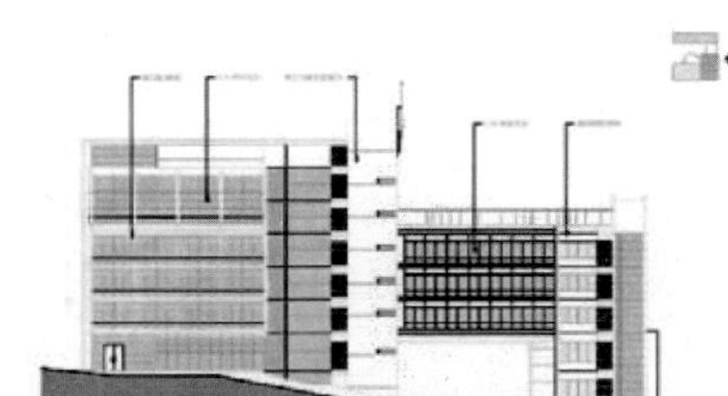
입면도

• 성북동 주택

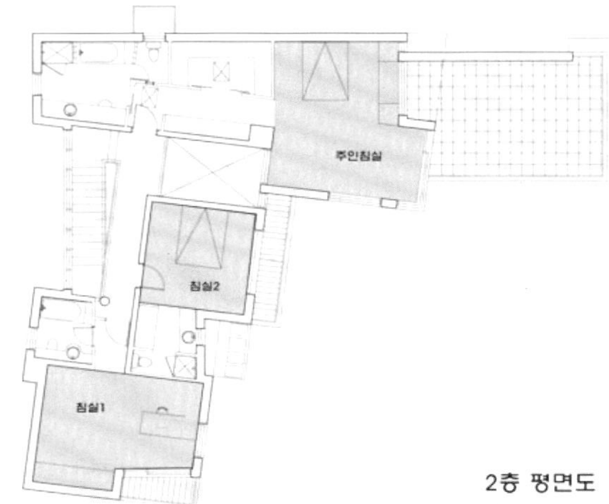

2층 평면도

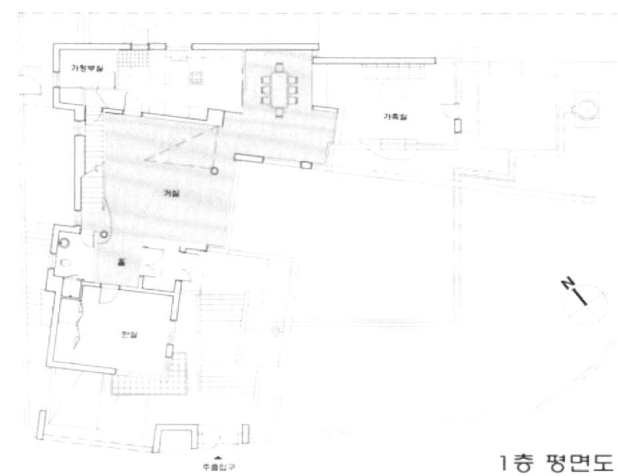

1층 평면도

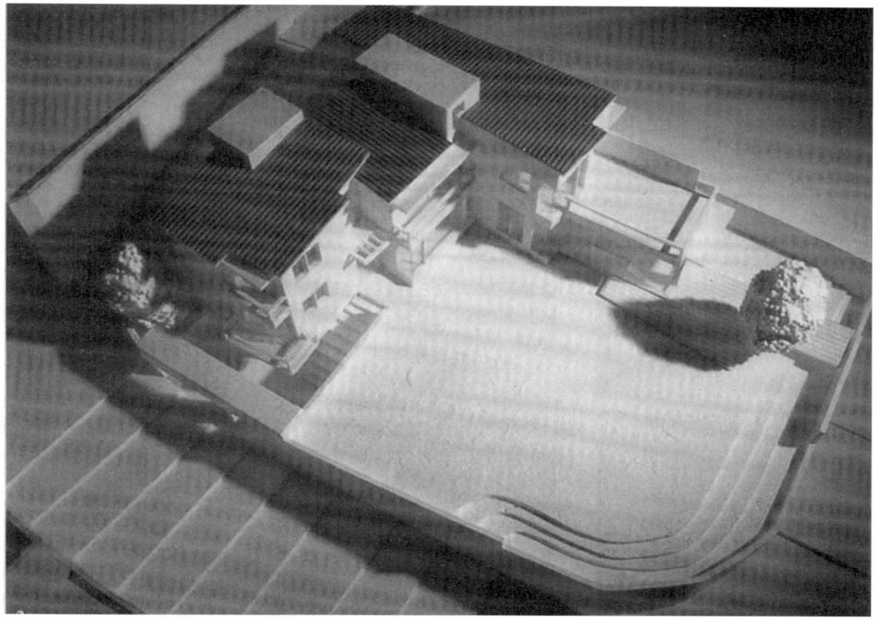

• 평창동 미술관

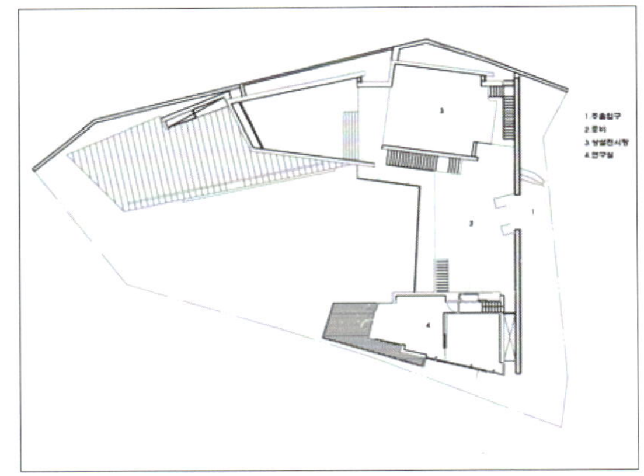

2층 평면도

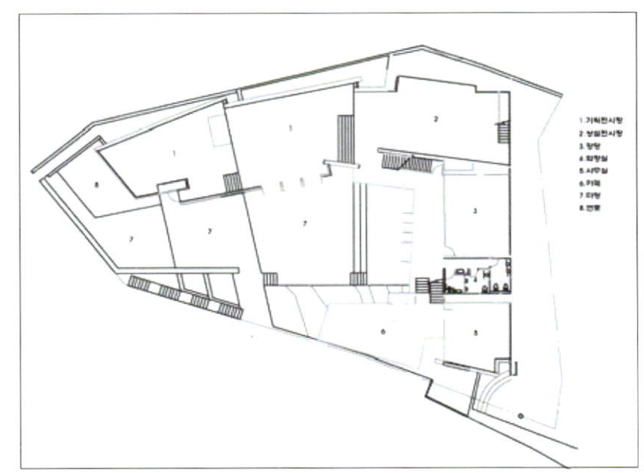

1층 평면도

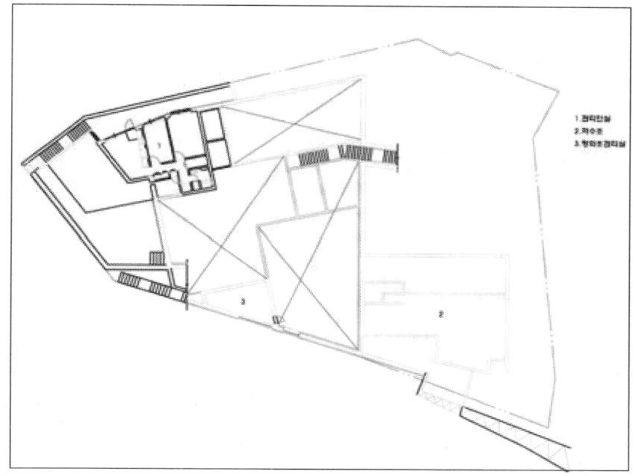

지하 1층 평면도

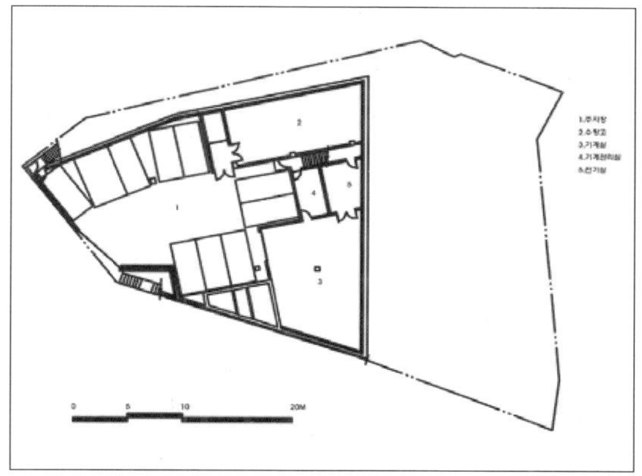

지하 2층 평면도

Architectural Design Presentation

Chapter 9.

포트폴리오

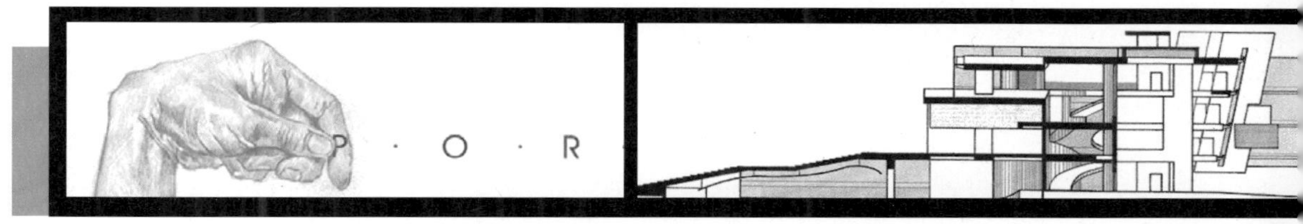

9.1 포트폴리오의 표현방법
9.2 제작 형태 및 내용

9.1 포트폴리오의 표현방법

포트폴리오(portfolio)는 자기 홍보의 한 형태로 건축설계 및 디자인 작품 중 우수한 작품을 선택하여 건축가나 디자이너로서의 작품철학과 재능을 보여주기 위해 정리해 놓은 모음집으로 자신을 부각시킬 수 있는 도구로 제작되어야 한다.

건축설계나 인테리어 디자인 및 환경디자인의 작품을 도면이나 모형 등을 직접 보여주는 것은 한계가 있으므로 이를 대신하여 포트폴리오를 활용한다.

포트폴리오는 건축설계 및 디자인 능력뿐만 아니라 포트폴리오의 사용목적에 적합한 시각적 표현기술을 고려하며, 창의성과 세련미와 아름다움뿐만 아니라 독창성도 표현되어야 한다. 그러므로 작품내용과 더불어 자신의 성장과정이나 취미, 스케치 등도 포함시켜 독특하게 표현하는 방법도 있다.

• 페이지 접는 방법

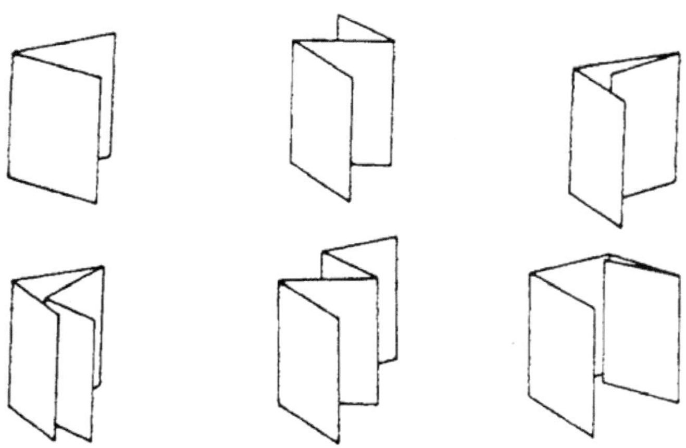

9.2 제작 형태 및 내용

일반적으로 포트폴리오는 글자체와 일러스트레이션의 그래픽 형태로 표현되며, 바인더 형식과 작품보호를 위한 케이스 등을 만들어 독창적인 방법으로 제작하고 있다.

포트폴리오의 페이지 접는 방법은 반으로 접기, 세 번 접기(지그재그로), 세 번 접기(안으로), 평행 접기, 아코디언형 접기, 문처럼 접기 등이 있다. 또한 포트폴리오의 묶는 방법은 책처럼 접착재로 묶기와 3개의 링으로 묶기, 꿰매서 묶기, 나선형 묶기 등이 있다.

포트폴리오의 내용에는 표지, 목차, 디자인 개념, 도면내용과 이미지, 모형사진 등을 포함하고 있는 종합적인 디자인이다.

•포트폴리오 묶는 방법

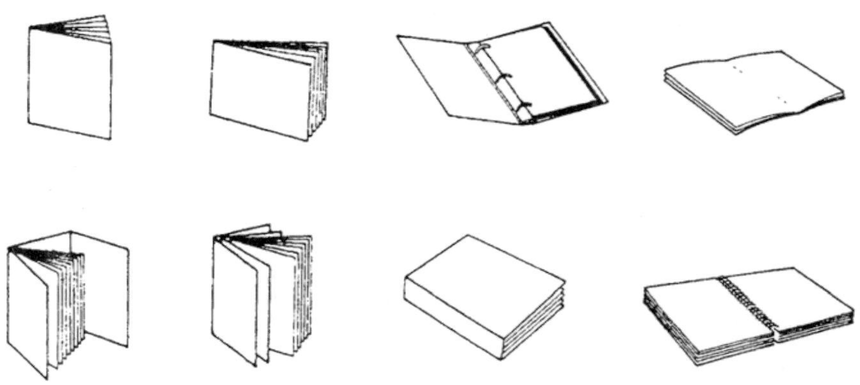

P · O · R · T · F · O · L · I · O

works from 1996 to 2001

resume

HYUNG

Education

99-01 대학교 건축공학과 대학원 (계획전공)
92-99 대학교 건축공학과
summer 97. summer design studio / Pratt Institute, Brooklyn, N.Y, U.S.A

Experience

fall 98. Teaching Assistant : First Year Design studio
spring 99. Teaching Assistant : Third Year Design studio
spring 00. Special Lecture : Third Year Design Class "Design & Theory"
2001. 1. 2. ~ now KIMM and LEE ARCHITECTS Group. Designer
Cside (Cyber Space in Digital Environment) Research Center Researcher (김이건축 부설연구소)

Professional Works

summer 00. SK 사옥 Lobby Design Proposal
발주처 : Up & Up 종합개발 / (주) 지나 건축

fall 00. 개항기 근대 건축물 보존 및 주변지역 정비방안에 관한 연구 (International Competition)
시행처 : 인천시청 / 대상지 : 인천시 중구 중앙동 일대 약 12 만평

01. 3. Guro Apartment Type Factory (Elevation Design 담당)
01. 4 ~ now Seoul Garak-dong Apartment Reconstruction Proposal (Site Planning 담당)

Awards & Competition

97. 8th Inha Workshop : best 5
98. 제 17 회 대한민국 건축대전
9th Inha Workshop : best 5
99. 제 2 회 강구조 공모전 : 장려상
Dupont Benedictus Student Design Competition
00. 11th Inha Workshop : Grand Prize
Dupont Benedictus Student Design Competition
제 19 회 대한민국 건축대전 : 입선

Exhibition

97. "the 1st Junior Design Studio Exhibition" 기획단장 / 작품출품
"the 35th Inha Architectural Exhibition" 공동기획단 / 작품출품
98. "the 36th Inha Architectural Exhibition" poster & Journal design/ 작품출품
99. "시민과 함께하는 제 1 회 인천건축전" poster & book design/ 작품출품

Activities & Traveling

97. 미국 동부 건축 기행 (8 weeks/4 cities)
00. 중국 심양, 대련 건축기행 (1 weeks)

interpretation of urban and architectural Program

C·o·n·t·e·n·t

resume
INTRODUCTION 1-2

PART I. Architectural Design

1. **HOSPITAL** Reinterpretation of Program
   Promenade and Treatment in a Daily Life 3-8
2. **FACTORY** Context, material and Program
   Culture and Flexibility 9-14
3. **SCHOOL** Reinterpretation of Program
   School of Athens 15-18
4. **MUSEUM / MEMORIAL** History and Program
   Digital DMZ 19-22
5. **HOUSE** Story and Program
   architectural Experimentation step 01, 02, 03 23-28
6. **HOUSE II.** Space, site, Program and PROUN
   architectural Experimentation step 01, 02, 03 29-32
7. **HOUSING** place and Program
   Horizontal Layer / Venture Town 33-36
8. **STREET** Event and Program
   A Gate for Fringe Festival 37-40
9. **CITY** City and Program
   Reorganization of the Port of the Old City 41-46
10. **CITY II** urban void and orogram
   Garden in the Machine 47-48

PART II. EXTRA WORK

Poster & Journal Design
fall 1998 38th Inha Architectural Exhibition 49-50

Book Design
fall 1999 1st InChon Architectural Exhibition 51-52

Photo / Sketch 53-54
in teraveling

CONCLUSION 55-56
postscript

1999 - 2000 Dupont Benedictus Student Design Competition
PACIFIC CENTER FOR COMPREHENSIVE CARE
A Cancer Treatment Preventive Studies Retreat

CANCER TREATMENT IN A DAILY LIFE

Our intention in this project is to provide a promenade for patients to stroll. The activity of strolling helps patients healing their disease as well as connecting each program. To establish the Holistic treatment, our major concerns are how to connect each program. As the Holistic Treatment is applied to cure cancer nowadays, the act of strolling is not simply to walk but rather to bridge diverse programs and spaces in the center (Atrium, Screening and Exam, Chemotherapy Area, Alternative Theraphy Area, Radiation Therapy, Family Retreat, and many daily life events, etc.) in the sense of Holistic Treatment and to become an important act of treatment and prevention of cancer.

The center provides not only physical therapy for those patients but also diverse programs for days. The promenade will establish a major movement connecting each programs. The laminated glass here is used to characterize each program met during strolling in various pattern and to keep movement smooth and continuous.

hospital

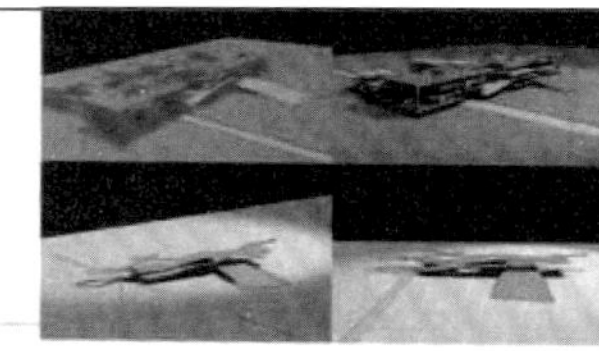

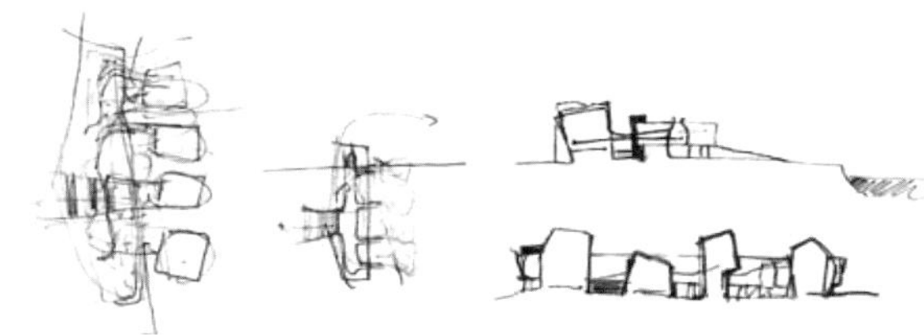

WEST ELEVATION

EAST ELEVATION

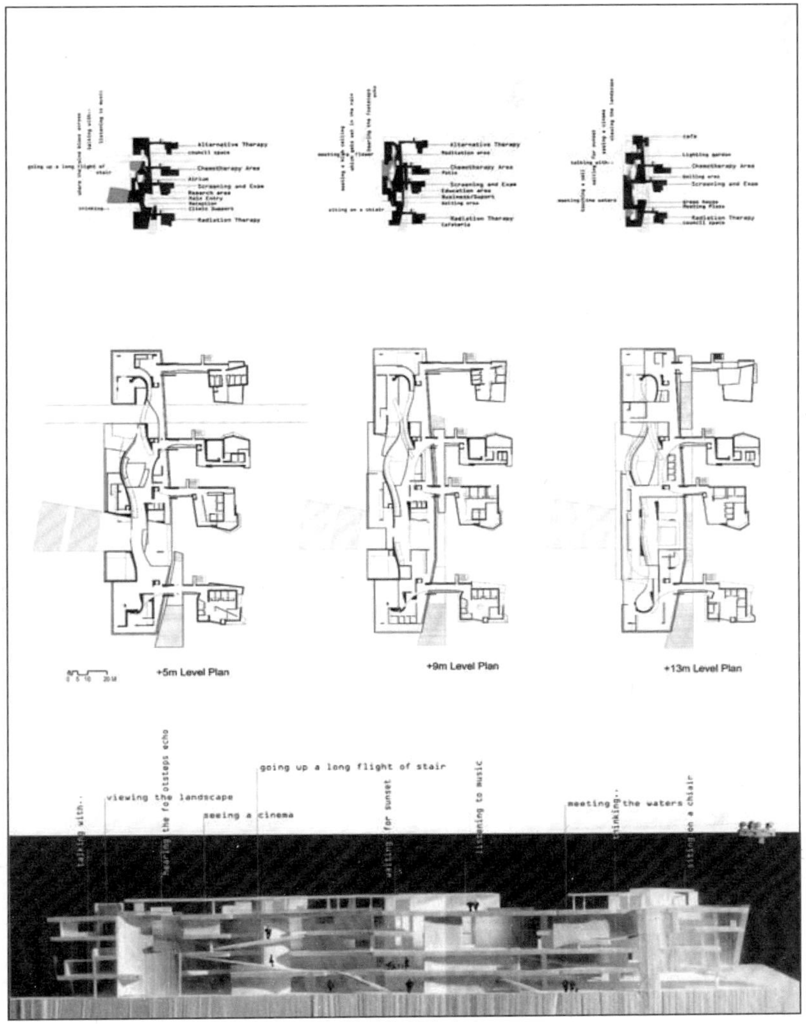
+5m Level Plan
+9m Level Plan
+13m Level Plan
talking with..
viewing the landscape
hearing the footsteps echo
seeing a cinema
going up a long flight of stair
waiting for sunset
listening to music
meeting the waters
thinking..
sitting on a chair

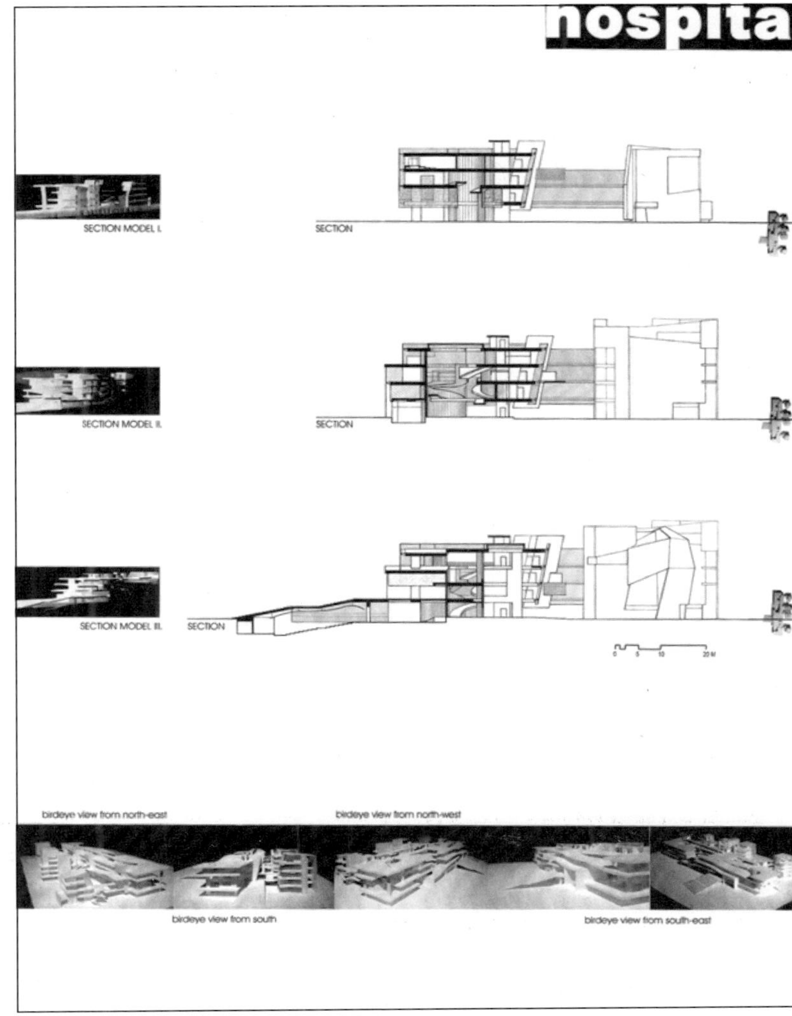
hospital
SECTION MODEL I.
SECTION
SECTION MODEL II.
SECTION
SECTION MODEL III.
SECTION
birdeye view from north-east
birdeye view from north-west
birdeye view from south
birdeye view from south-east

The laminated glass here is used to characterize each program met during strolling in various pattern and to keep movement smooth and continuous.

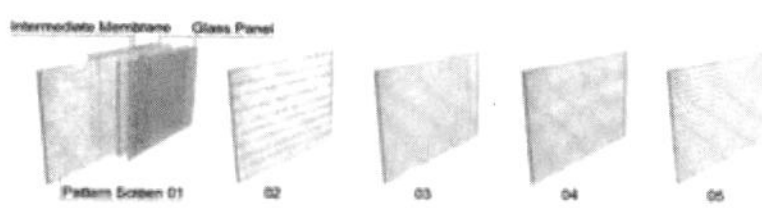

PROMENADE PERSPECTIVE

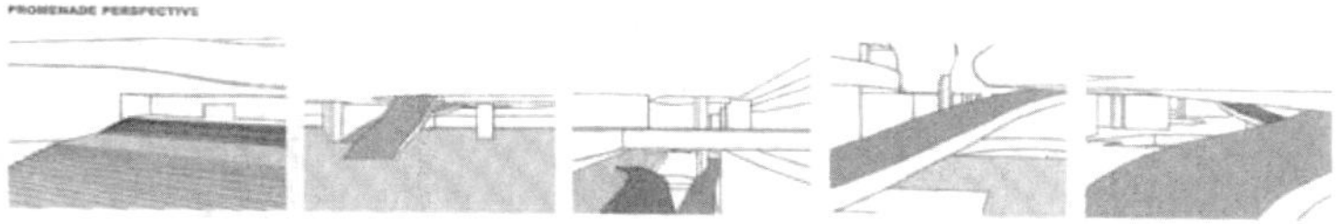

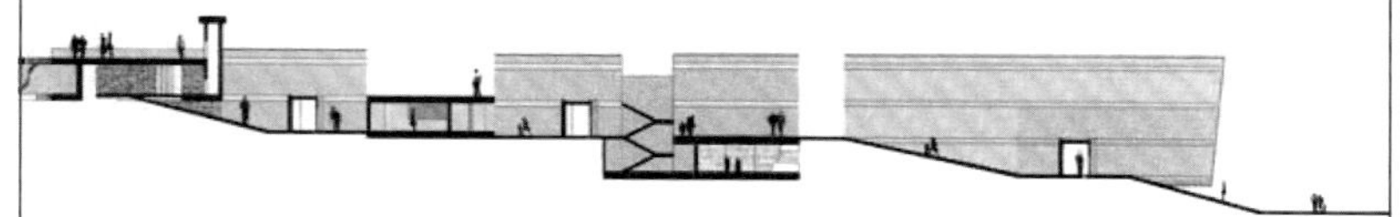

hospita

부 록 Ⅰ - 건축표현실습

1. 기초 표현실습
2. 건축의장 표현실습
3. 크로키 및 데생 표현실습
4. 건축계획 · 설계과정 표현실습
5. 건축조형 표현실습
6. 건축설계 도면작성 표현실습
7. 투시도 표현실습
8. 패널 및 모형 표현실습

1. 기초 표현실습

선긋기 실습 (프리핸드 드로잉)

수평 (굵은선)	수직 (굵은선)	사선 (굵은선)
수평 (중간선)	수직 (중간선)	사선 (중간선)
수평 (가는선)	수직 (가는선)	사선 (가는선)

□ 준비물

- 종이 : 켄트지 또는 트레이싱지
- 크기 : A3
- 연필(HB 또는 B) 또는 홀더
- 자(30cm), 삼각 스케일

□ 실습내용

- 연필에 일정한 힘을 주며 왼쪽에서 오른쪽으로, 위에서 아래 방향으로 처음부터 끝까지 연속해서 작도한다. 그리고 선의 굵기는 연필을 돌리는 속력으로 조절한다.
- 선은 2mm 간격으로 선의 굵기를 일정하게 유지시키도록 천천히 긋는다. 그리고 선의 길이가 길 경우에는 자를 이용하여 흐리게 보조선을 그은 후 작도한다.

글자 실습

한글

영문자

숫자

□ 준비물
- 종이 : 트레이싱지
- 크기 : A3
- 샤프 또는 홀더
- 자, 삼각 스케일

□ 실습내용

► 한글, 영문자, 숫자 등 제도문자는 힘을 주어 진하게 글자를 쓴다.

► 선은 10, 5, 3mm 간격으로 한글의 글자체는 고딕체로 연습하며, 수직획은 반드시 수직으로 쓰고 수평획은 왼쪽에서 오른쪽 위로 약간의 각도를 줄 수도 있다.

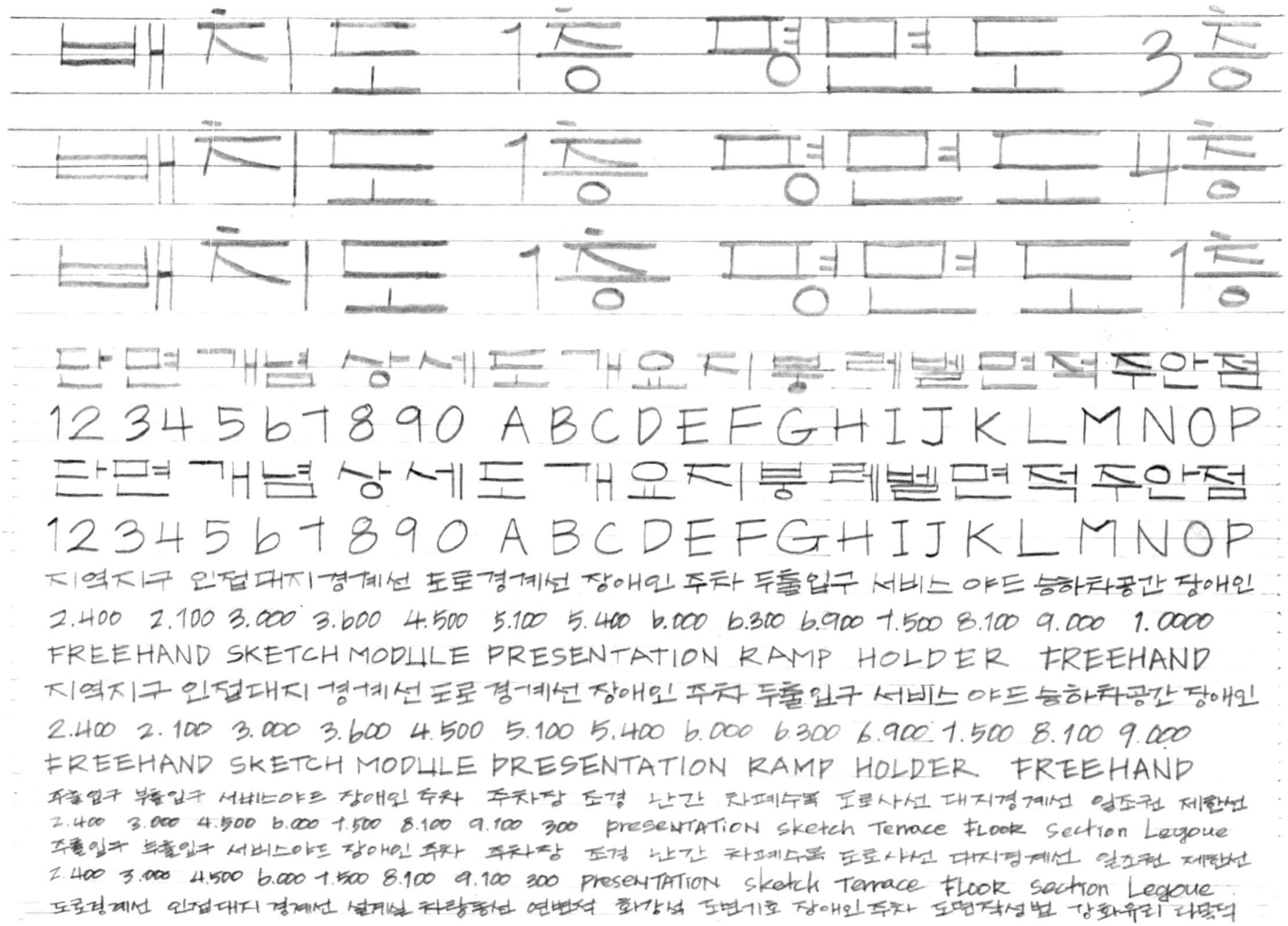

기호 실습

화살표	동선
공간영역	자유

□ 준비물
- 종이 : 켄트지
- 크기 : A3
- 연필 또는 홀더
- 자

□ 실습내용

► 출입구, 화살표, 동선, 조망, 공간영역 등의 다양한 표현방법을 작도한다.

► 기호의 다양한 표현 방법을 이해한다.

인물 · 수목 · 자동차 실습

인물	
수목(평면)	수목(입면)
자동차(평면)	자동차(입면)

□ 준비물

- 종이 : 켄트지
- 크기 : A3
- 샤프 또는 연필
- 자

□ 실습내용

- 인물과 수목 및 자동차의 다양한 표현방법을 작도한다.
- 건축물의 표현효과를 높이기 위한 인물, 수목, 자동차의 표현방법을 이해한다.

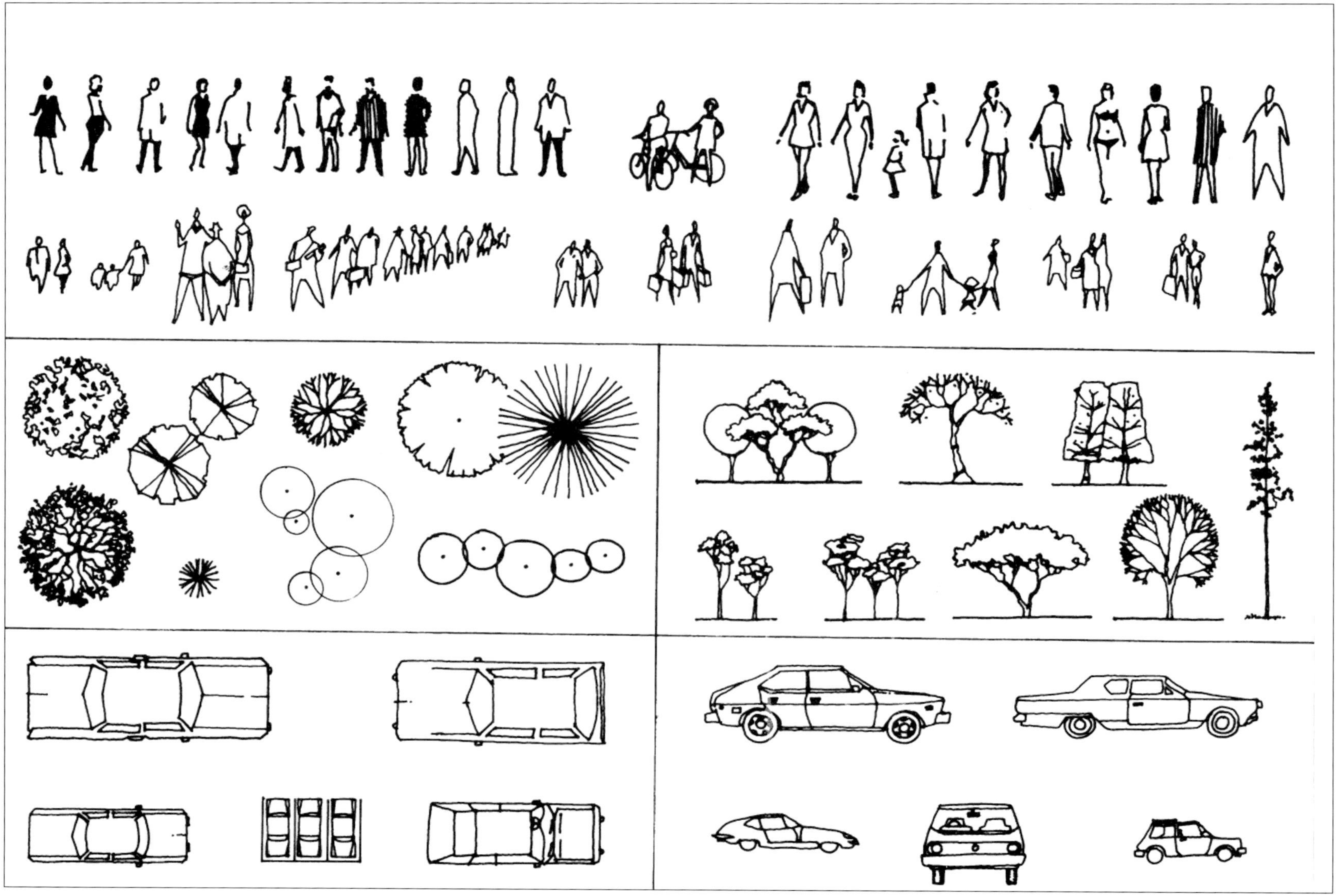

인물 · 수목 · 자동차 실습

인물	수목
	자동차

□ 준비물

- 종이 : 켄트지
- 크기 : A3
- 샤프 또는 연필
- 자

□ 실습내용

► 인물과 수목 및 자동차의 다양한 표현방법과 작동순서를 이해한다.

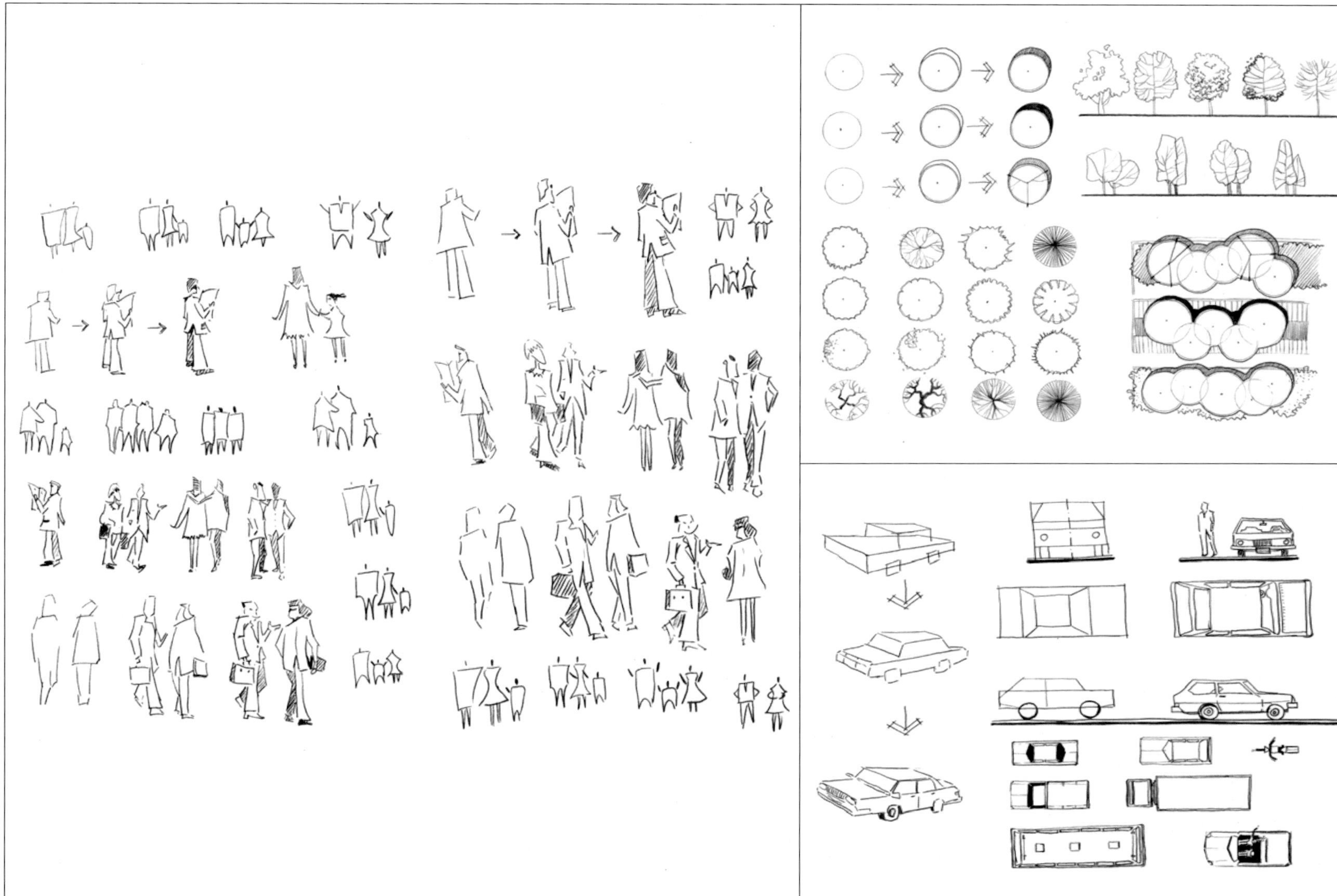

수목의 역할 및 휴게공간 스케치 실습

수목의 역할 및
휴게공간

□ 준비물

- 종이 : 트레이싱지
- 크기 : A3
- 사인펜, 마커, 색연필

□ 실습내용

- 수목의 역할과 기능 및 휴게공간 등의 다양한 표현방법을 스케치한다.
- 마커펜을 사용하여 음영 등을 고려하며 채색한다.

방풍효과

지표침식방지

소음방지

악취차단

2. 건축의장 표현실습

점의 구성 실습

집중	분산
방향	자유

□ 준비물

- 종이 : 켄트지
- 크기 : A3
- 템플릿
- 포스터 컬러 또는 먹물
- 자, 붓

□ 실습내용

- 점을 이용하여 집중, 분산, 방향 등을 표현한다.
- 점에 의한 조형감과 표현방법을 이해한다.

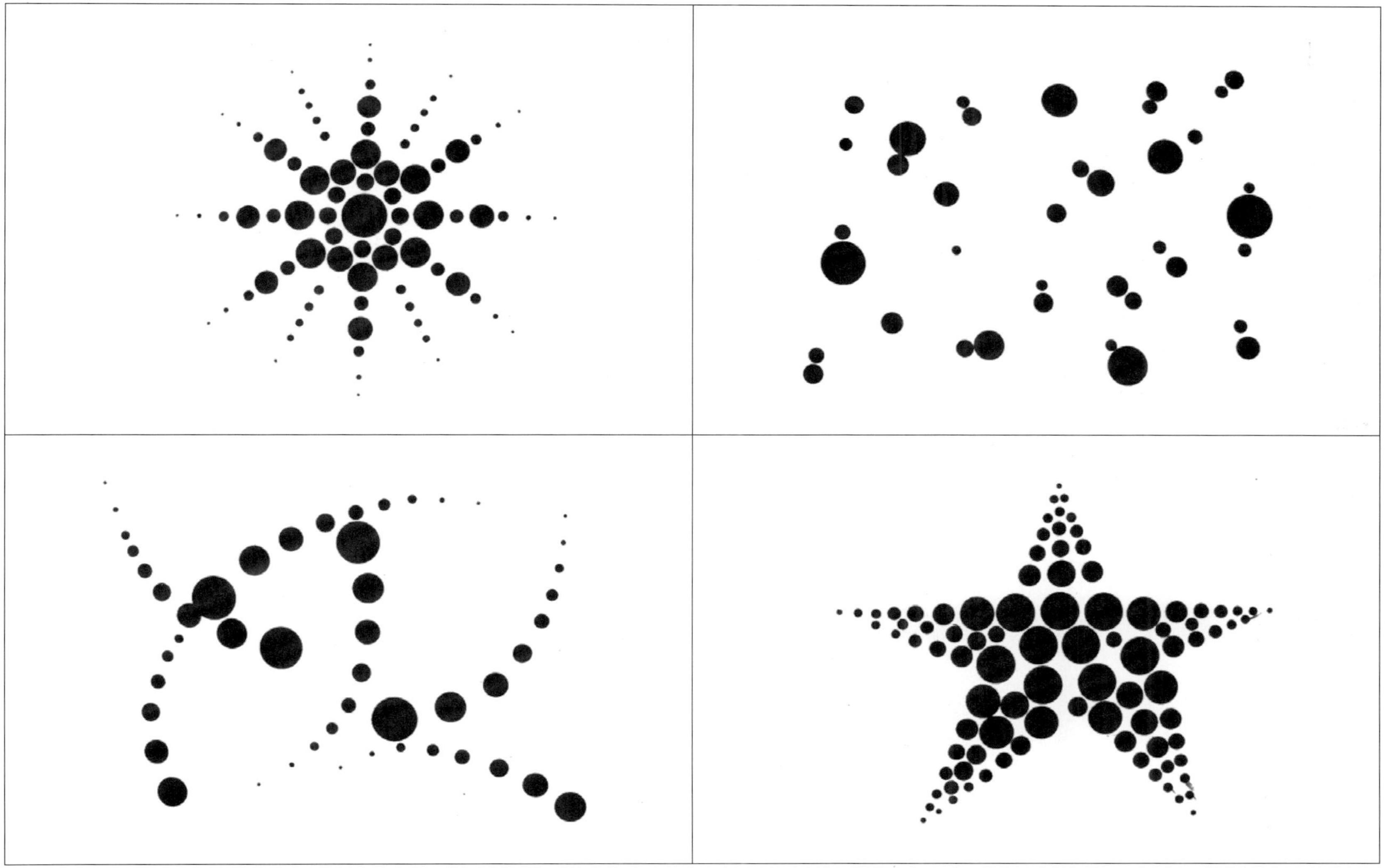

형 실습

원	삼각형
사각형	혼합

□ 준비물
- 종이 : 켄트지
- 크기 : A3
- 연필 또는 홀더
- 자

□ 실습내용

► 연필 또는 홀더를 사용하여 원초적 기하학 형태인 원, 삼각형, 사각형을 표현한다.

► 형의 크기 변화와 중첩을 통하여 형의 개념을 이해한다.

크기 실습

한글	숫자	영문자

□ 준비물
- 종이 : 켄트지
- 크기 : A3
- 연필 또는 홀더
- 자

□ 실습내용

- 한글, 숫자, 영문자의 크기를 다양하게 사용하여 조합한다.
- 다양한 크기의 변화를 이해한다.

명암 실습

선 이용

선(크로스 해칭), 점 이용

□ 준비물
- 종이 : 켄트지
- 크기 : A3
- 자, 연필(4B) 또는 홀더

□ 실습내용

► 빛의 방향에 의해 명암을 단계별로 표현한다.

► 명암표현은 뭉개지 않고 선과 점으로 표현하는 방법을 익힌다.

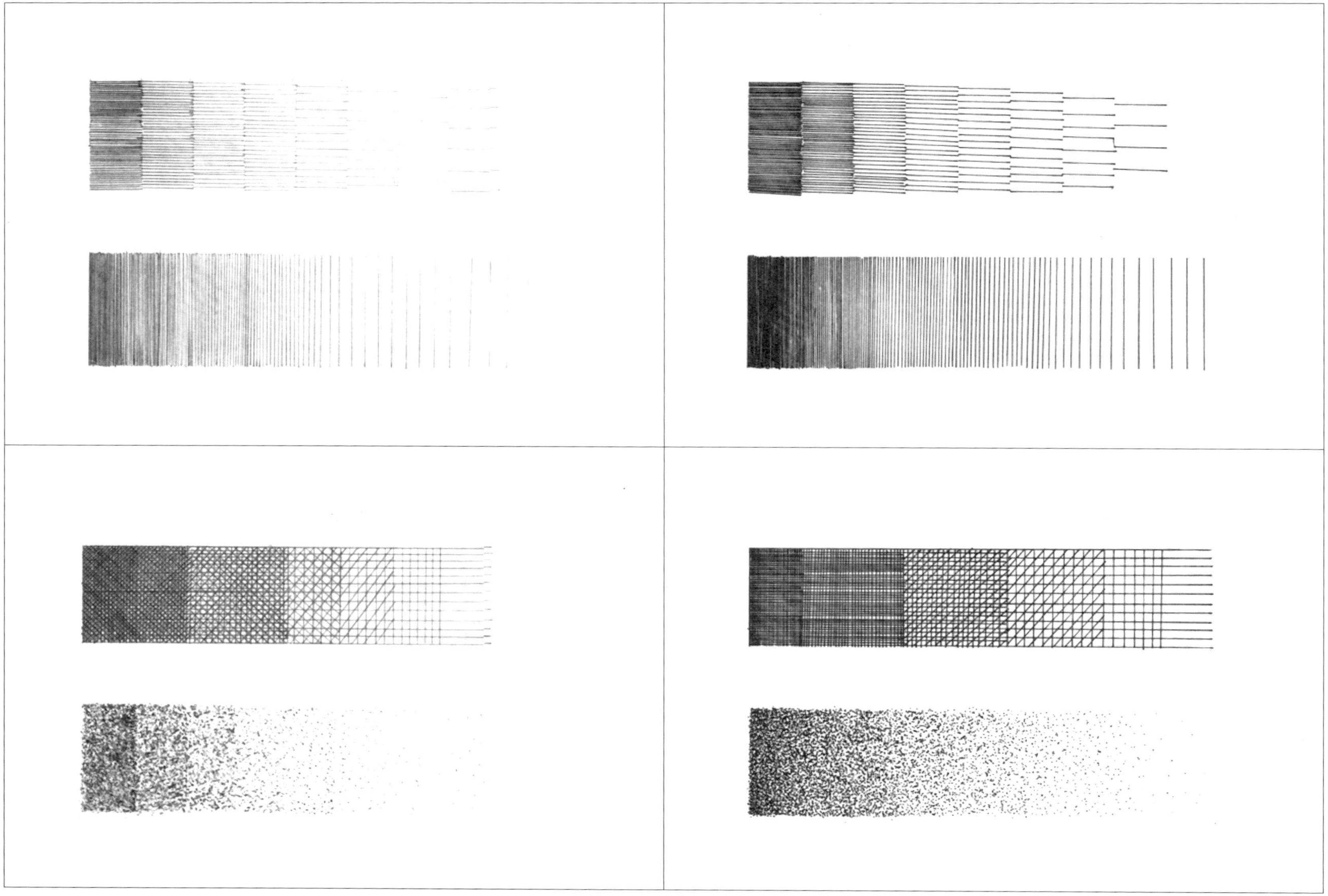

명암 실습

사각기둥	원뿔
사각뿔	다면체

□ 준비물

- 종이 : 켄트지
- 크기 : A3
- 연필(4B) 또는 홀더

□ 실습내용

- 입체도형을 그리고 빛의 방향에 의해 명암을 단계별로 표현한다.
- 명암표현은 뭉개지 않고 선으로 표현하도록 한다.

명암 실습

명암

□ 준비물
- 종이 : 켄트지
- 크기 : A3
- 연필(4B) 또는 홀더

□ 실습내용

- 동일한 입체도형을 그리고 빛의 방향을 통일시켜 명암표현을 한다.
- 명암표현은 선, 점 그리고 뭉개는 방법 등 다양한 표현방법을 이해한다.

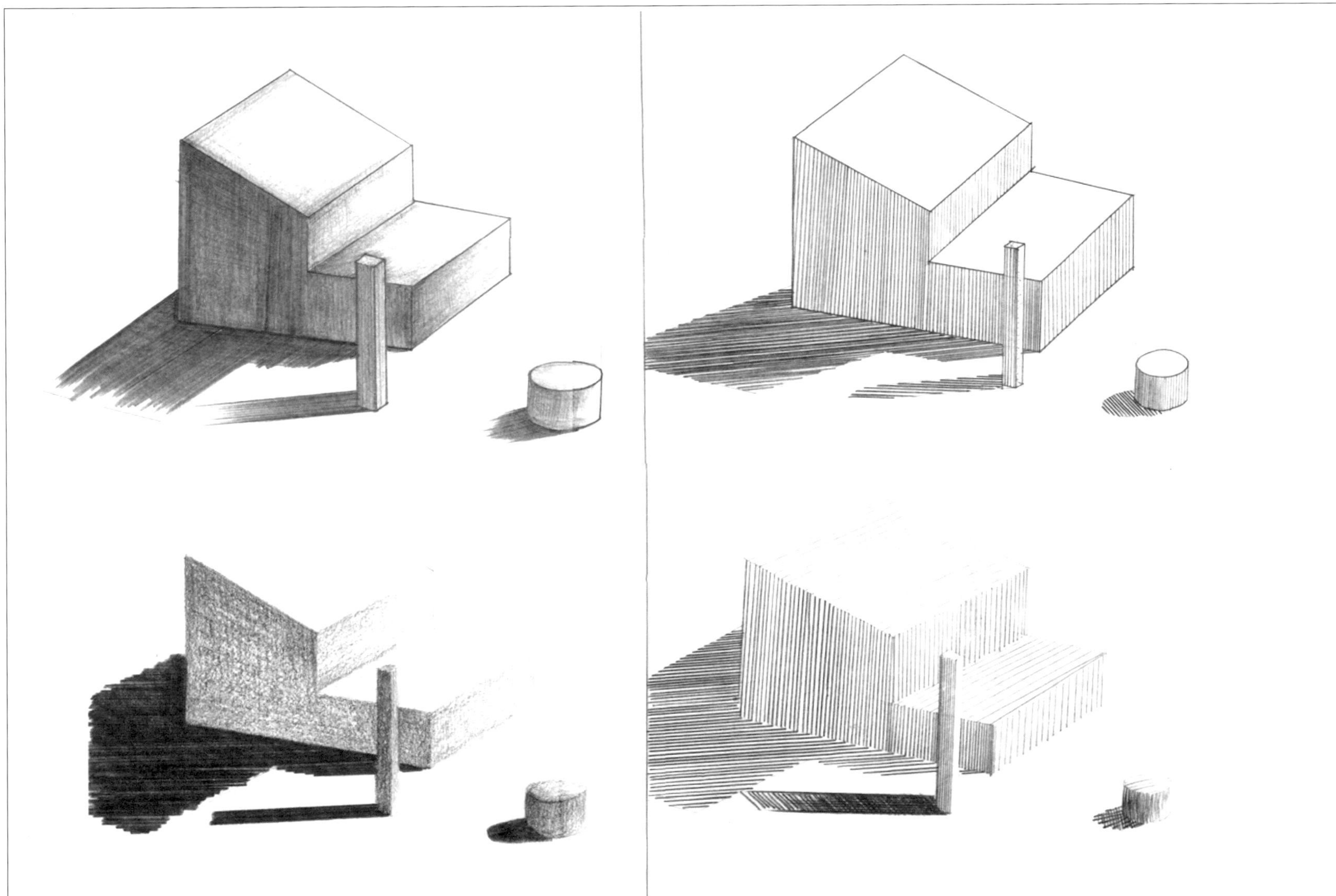

색채 실습

명암, 색상환, 색채계획

□ 준비물

- 종이 : 켄트지
- 크기 : A3
- 포스터 컬러
- 자, 각도기

□ 실습내용

► 명암을 11단계로 표현하고, 10가지 대표색(빨강(R), 노랑(Y), 녹색(G), 파랑(B), 보라(P), 자주(RP), 주황(YR), 연두(GY), 청록(BG), 남색(PB))의 색상환을 표현한다.

► 각 건축물의 대표적인 색채 이미지를 우선순위에 따라 넓은 면적에서 부터 좁은 면적으로 표현한다.

명암 11단계

색상환 10가지

유치원

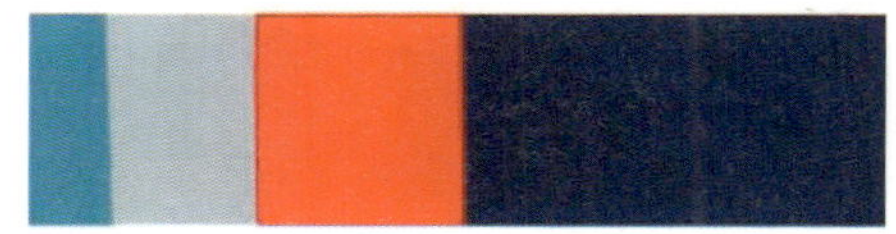

공장

병원

스포츠 센터

자유

색채 실습

색채

□ 준비물
- 재료 : 자유
- 종이 : 켄트지
- 크기 : A3
- 포스터 컬러
- 자

□ 실습내용

- 면을 자유롭게 분할하여 그리고 색채를 표현한다.
- 색채의 배색을 고려하여 색을 선정한다.

색채표현 (마커펜 사용)

색채
(마커펜)

□ 준비물
- 종이 : 트레이싱지
- 크기 : A3
- 사인펜, 마커

□ 실습내용

- 주변환경 및 수목을 스케치하여 표현한다.
- 마커펜을 사용하여 채색한다.

색채표현 (색연필 사용)

색채
(색연필)

□ 준비물

- 종이 : 켄트지
- 크기 : A3
- 연필
- 색연필

□ 실습내용

► 건물과 주변환경을 연필로 스케치하여 표현한다.

► 색연필을 이용하여 면 칠하기를 하지 않고 선으로 색채를 표현하도록 한다.

디자인 구성요소 · 원리 실습

요소(9개) 및 원리(9개)

□ 준비물

- 종이 : 켄트지
- 크기 : A3
- 연필, 먹물
- 색연필, 포스터 컬러

□ 실습내용

- 디자인 구성요소와 디자인 구성원리에 적합한 각 공간을 작도한다.
- 디자인 구성원리에 의한 각 디자인 구성요소를 각 셀에 표현하고, 색(color)의 셀에는 색연필 또는 포스터 컬러로 색채를 표현한다.

디자인 구성요소 · 원리 실습-1

디자인 구성요소·원리

□ 준비물
- 종이 : 켄트지
- 크기 : A3
- 연필, 먹물
- 색연필, 포스터 컬러

□ 실습내용

- 디자인 구성요소(9가지)의 각 항목별로 디자인 구성원리(9가지)의 각 항목에 해당하는 쉘에 적합한 요소별 원리를 구상하여 표현한다.
- 디자인 구성요소인 점의 반복, 강조, 조화, 대조, 통일, 균형의 쉘에 적합한 표현방법을 이해한다.

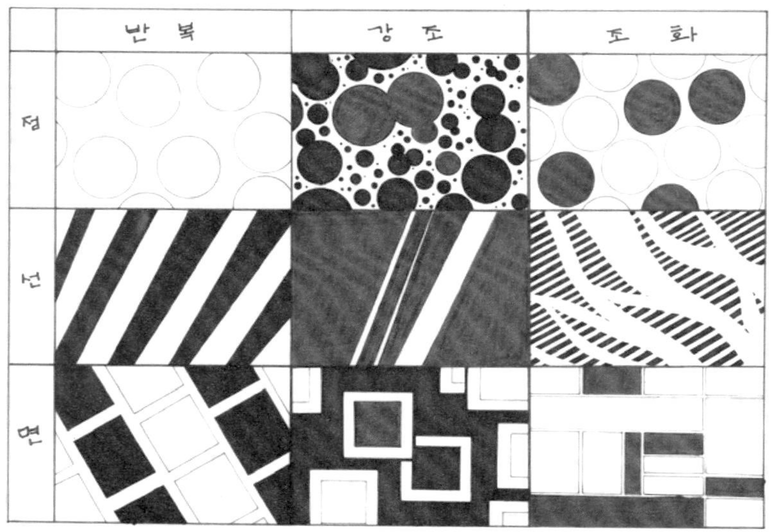

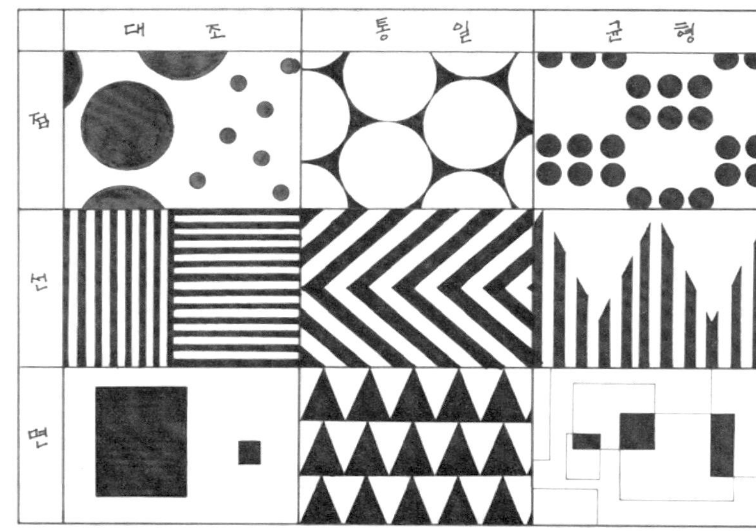

디자인 구성요소 · 원리 실습-2

디자인 구성요소·원리

□ 준비물

- 종이 : 켄트지
- 크기 : A3
- 연필, 먹물
- 색연필, 포스터 컬러

□ 실습내용

- 디자인 구성요소(9가지)의 각 항목별로 디자인 구성원리(9가지)의 각 항목에 해당하는 쉘에 적합한 요소별 원리를 구상하여 표현한다.
- 디자인 구성요소인 점의 점이, 대칭, 비례의 쉘에 적합한 표현 방법을 이해한다.

디자인 구성요소 · 원리 실습-3

디자인 구성요소·원리

□ 준비물

- 종이 : 켄트지
- 크기 : A3
- 연필, 먹물
- 색연필, 포스터 컬러

□ 실습내용

- 디자인 구성요소(9가지)의 각 항목별로 디자인 구성원리(9가지)의 각 항목에 해당하는 쉘에 적합한 요소별 원리를 구상하여 표현한다.
- 디자인 구성요소인 형의 대조, 통일, 균형, 점이, 대칭, 비례의 쉘에 적합한 표현방법을 이해한다.

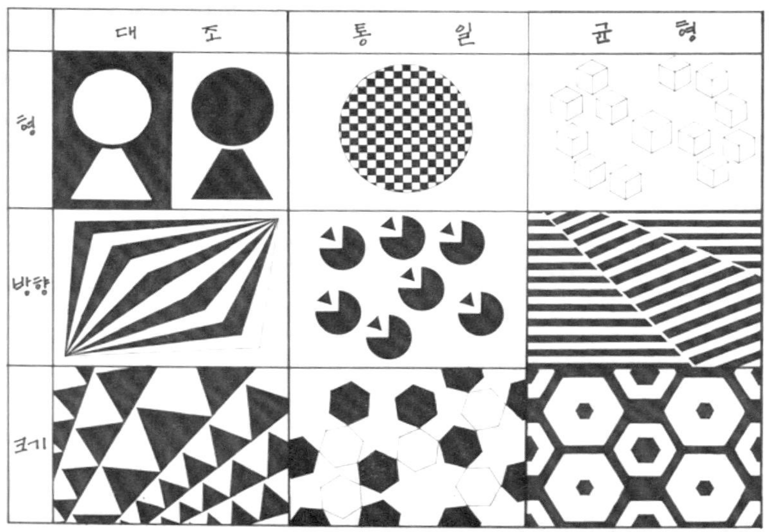

디자인 구성요소 · 원리 실습-4

디자인 구성요소·원리

□ 준비물
- 종이 : 켄트지
- 크기 : A3
- 연필, 먹물
- 색연필, 포스터 컬러

□ 실습내용

- ▸ 디자인 구성요소(9가지)의 각 항목별로 디자인 구성원리(9가지)의 각 항목에 해당하는 셀에 적합한 요소별 원리를 구상하여 표현한다.
- ▸ 디자인 구성요소인 질감의 반복, 강조, 조화, 대조, 통일, 균형의 셀에 적합한 표현 방법을 이해한다.

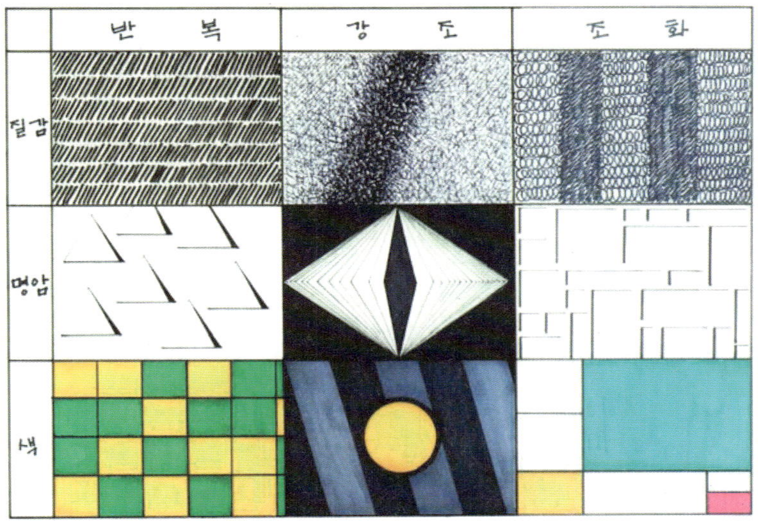

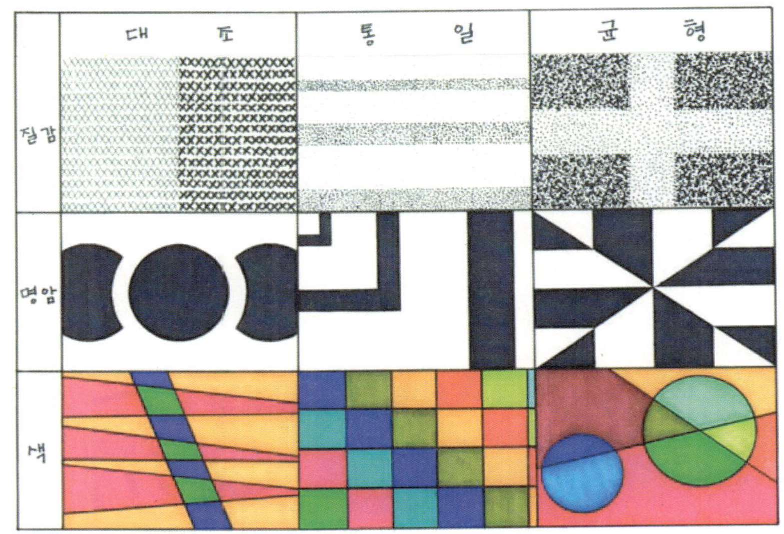

디자인 구성요소 · 원리 실습-5

디자인 구성요소·원리

□ 준비물
- 종이 : 켄트지
- 크기 : A3
- 연필, 먹물
- 색연필, 포스터 컬러

□ 실습내용

- 디자인 구성요소(9가지)의 각 항목별로 디자인 구성원리(9가지)의 각 항목에 해당하는 쉘에 적합한 요소별 원리를 구상하여 표현한다.
- 디자인 구성요소인 질감의 점이, 대칭, 비례의 쉘에 적합한 표현방법을 이해한다.
- 디자인 구성요소와 디자인 구성원리의 각 쉘을 종합하여 1장에 정리한다.

원리 / 요소	반복	강조	조화	대조	통일	균형	점이	대칭	비례
점									
선									
면									
형									
방향									
크기									
질감								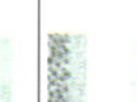	
명암							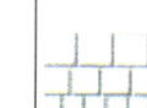		
색									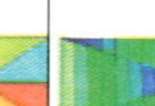

3. 크로키 및 데생 표현실습

크로키 실습

크로키

ㅁ 준비물
- 종이 : 켄트지
- 크기 : A3
- 연필(4B) 또는 홀더

ㅁ 실습내용

► 인체의 동작을 단시간에 포착해서 그린다.

►단순화되고 요약된 모습으로 표현하는 방법을 이해한다.

손 및 자화상 스케치

손
자화상

□ 준비물
- 종이 : 켄트지
- 크기 : A3
- 연필(4B) 또는 홀더

□ 실습내용

► 자신의 손과 얼굴 사진을 보고 사실적인 표현으로 스케치한다.

► 얼굴의 두눈 사이 간격을 기준으로 비례체계를 이해하고 음영표현을 익힌다.

데생 실습

데생

□ 준비물
- 석고상
- 종이 : 켄트지
- 크기 : A3
- 연필(4B) 또는 홀더

□ 실습내용

► 석고상을 연필로 석고상 머리끝에서 단까지의 중앙을 찾아 수직 구도를 잡은 후에 다시 반을 잡고, 반의 반을 잡아 위치를 정확하게 설정한다. 수평구도 또한 마찬가지이다.

► 위치를 설정한 다음에 입체적인 덩어리를 표현하고 형태, 명암 등 묘사를 한다.

정물화 실습

정물화

□ 준비물
- 종이 : 켄트지
- 크기 : A3
- 연필, 수채화 물감

□ 실습내용

► 그릇과 꽃병, 과일, 나뭇가지 등을 삼각형 구도, 역삼각형 구도, 마름모형 구도, 원형 구도 등 적절히 배치한다.

► 사물의 덩어리를 먼저 표현한 후에 사물의 형태를 그리며 투명 채색기법으로 색칠한다.

4. 건축계획 · 설계과정 표현실습

개념도 실습

개념도

□ 준비물
- 종이 : 켄트지
- 크기 : A3
- 연필 또는 홀더

□ 실습내용

► 대지분석, 배치, 조닝, 평면, 단면 등에 대한 개념도를 표현한다.

► 아이디어를 간단한 도형으로 함축시켜 표현할 수 있도록 다양한 표현방법을 연습한다.

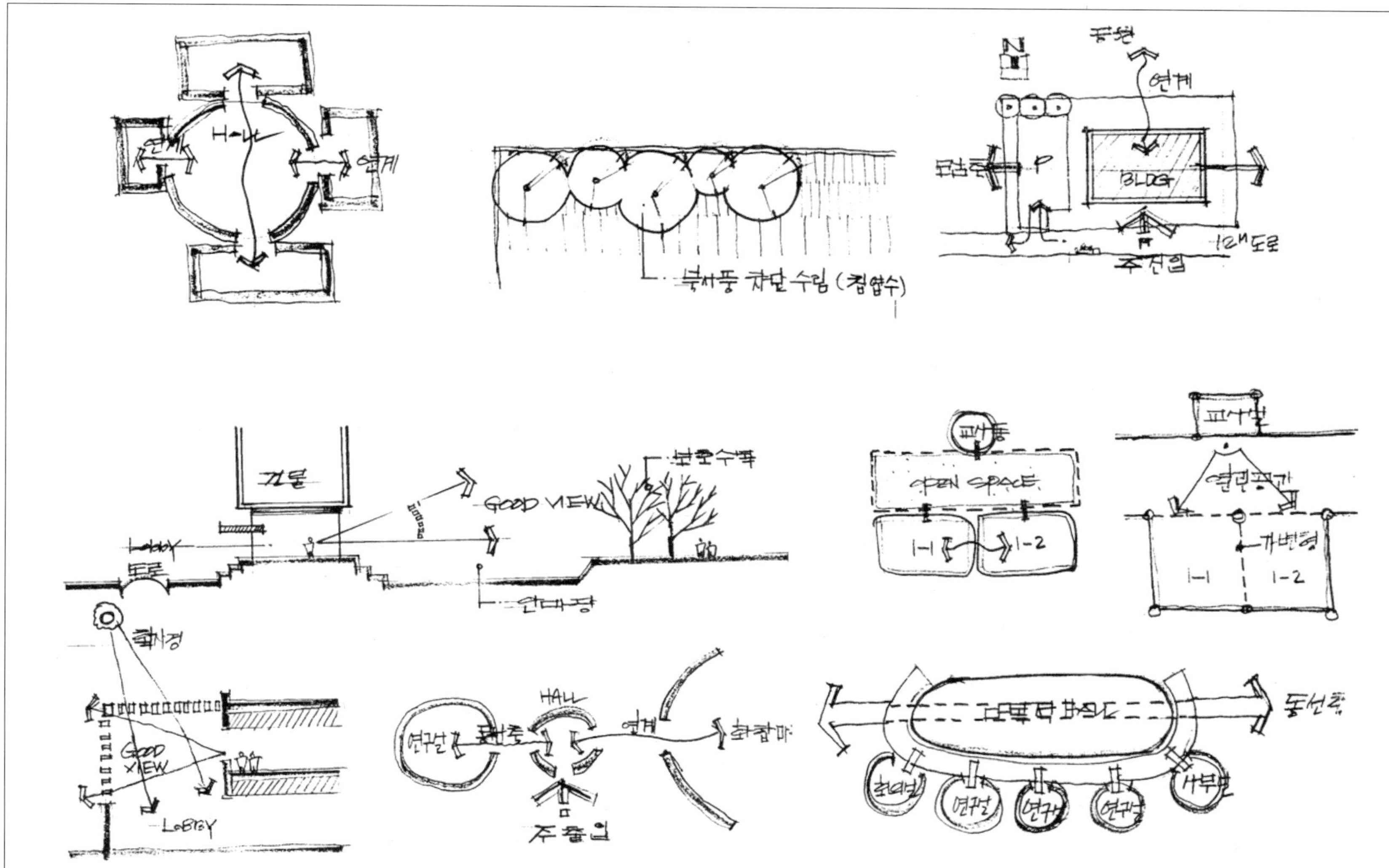

공간구성 실습

공간 속의 공간	맞물림 공간
인접된 공간	연결된 공간

□ 준비물
- 종이 : 켄트지
- 크기 : A3
- 연필 또는 홀더

□ 실습내용

- 공간의 맞물림, 인접, 연결 등 다양한 구성 방법을 작도한다.
- 건축 공간구성 방법의 다양성을 이해한다.

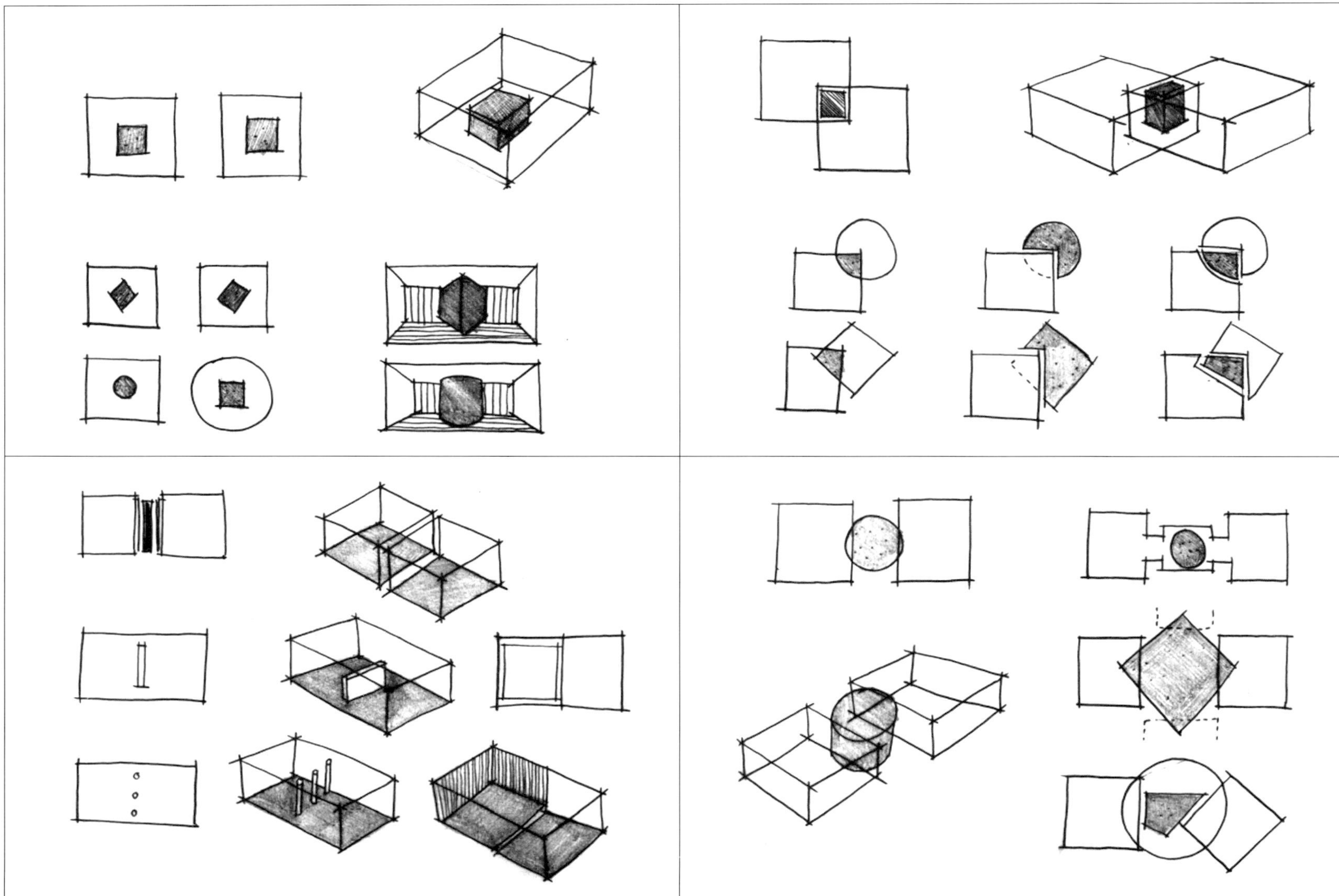

면 분할 실습

2면	3면	4면	5면

□ 준비물

- 종이 : 켄트지
- 크기 : A3
- 자, 샤프

□ 실습내용

► 단순한 2, 3, 4, 5면의 입방체를 기하학적 원칙에 따라 각각 조각을 빼내 면분할을 한다.

► 면 분할의 다양한 변화와 효과를 통해 3차원의 공간적 개념을 이해한다.

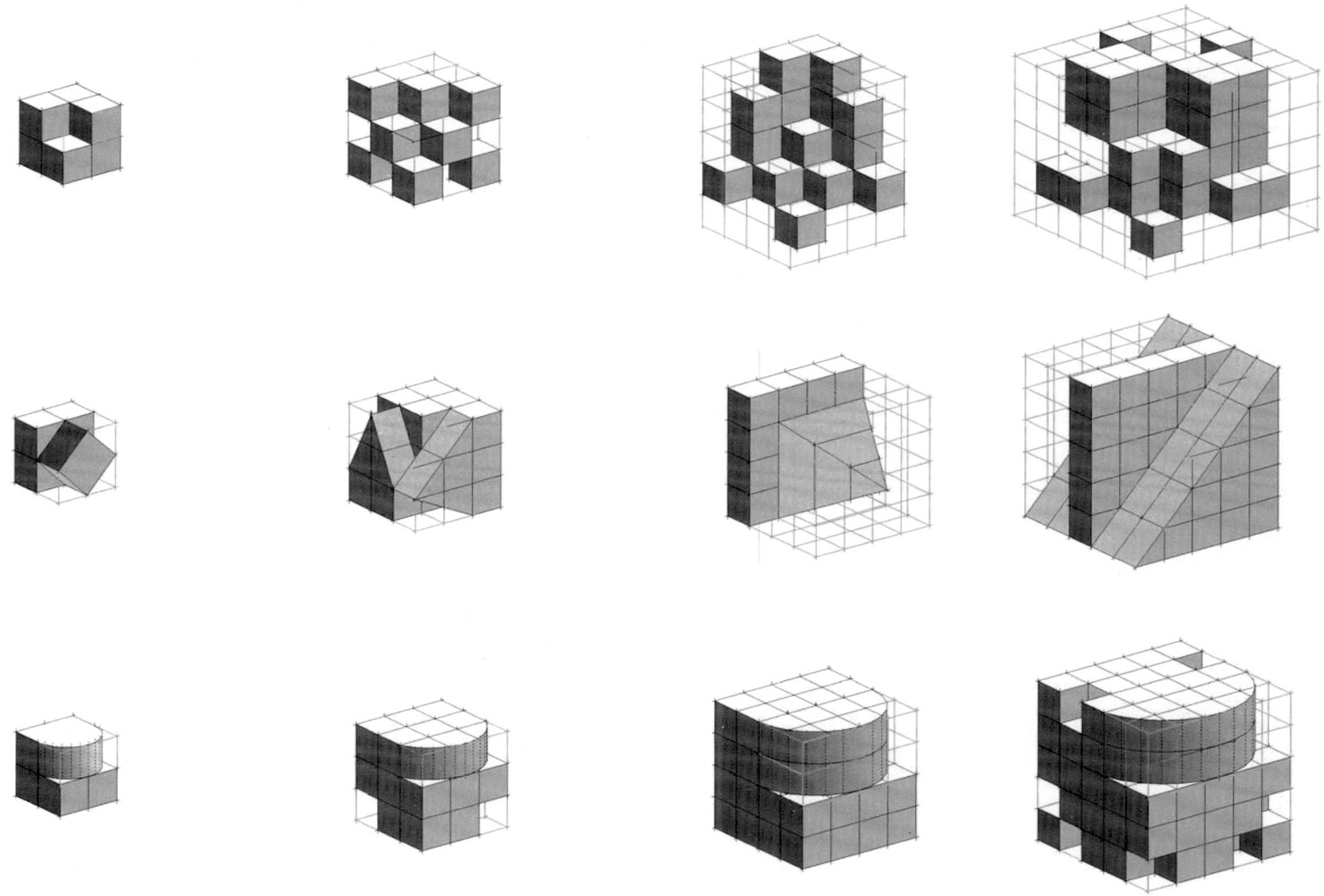

면 분할 실습

면분할

□ 준비물
- 종이 : 켄트지
- 크기 : A3
- 자, 샤프

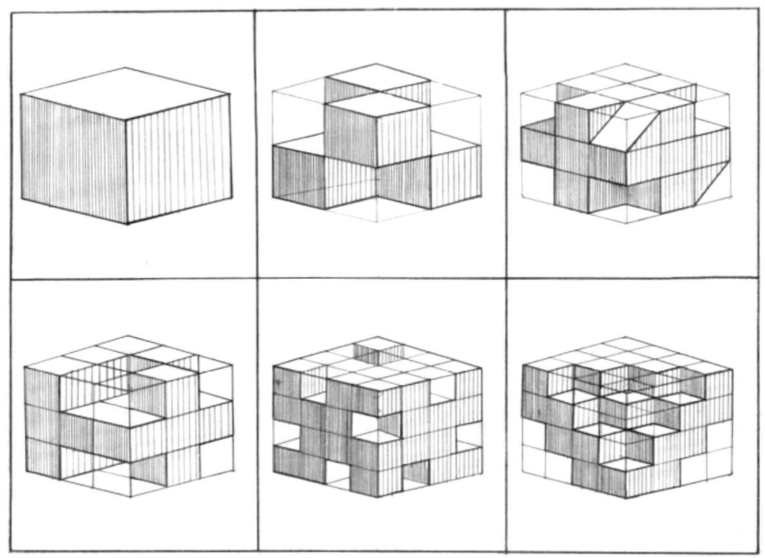

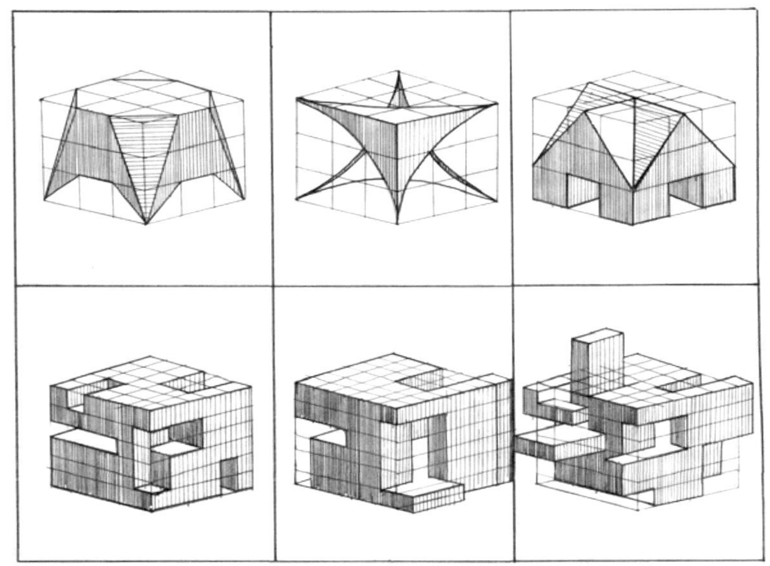

블록(block) & 매스(mass) 실습

블록 & 매스

□ 준비물
- 종이 : 켄트지
- 크기 : A3
- 연필 또는 홀더

□ 실습내용

► 블록(block)에 따른 매스(mass) 형태를 작도한다.

► 다양한 매스 형태를 표현하고 이해하도록 연습하여 건축형태의 조형감각을 배양한다.

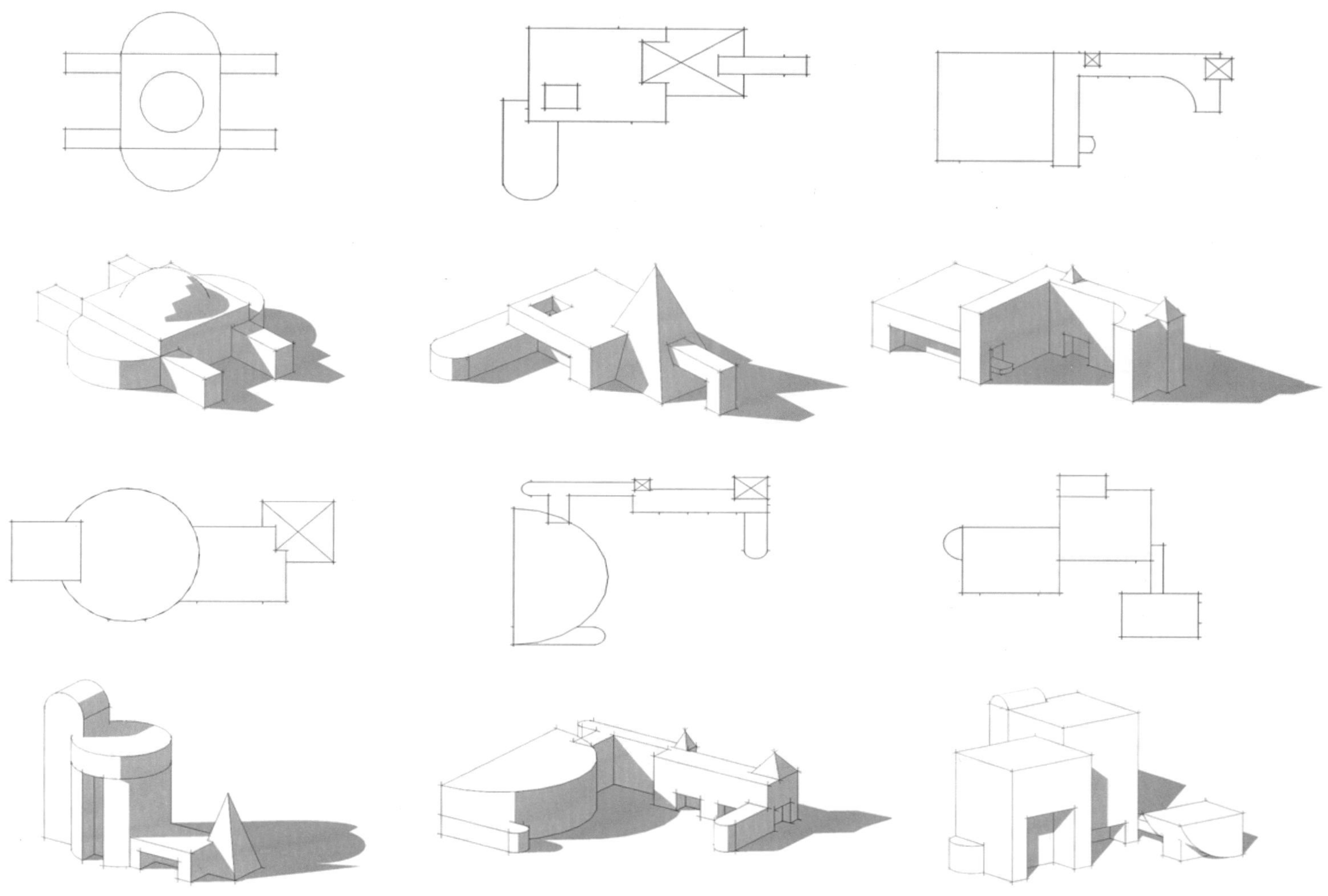

블록(block) & 매스(mass) 실습

상하분리형 매스	단일형 매스
단일형 매스	병렬형 매스

□ 준비물
- 종이 : 켄트지
- 크기 : A3
- 연필 또는 홀더

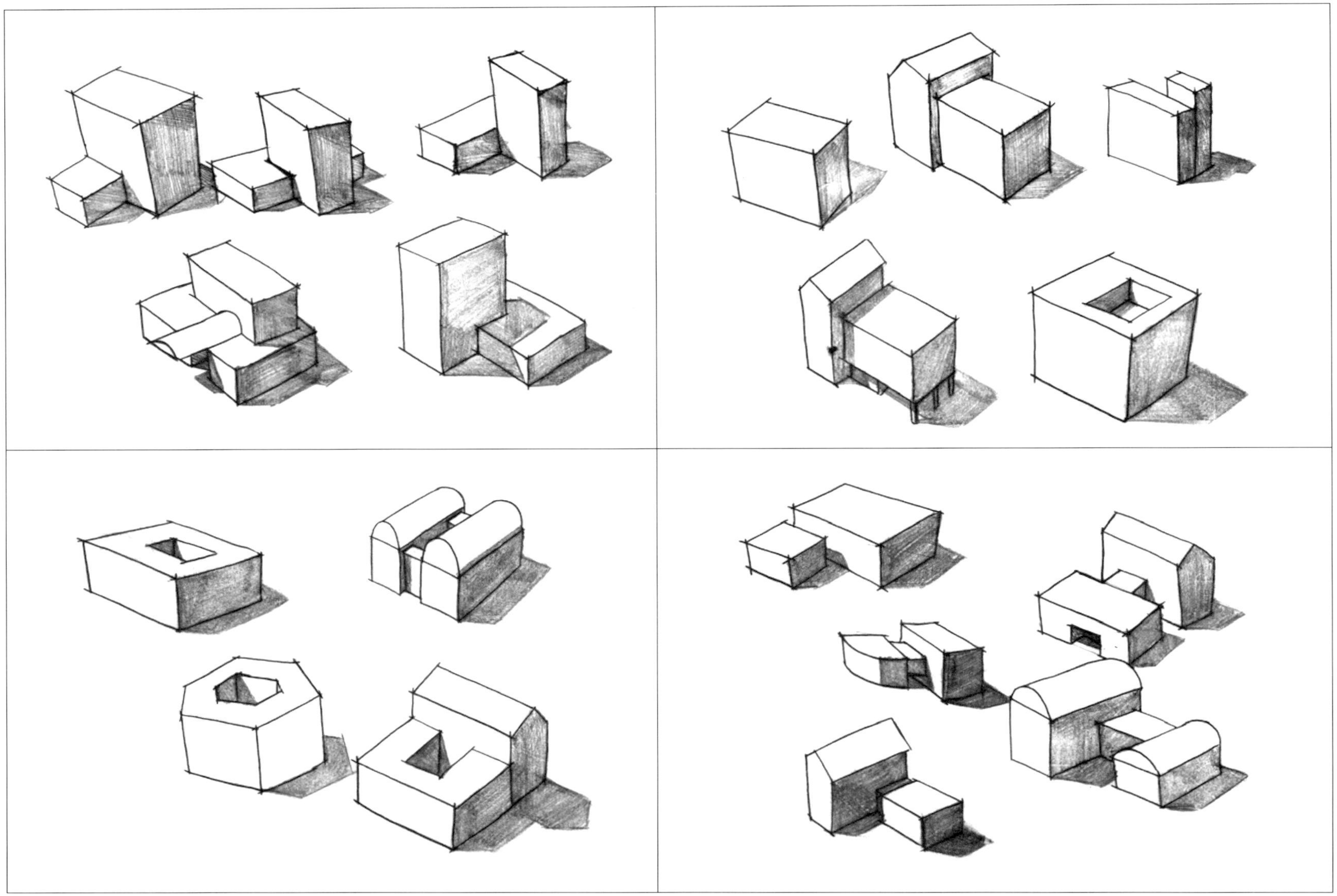

공제 및 부가 실습

공제
부가
공제+부가

□ 준비물

- 종이 : 켄트지
- 크기 : A3
- 연필 또는 홀더
- 자

□ 실습내용

► 직육면체에서 공제하여 삭제시켜서 표현한다.

► 직육면체를 부가시켜 표현하고, 공제 및 부가시켜 표현하며, 보조선은 반드시 표현한다.

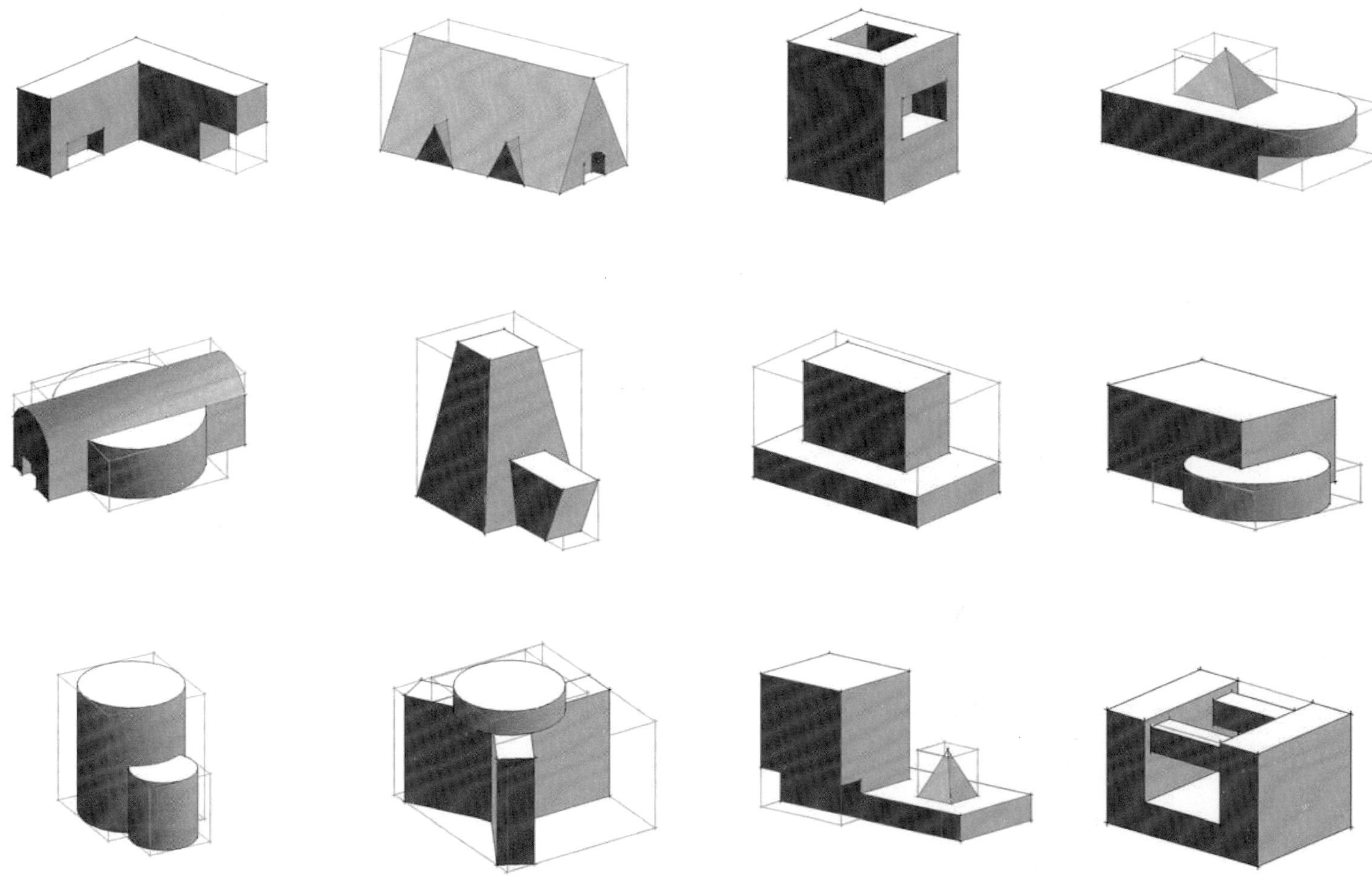

공제 및 부가 실습

공제 (유사형)	공제 (이질형)
부가 (유사형)	부가 (이질형)

□ 준비물
- 종이 : 켄트지
- 크기 : A3
- 연필 또는 홀더
- 자

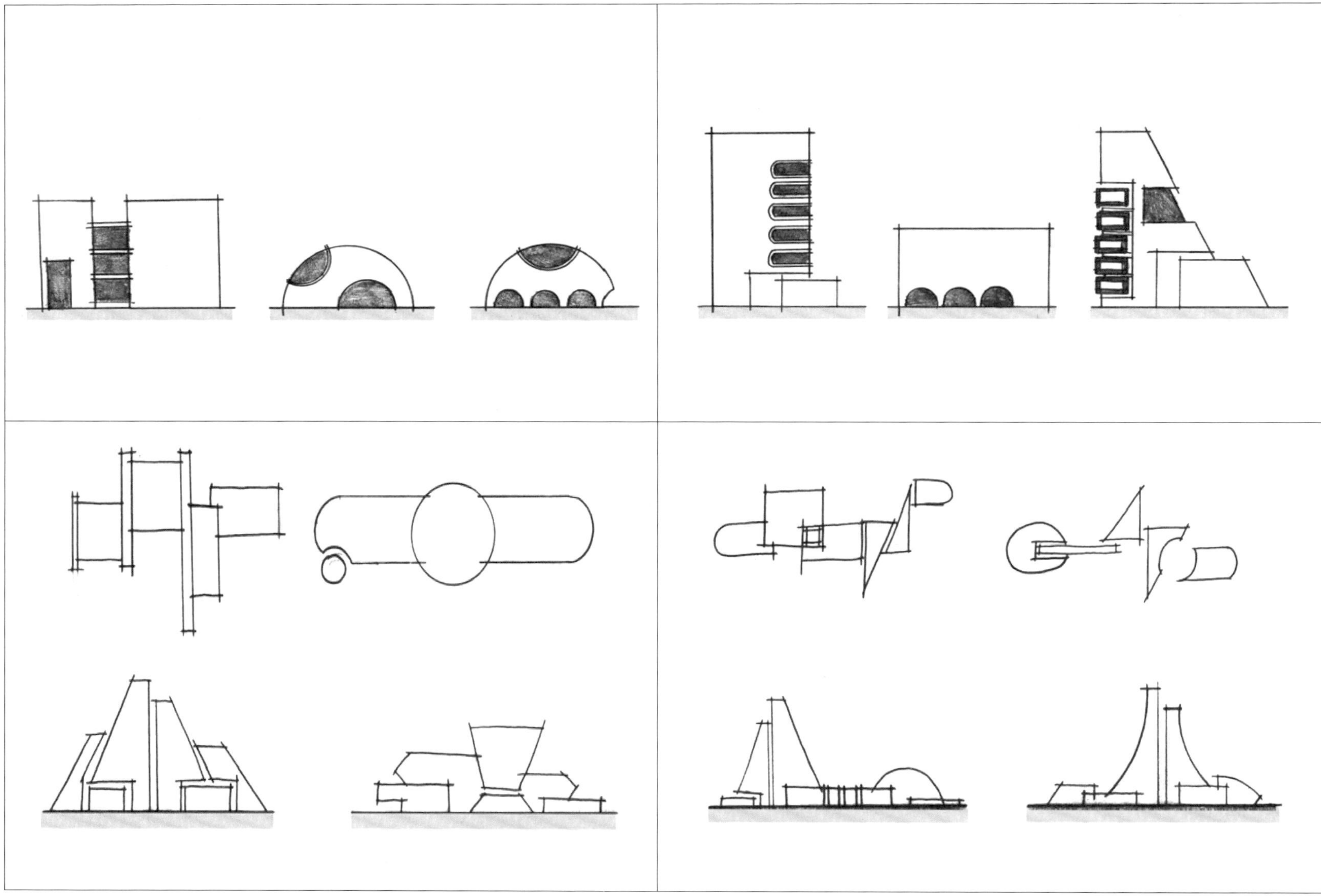

스터디 모형(study model) 제작 실습

스터디 모형

□ 준비물

- 재료 : 스티로폼
- 우드락 커터기
- 우드락 접착제

□ 실습내용

► 건축물의 개략적인 형태를 매스(mass)로 표현한다.

► 건축물의 다양한 형태감을 3차원으로 이해한다.

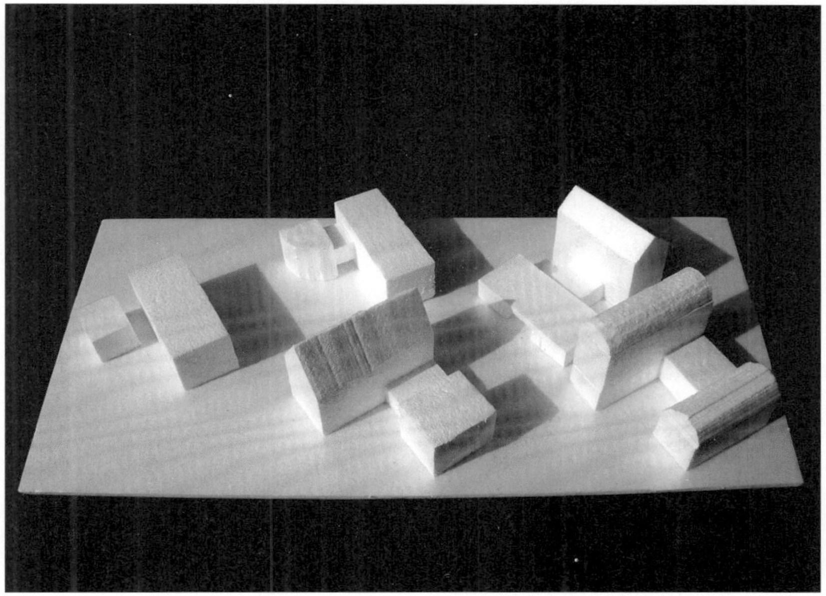

스터디 모형(study model) 제작 실습

스터디 모형

□ 준비물
- 재료 : 스티로폼
- 우드락 커터기
- 우드락 접착제

5. 건축조형 표현실습

고전건축물 외관형태 및 기둥 스케치 실습

고전건축물 외관형태	고전건축물 기둥형태

□ 준비물
- 종이 : 켄트지
- 크기 : A3
- 연필 또는 홀더

□ 실습내용

► 고전건축물의 페디먼트와 외관형태를 그리고 각부의 명칭을 이해한다.

► 그리스와 로마의 대표적인 기둥형태를 이해한다.

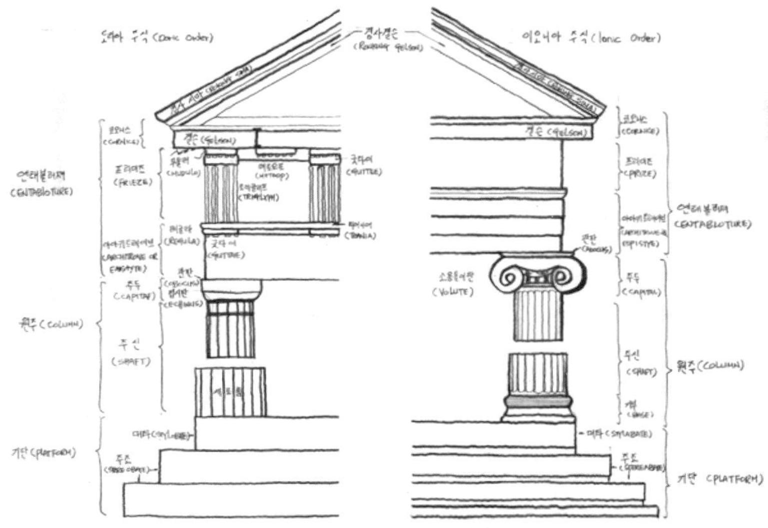

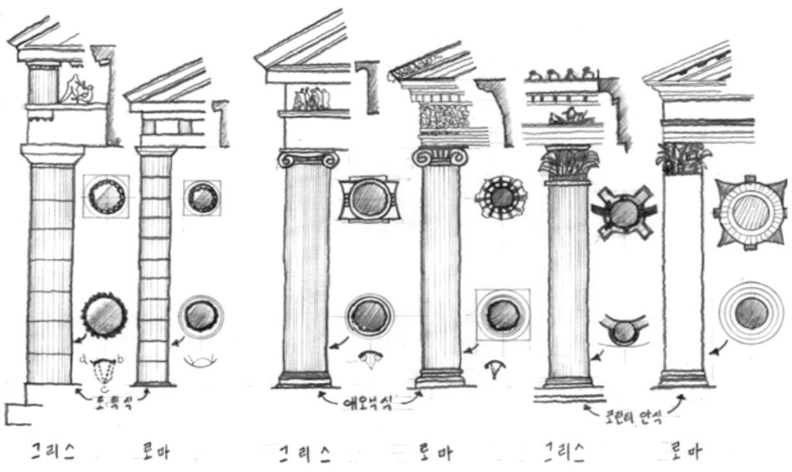

고전건축물 외관형태 스케치 실습

고전건축물 외관형태

□ 준비물
- 종이 : 켄트지
- 크기 : A3
- 연필 또는 홀더

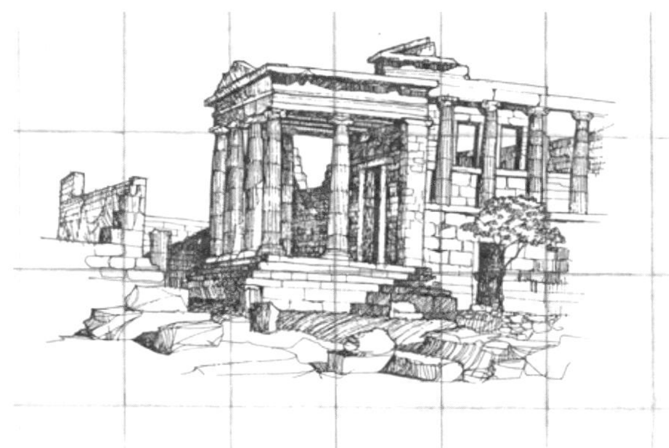

고전건축물 외관형태 스케치 실습

고전건축물 외관형태

ㅁ 준비물
- 종이 : 켄트지
- 크기 : A3
- 연필 또는 홀더

하늘 및 지반 표현 실습

하늘 및 지반

□ 준비물

- 종이 : 켄트지
- 크기 : A3
- 연필 또는 홀더

□ 실습내용

- 건축물의 특징적인 외곽형태를 표현한다.
- 하늘 및 지반을 개략적으로 표현한다.

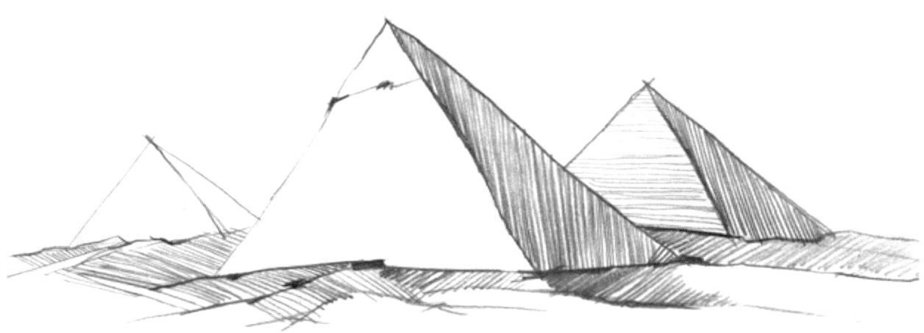

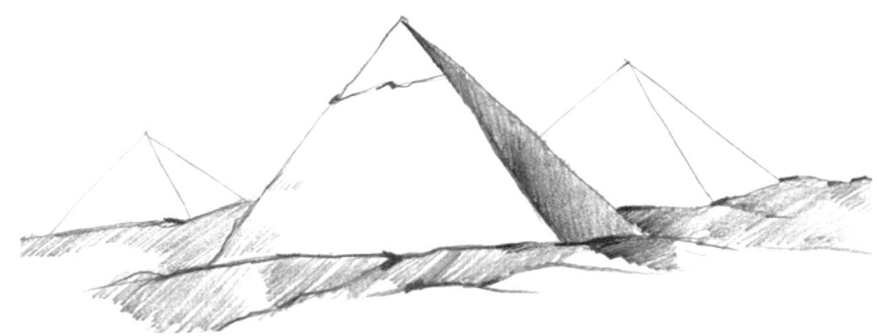

건축물 스케치

건축물

□ 준비물
- 종이 : 켄트지
- 크기 : A3
- 연필 또는 홀더

□ 실습내용

► 대상건축물의 전체적인 형태를 먼저 그리고, 세부적인 형태를 차례로 그린다.

► 건축물의 외관형태를 상세하게 묘사한다.

건축물

□ 준비물
- 종이 : 켄트지
- 크기 : A3
- 연필 또는 홀더

건축물 스케치

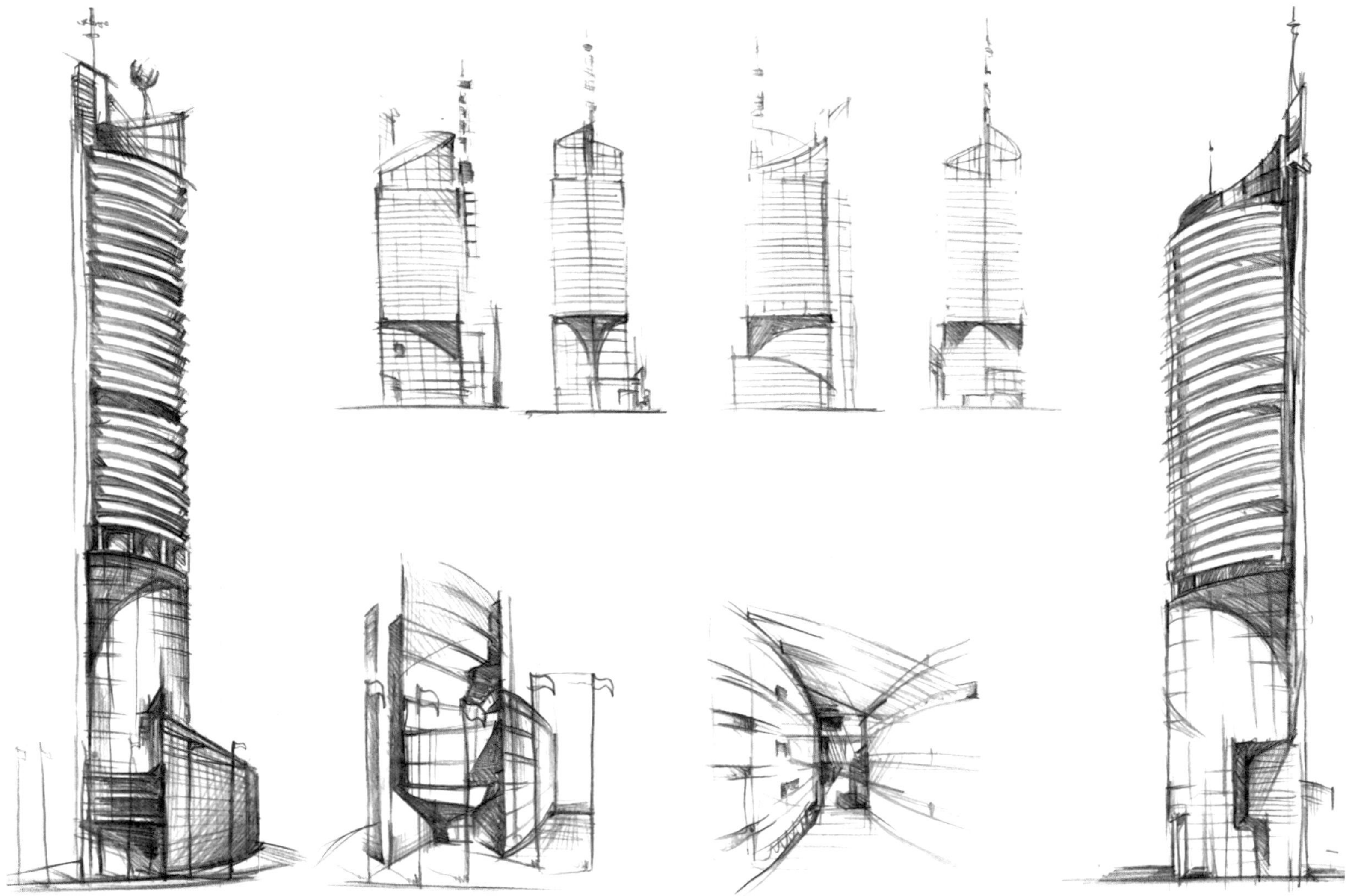

건축물 스케치

건축물

□ 준비물
- 종이 : 켄트지
- 크기 : A3
- 연필 또는 홀더

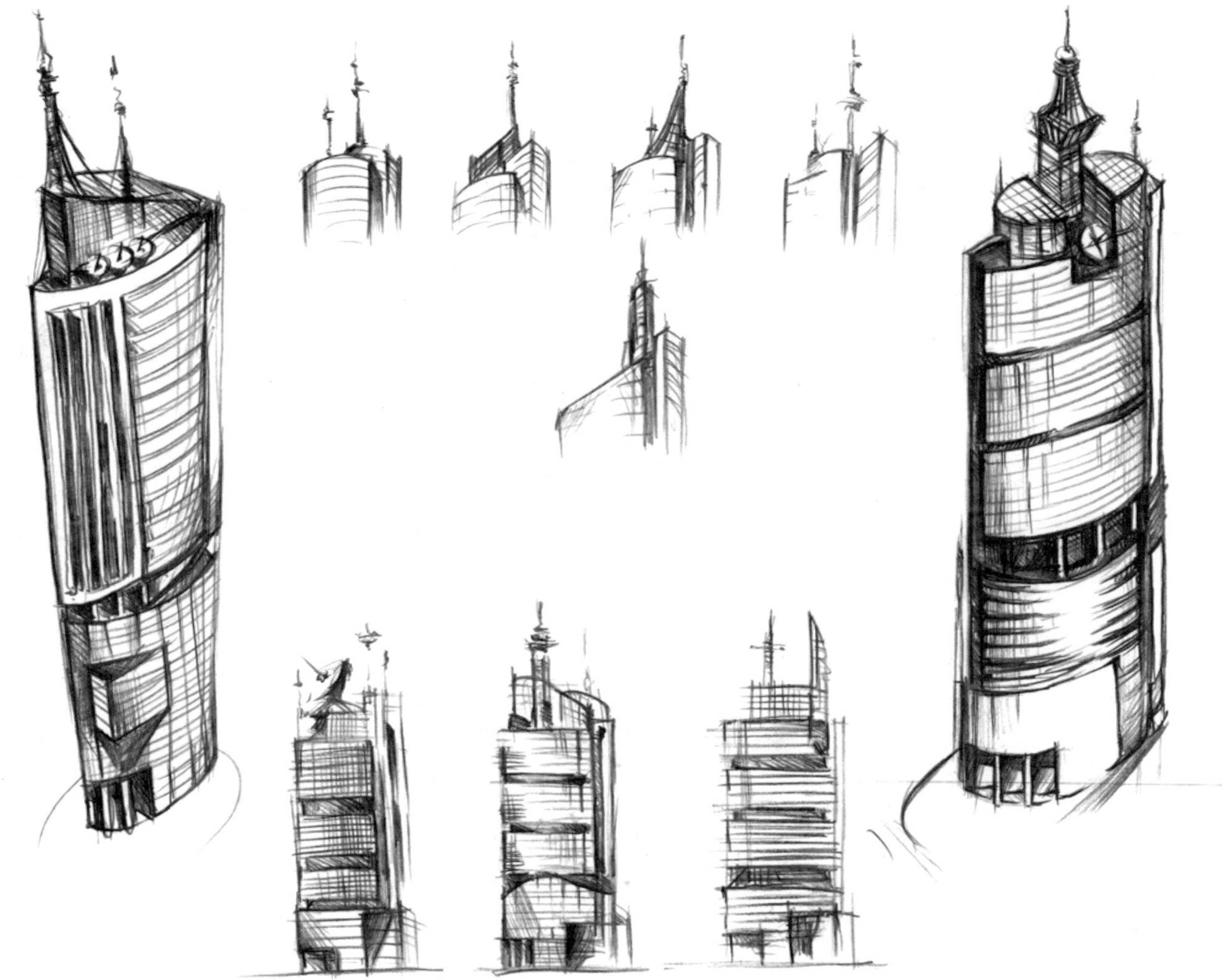

건축물 스케치

건축물

□ 준비물
- 종이 : 켄트지
- 크기 : A3
- 사인펜, 마커

건축물 스케치

건축물

□ 준비물
- 종이 : 켄트지
- 크기 : A3
- 사인펜 또는 홀더

건축물 스케치

건축물

□ 준비물
- 종이 : 켄트지
- 크기 : A3
- 사인펜 또는 홀더

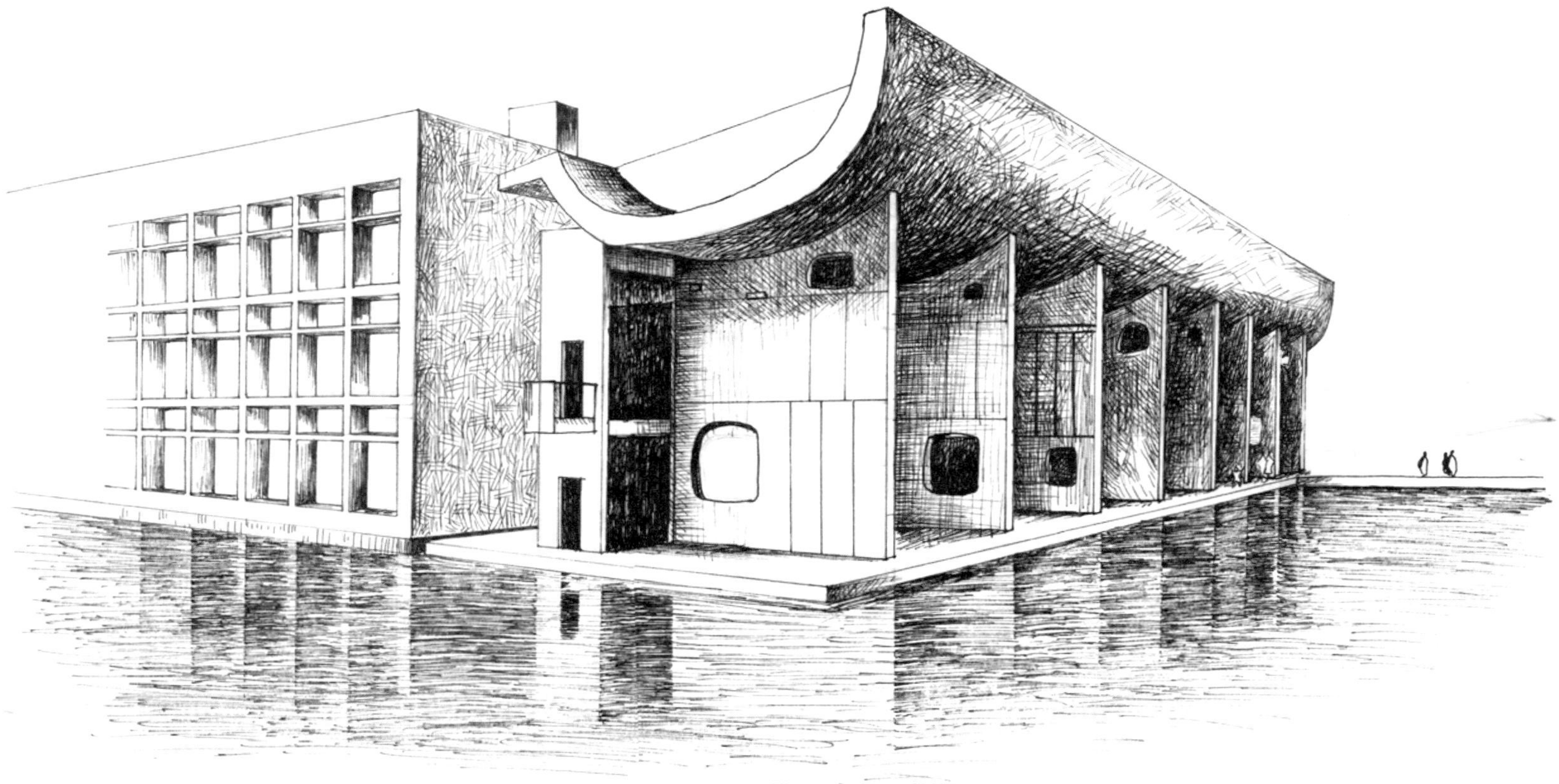

건축물 스케치

건축물

ㅁ 준비물
- 종이 : 켄트지
- 크기 : A3
- 연필 또는 홀더

6. 건축설계 도면작성 표현실습

배치도

배치도

□ 준비물

- 종이 : 트레이싱지
- 크기 : A3
- 샤프, 삼각스케일, 삼각자, 템플릿

□ 실습내용

- 도면작성 순서에 의해 중심선과 가선을 그리고, 시설물과 옥외공간을 표현한다.
- 배치도의 효과적인 표현방법을 이해한다.

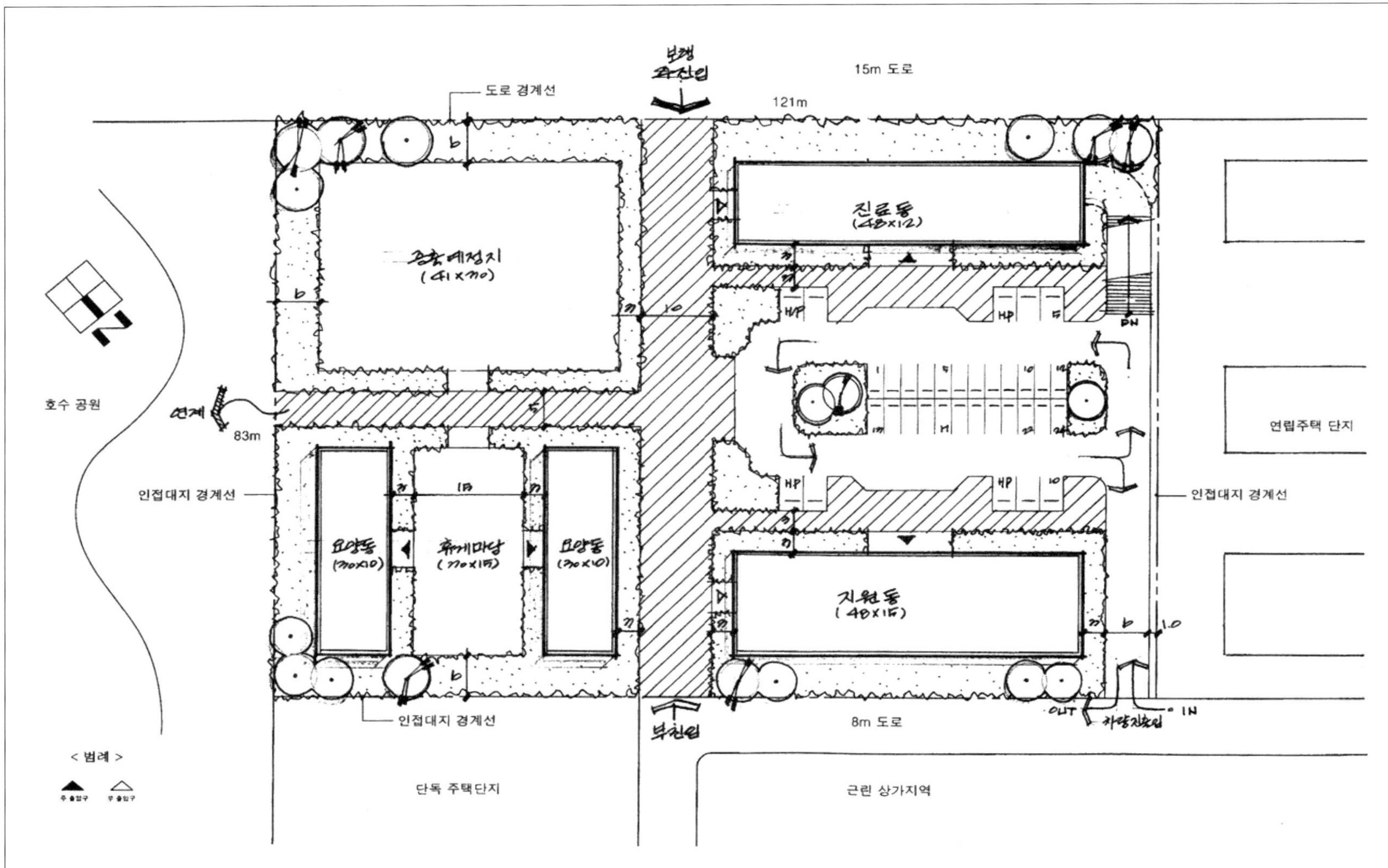

배치도

배치도

□ 준비물
- 종이 : 트레이싱지
- 크기 : A3
- 샤프, 삼각스케일, 삼각자, 템플릿

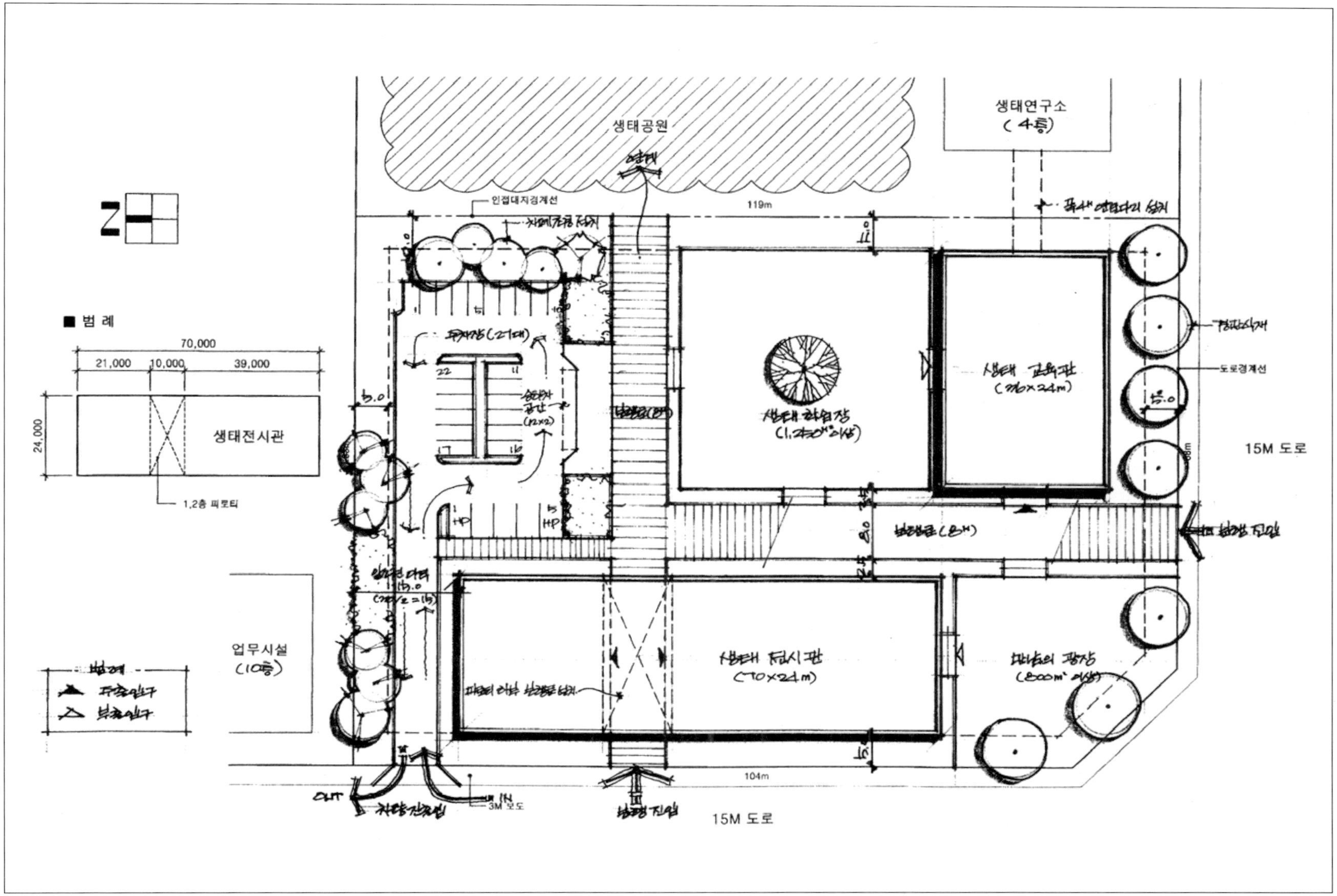

평면도

평면도

□ 준비물
- 종이 : 트레이싱지
- 크기 : A3
- 샤프, 삼각스케일, 삼각자, 템플릿

□ 실습내용

► 도면작성 순서에 의해 중심선과 기둥, 코어를 작도하고, 벽체선과 창호 및 마감선 등을 작도한다.

► 평면도의 효과적인 표현방법을 이해한다.

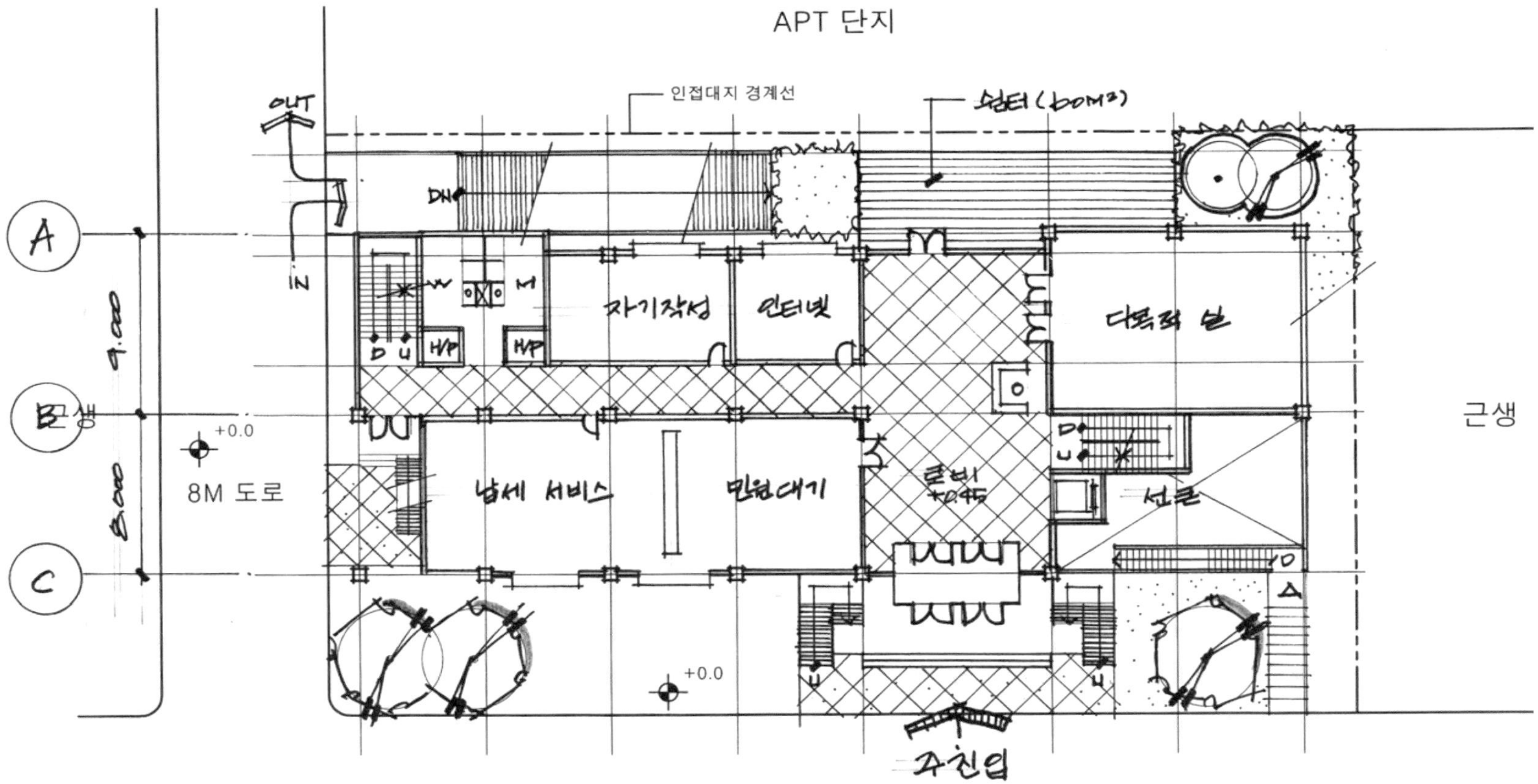

평면도

평면도

□ 준비물
- 종이 : 트레이싱지
- 크기 : A3
- 샤프, 삼각스케일, 삼각자, 템플릿

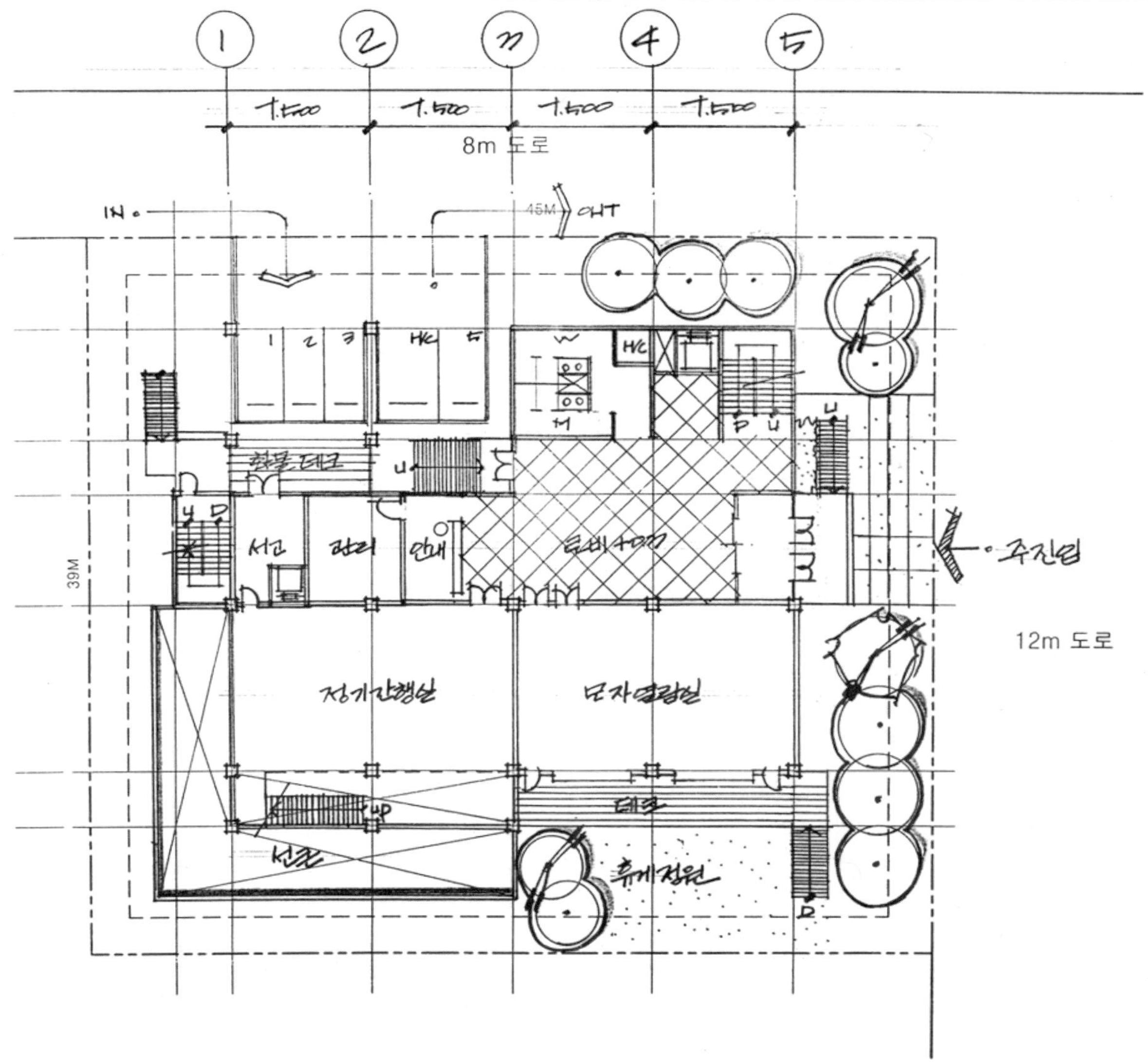

코어

코어

□ 준비물
- 종이 : 트레이싱지
- 크기 : A3
- 샤프, 삼각스케일, 삼각자, 템플릿

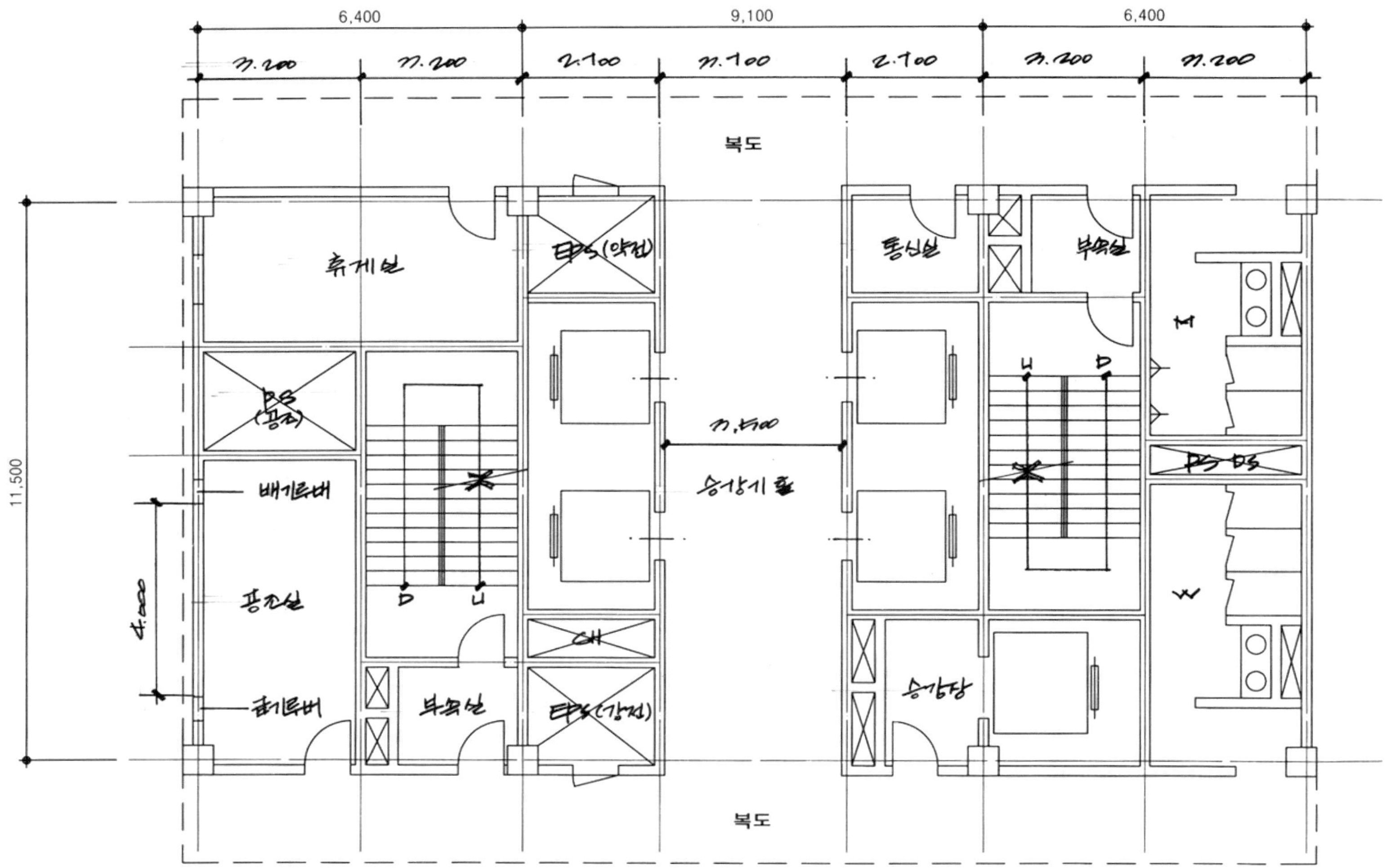

입면도

입면도

□ 준비물

- 종이 : 트레이싱지
- 크기 : A3
- 샤프, 삼각스케일, 삼각자, 템플릿

□ 실습내용

► 도면작성 순서에 의해 중심선과 층 기준선을 작도하고, 건물외곽과 창호를 표현한다.

► 입면도의 효과적인 표현방법을 이해한다.

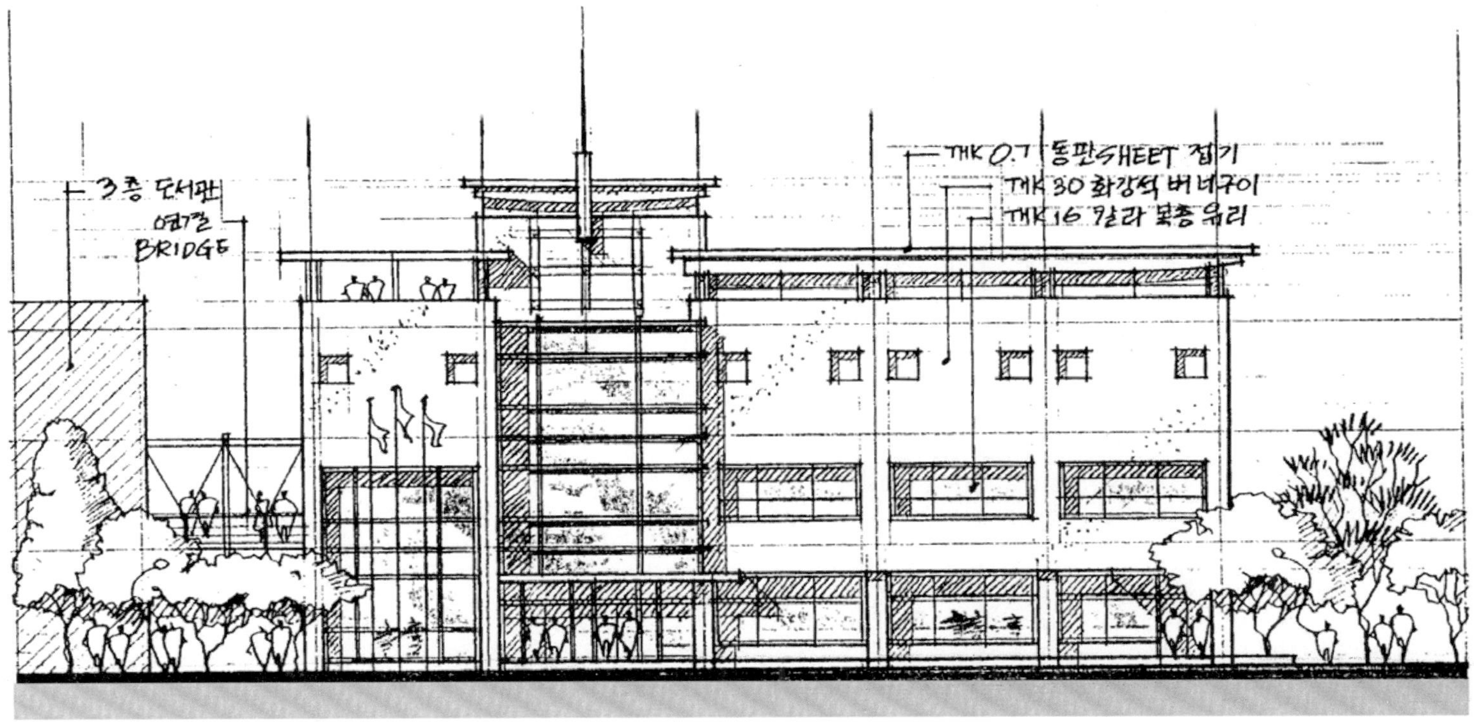

입면도

입면도

□ 준비물
- 종이 : 트레이싱지
- 크기 : A3
- 샤프, 삼각스케일, 삼각자, 템플릿

단면도

단면도

□ 준비물

- 종이 : 트레이싱지
- 크기 : A3
- 샤프, 삼각스케일, 삼각자, 템플릿

□ 실습내용

- 도면작성 순서에 의해 중심선과 층 기준선을 작도하고, 보와 슬래브 및 마감재료 등을 표현한다.
- 단면도의 효과적인 표현방법을 이해한다.

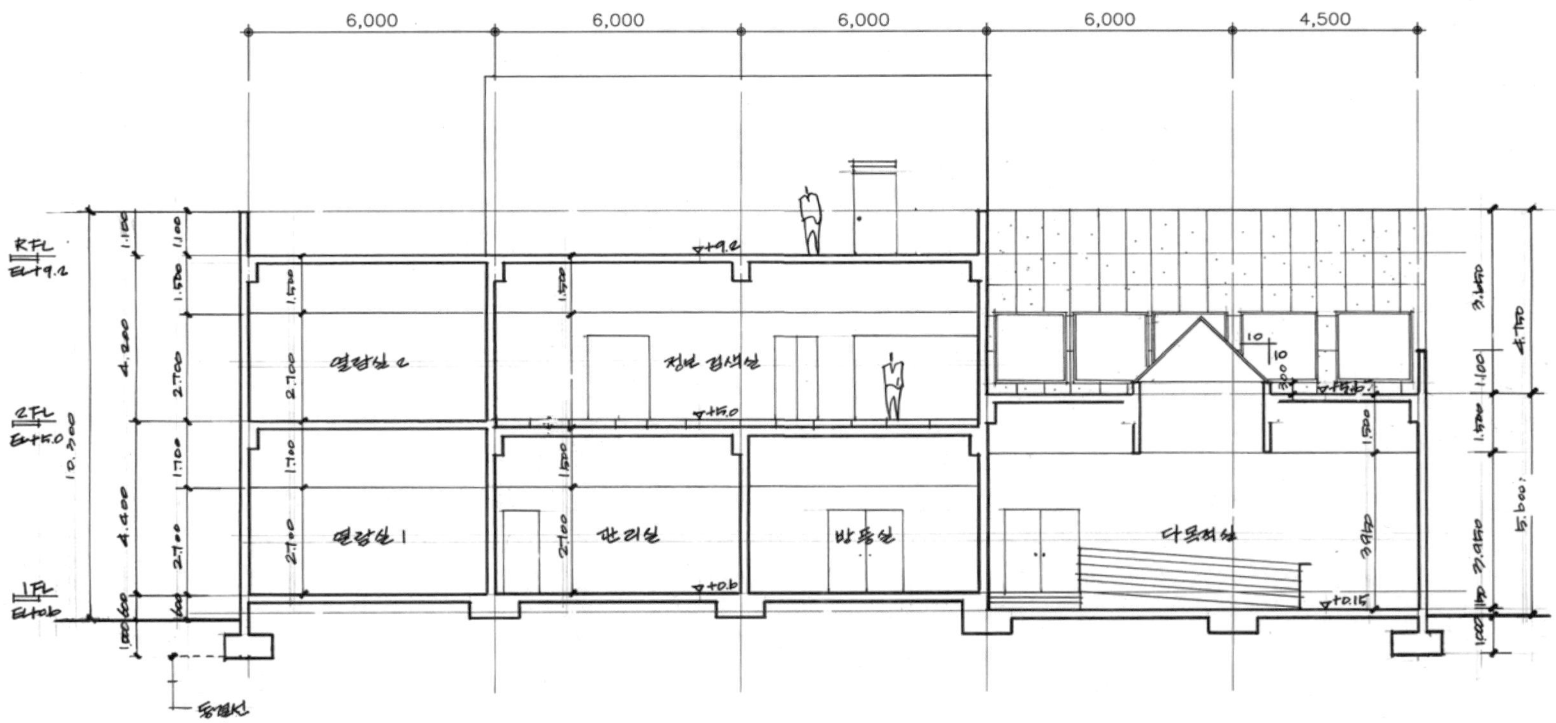

7. 투시도 표현실습

투시도

투시도

□ 준비물

- 종이 : 켄트지
- 크기 : A3
- 샤프, 홀더, 삼각자, 수채화 물감, 사인펜, 마커, 포스터 컬러

□ 실습내용

- 투시도 작성순서에 의해 기준선과 소실점을 설정하고, 건물 외곽선과 창호 및 주변환경 등을 표현한다.
- 투시도의 효과적인 표현방법을 이해한다.

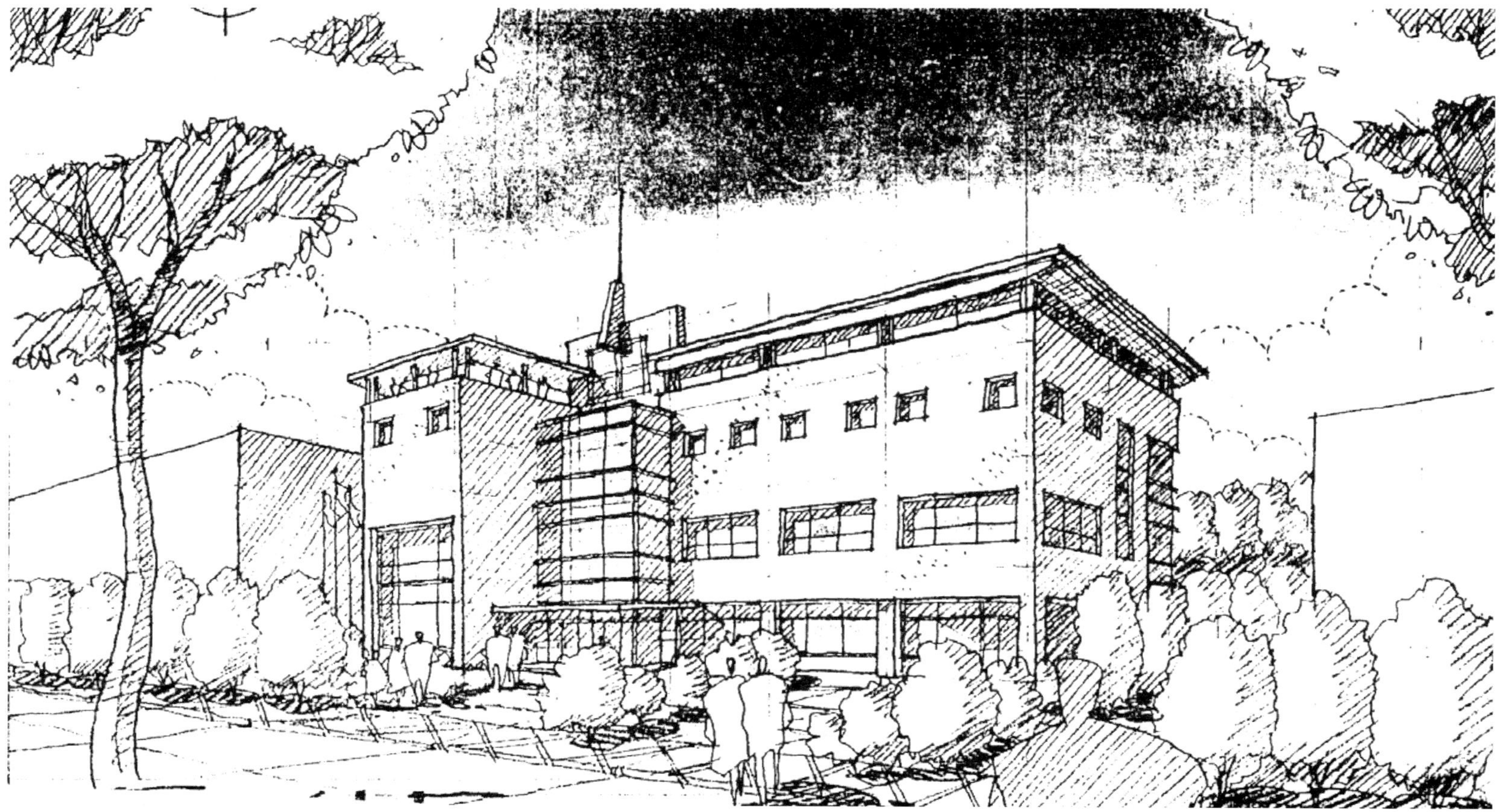

투시도

투시도

□ 준비물

- 종이 : 켄트지
- 크기 : A3
- 샤프, 홀더, 삼각자, 수채화 물감, 사인펜, 마커, 포스터 컬러

투시도

투시도

□ 준비물
- 종이 : 켄트지
- 크기 : A3
- 샤프, 홀더, 삼각자, 수채화 물감, 사인펜, 마커, 포스터 컬러

실내 투시도

실내 투시도

□ 준비물
- 종이 : 트레이싱지
- 크기 : A3
- 샤프, 홀더, 삼각자, 수채화 물감, 사인펜, 마커, 포스터 컬러

실내 투시도

실내 투시도

□ 준비물
- 종이 : 트레이싱지
- 크기 : A3
- 샤프, 홀더, 삼각자, 수채화 물감, 사인펜, 마커, 포스터 컬러

8. 패널 및 모형 표현실습

패널 제작

패널
(600×300)

□ 준비물

- 재료 : 목재 패널 또는 우드락(5mm 이상)
- 종이 : 색지 또는 플로터용 롤지
- 접착제

□ 실습내용

- ▶ 건축설계 작품의 성격과 개념을 고려하여 패널 표현요소를 결정하여 가패널계획을 한다.
- ▶ 패널에서 강조하고자 하는 부분의 위치와 크기 및 표현방법을 이해한다.

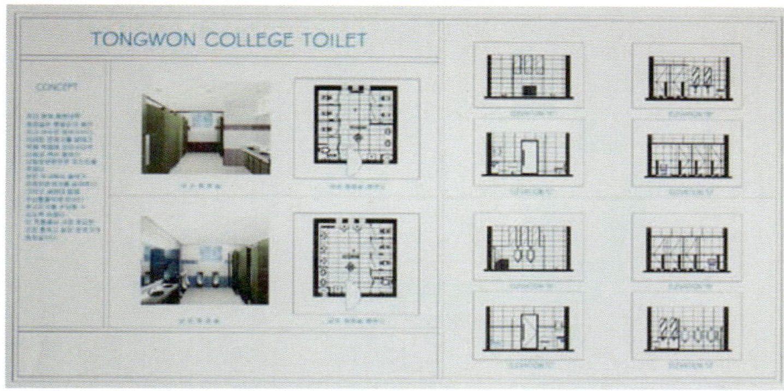

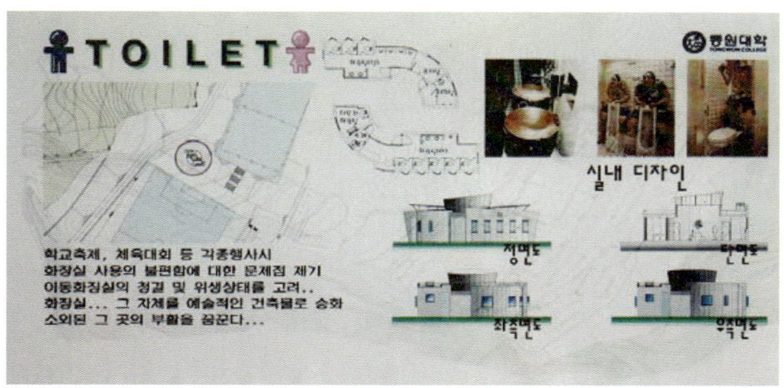

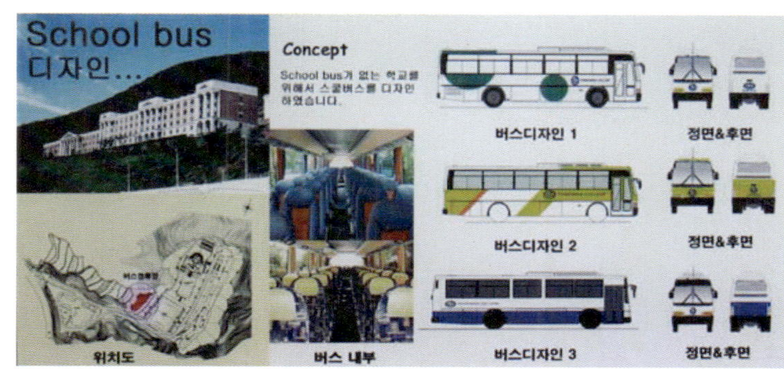

패널 제작

패널
(900×900)
(900×1,200)
(900×1,800)

□ 준비물
- 재료 : 목재 패널 또는 우드락(5mm 이상)
- 종이 : 색지 또는 플로터용 롤지
- 접착제

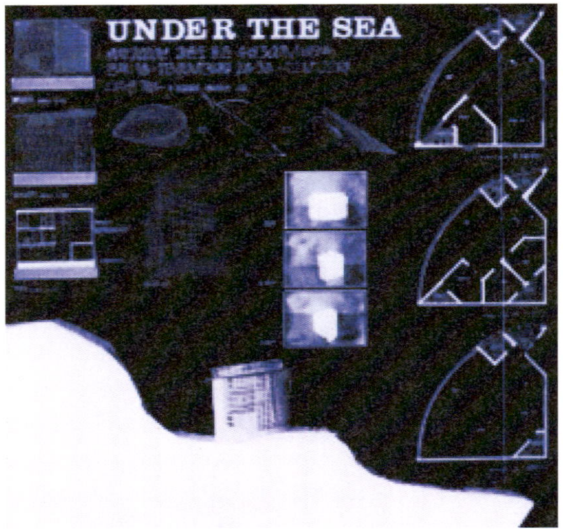

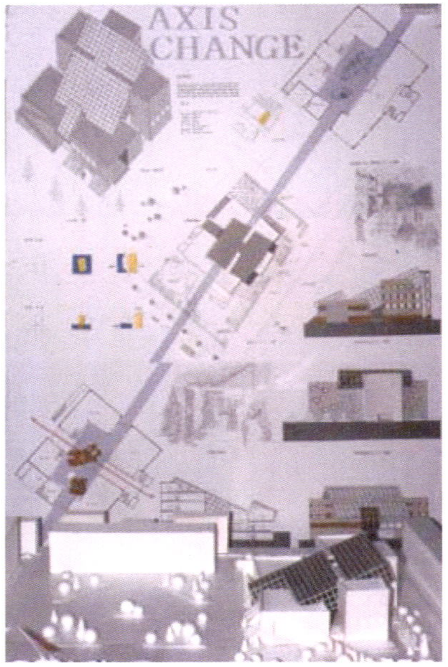

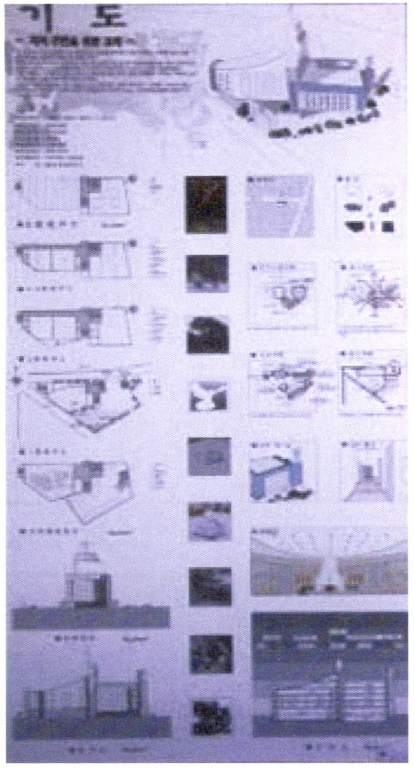

건축물 모형 제작

건축물 모형

□ 준비물

- 재료 : 압축스티로폼, 하드보드지, 발사, 아크릴, 베스 우드, 폼보드지, 라이싱지, 필름지
- 칼
- 접착제

□ 실습내용

- 건축물의 형태에 따라 모형제작을 위한 사용재료를 선택하고 표현방법을 결정한다.
- 대지콘타를 만들고 바닥에 평면도를 놓고 벽체를 세운 후에 지붕을 씌우며 도로, 수목 등 부수적인 부착물을 제작한다.

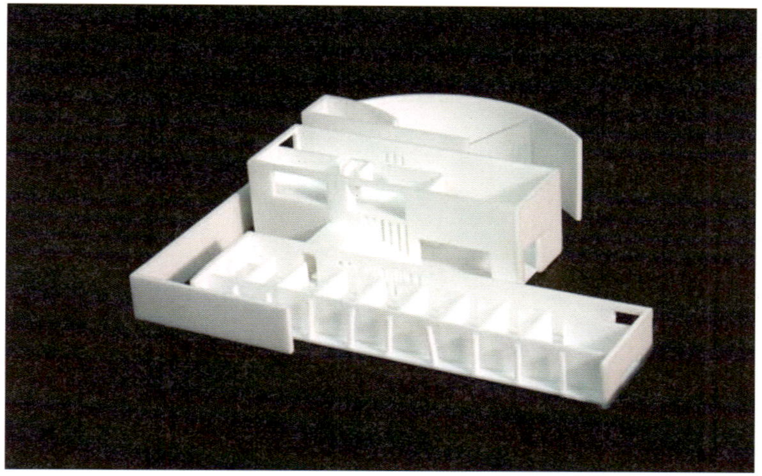

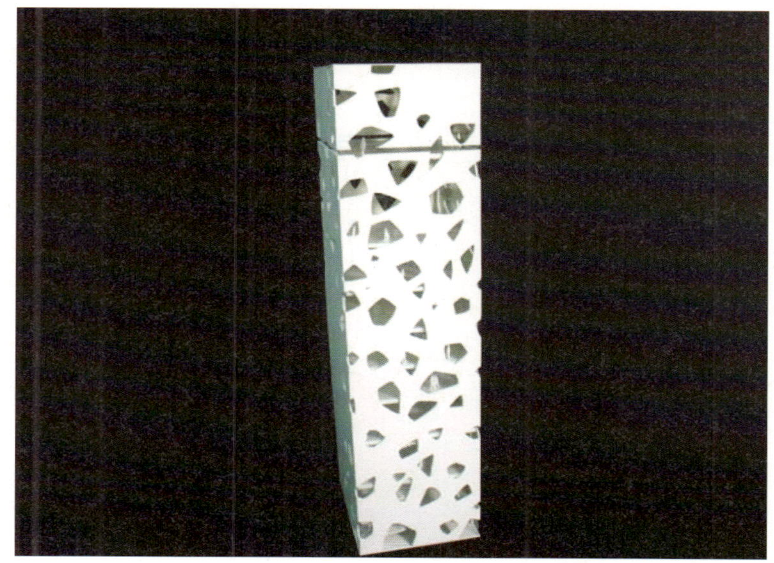

건축물 모형 제작

건축물 모형

□ 준비물
- 재료 : 압축스티로폼, 하드보드지, 발사, 아크릴, 베스 우드, 폰보드지, 라이싱지, 필름지
- 칼
- 접착제

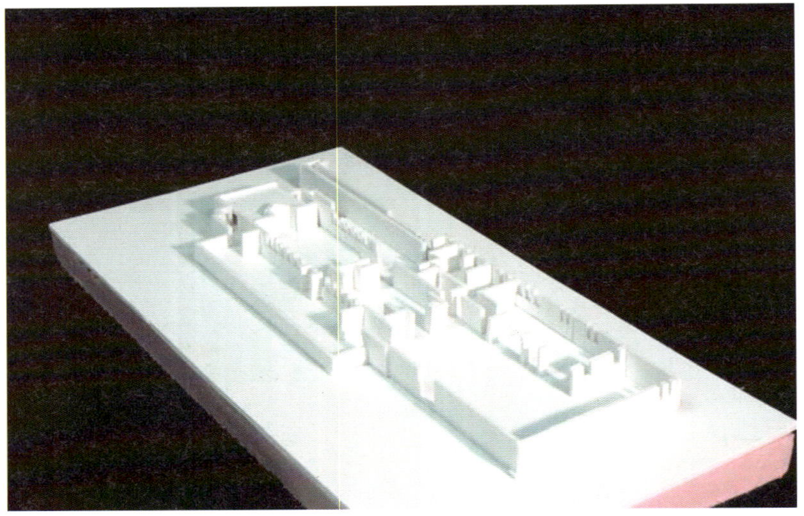

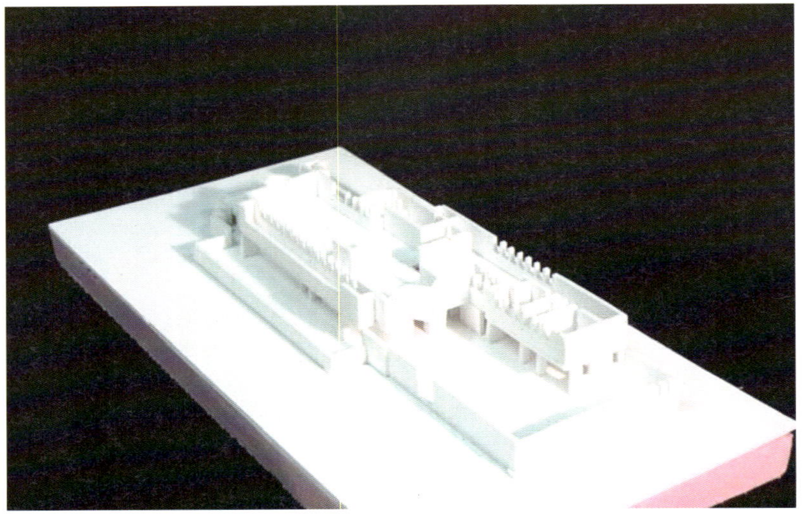

건축물 모형 제작

건축물 모형

ㅁ 준비물
- 재료 : 압축스티로폼, 하드보드지, 발사, 아크릴, 베스 우드, 폼보드지, 라이싱지, 필름지
- 칼
- 접착제

건축물 모형 제작

건축물 모형

□ 준비물
- 재료 : 압축스티로폼, 하드보드지, 발사, 아크릴, 베스 우드, 폼보드지, 라이싱지, 필름지
- 칼
- 접착제

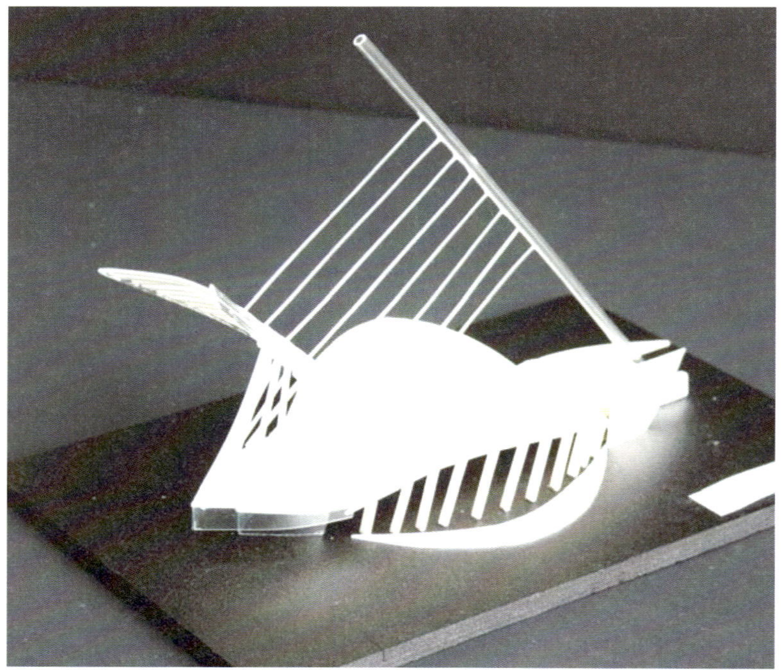

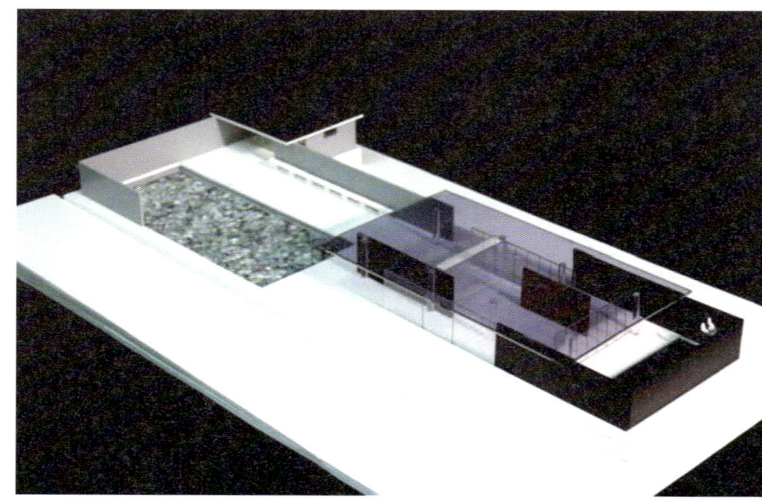

건축물 모형 제작

건축물 모형

□ 준비물
- 재료 : 압축스티로폼, 하드보드지, 발사, 아크릴, 베스 우드, 폼보드지, 라이싱지, 필름지
- 칼
- 접착제

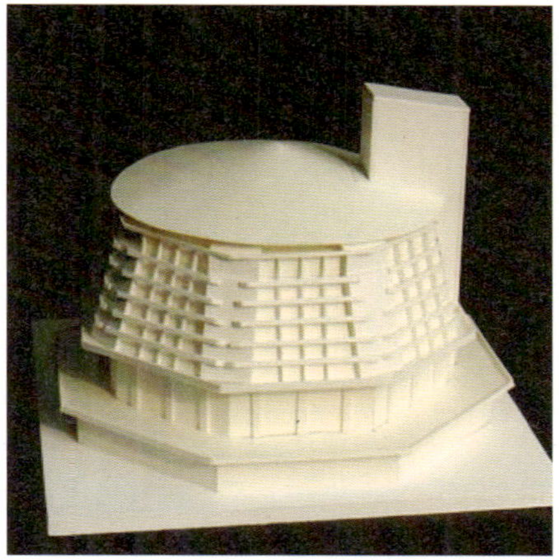

건축물 모형 제작

건축물 모형

□ 준비물
- 재료 : 압축스티로폼, 하드보드지, 발사, 아크릴, 베스 우드, 폼보드지, 라이싱지, 필름지
- 칼
- 접착제

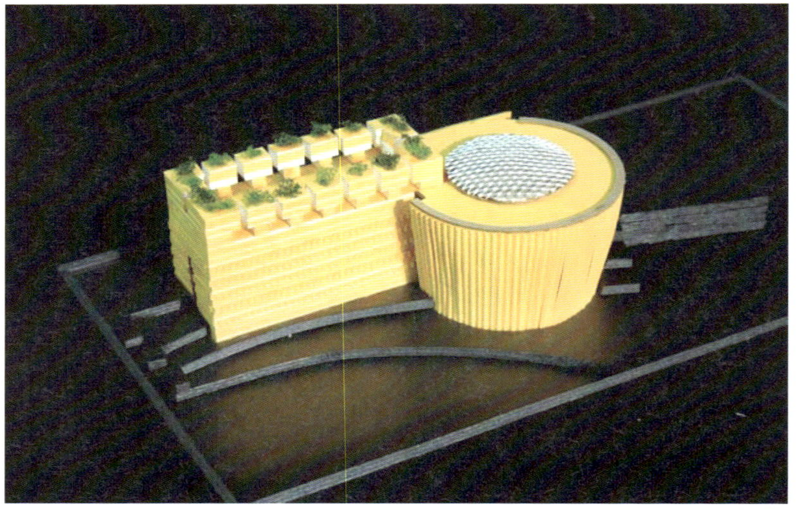

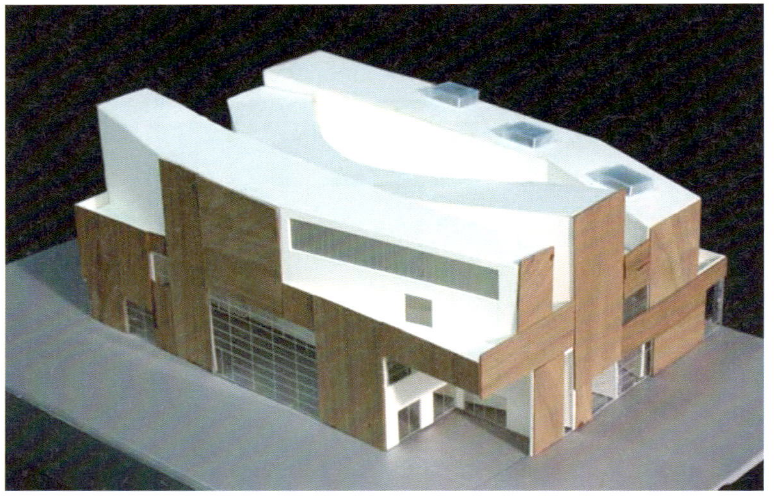

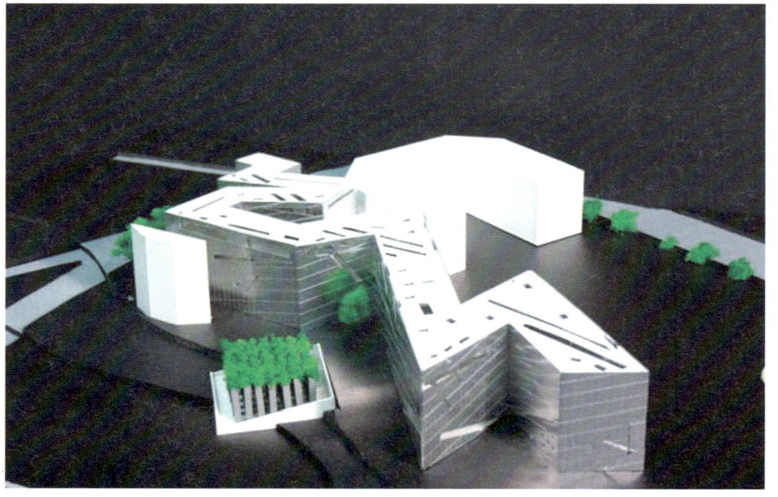

실내건축물 모형 제작

실내 모형
□ 준비물 • 재료 : 자유 • 칼 • 접착제
□ 실습내용 ► 자기방의 문, 창문, 책상, 의자, 책꽂이, 침대, 액자, 거울 등을 자유로운 소재를 활용하여 축척 1/10로 표현한다. ► 일상생활의 모든 재료가 건축모형에 활용될 수 있다는 것을 이해한다.

가구 제작

가구

□ 준비물
- 재료 : 하드보드지, 발사
- 칼, 접착제
- 포스터 컬러

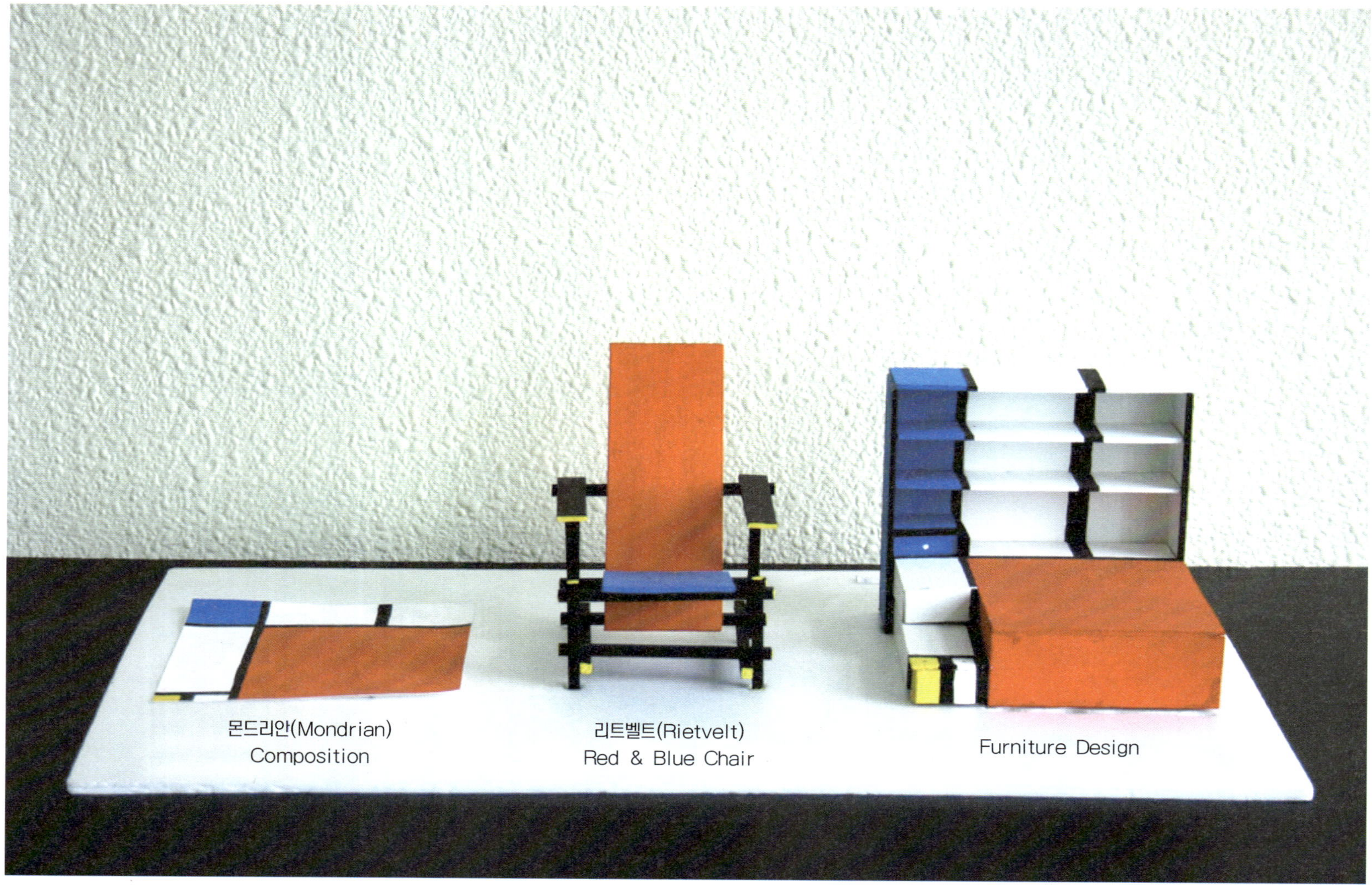

Architectural Design Presentation

부 록 Ⅱ - 조형실습

1. 동일 유닛을 이용한 조형실습
2. 선재를 이용한 조형실습
3. 면재를 이용한 조형실습
4. 선재를 이용한 건축물 실습
5. 면재를 이용한 건축물 실습
6. 선+면재를 이용한 건축물 실습
7. 면 분할 및 공간구성 실습
8. 재활용품을 이용한 의자디자인 실습
9. 휴게공간 환경디자인 실습
10. 교량디자인 실습

1. 동일 유닛을 이용한 조형실습

동일 유닛 이용

□ 준비물

- 재료 : 하드보드지, 압축스티로폼, 나무막대, 유리막대 등
- 칼
- 접착제

□ 실습내용

- 동일한 유닛을 이용하여 디자인 구성원리와 다양한 형태를 표현한다.
- 동일 부재의 규칙적인 반복과 통일된 형태의 다양한 조합을 이해한다.

동일 유닛을 이용한 조형실습

동일 유닛 이용

□ 준비물
- 재료 : 하드보드지, 압축스티로폼, 나무막대, 유리막대 등
- 칼
- 접착제

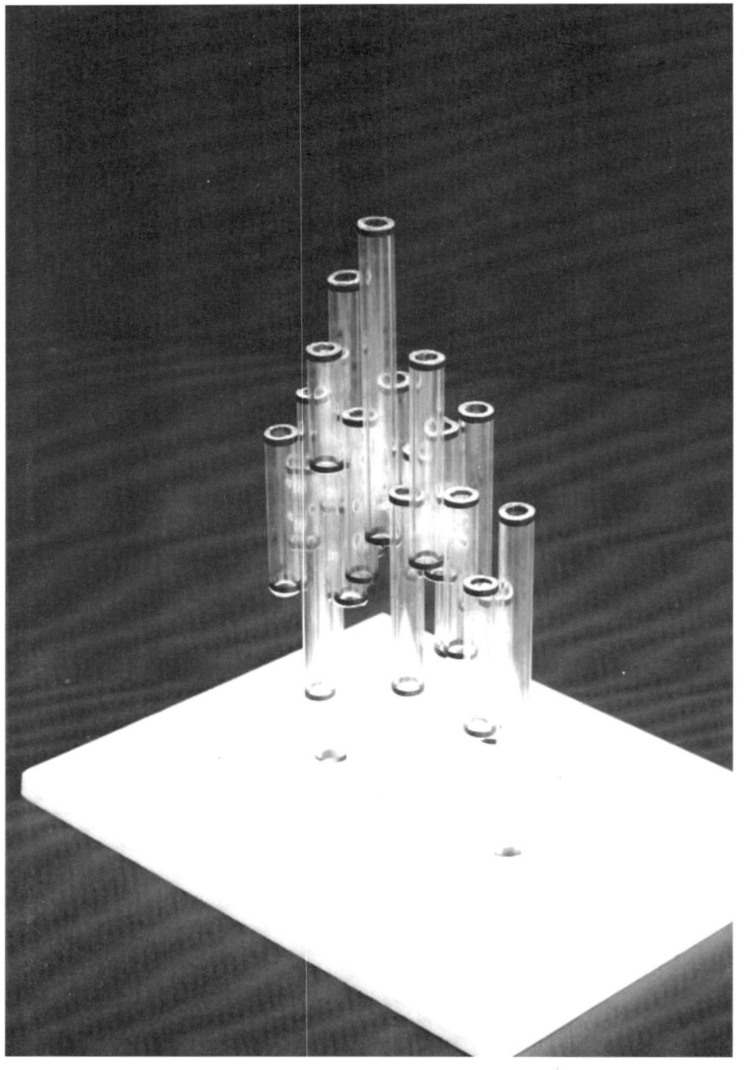

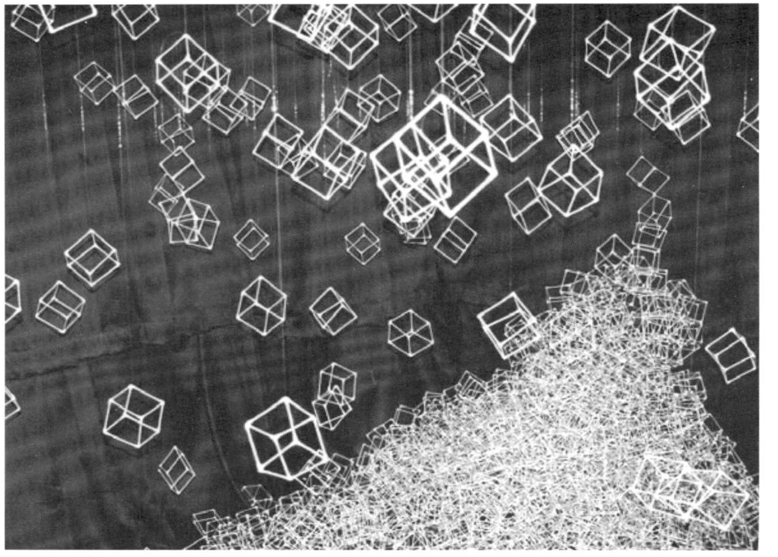

2. 선재를 이용한 조형실습

선재 이용

□ 준비물
- 재료 : 하드보드지, 나무젓가락, 압축스티로폼
- 칼
- 접착제

□ 실습내용

► 선 부재의 재료특성을 이해하고 디자인 구성원리와 다양한 형태를 표현한다.

► 선 부재의 반복적이고 연속적인 조합으로 다양한 표현방법을 이해한다.

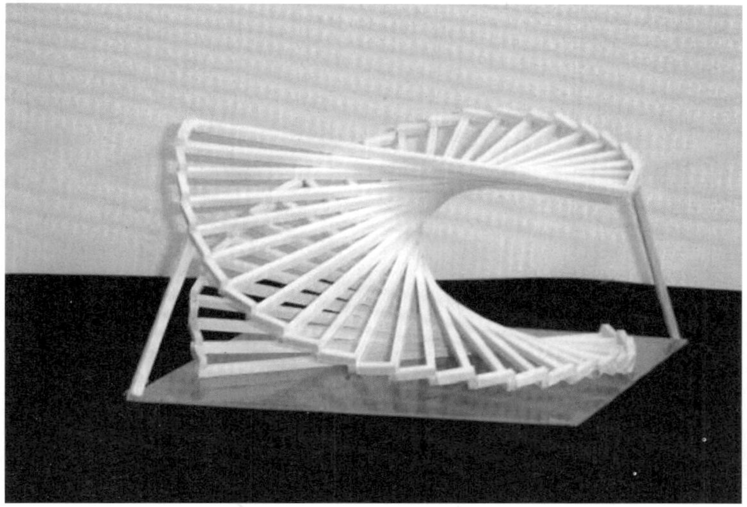

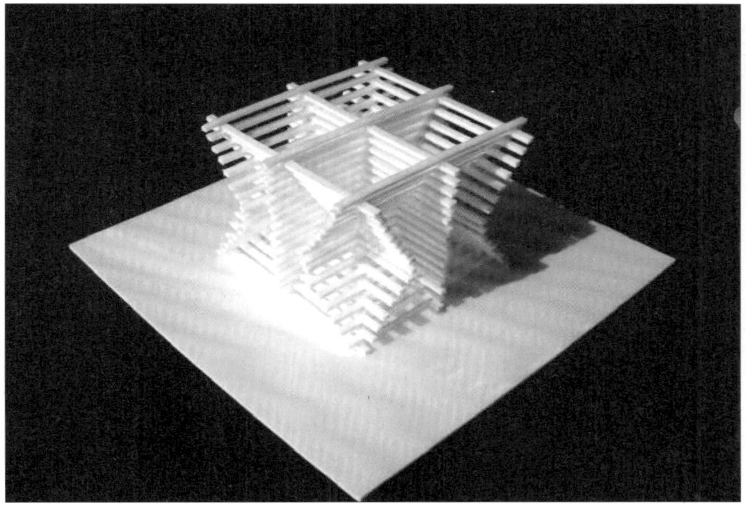

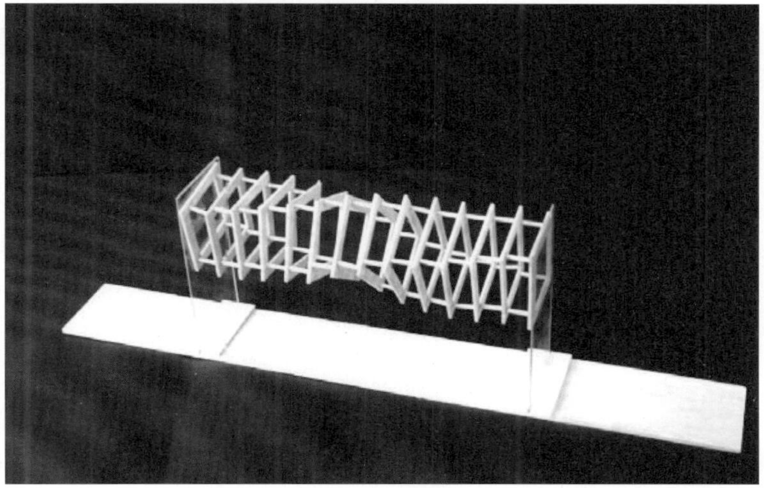

선재를 이용한 조형실습

선재 이용

□ 준비물

- 재료 : 하드보드지, 나무젓가락, 압축스티로폼
- 칼
- 접착제

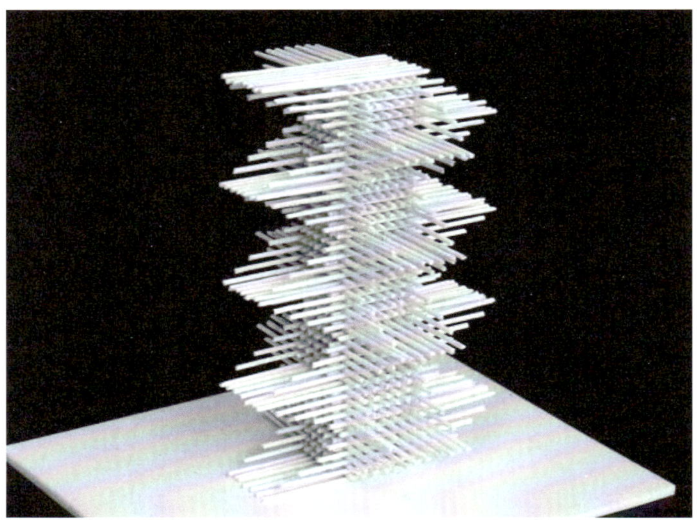

3. 면재를 이용한 조형실습

면재 이용

□ 준비물
- 재료 : 하드보드지, 발사, 압축스티로폼
- 칼
- 접착제

□ 실습내용

► 면 부재의 재료특성을 이해하고 디자인 구성원리와 다양한 형태를 표현한다.

► 면 부재의 반복적이고 연속적인 조합으로 다양한 표현방법을 이해한다.

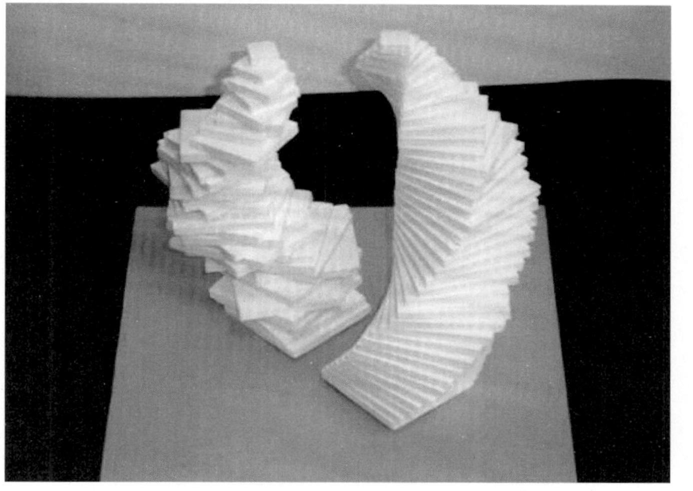

면재를 이용한 조형실습

면재 이용

□ 준비물
- 재료 : 하드보드지, 발사, 압축스티로폼
- 칼
- 접착제

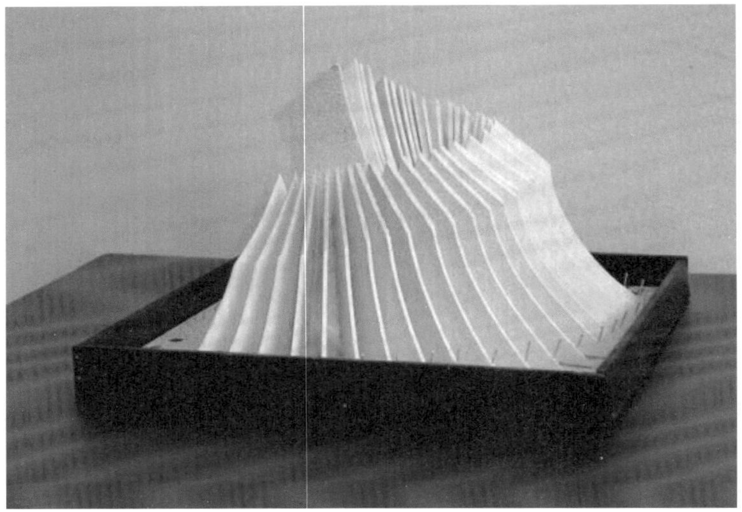

면재를 이용한 조형실습

면재 이용

□ 준비물
- 재료 : 하드보드지, 발사, 압축스티로폼
- 칼
- 접착제

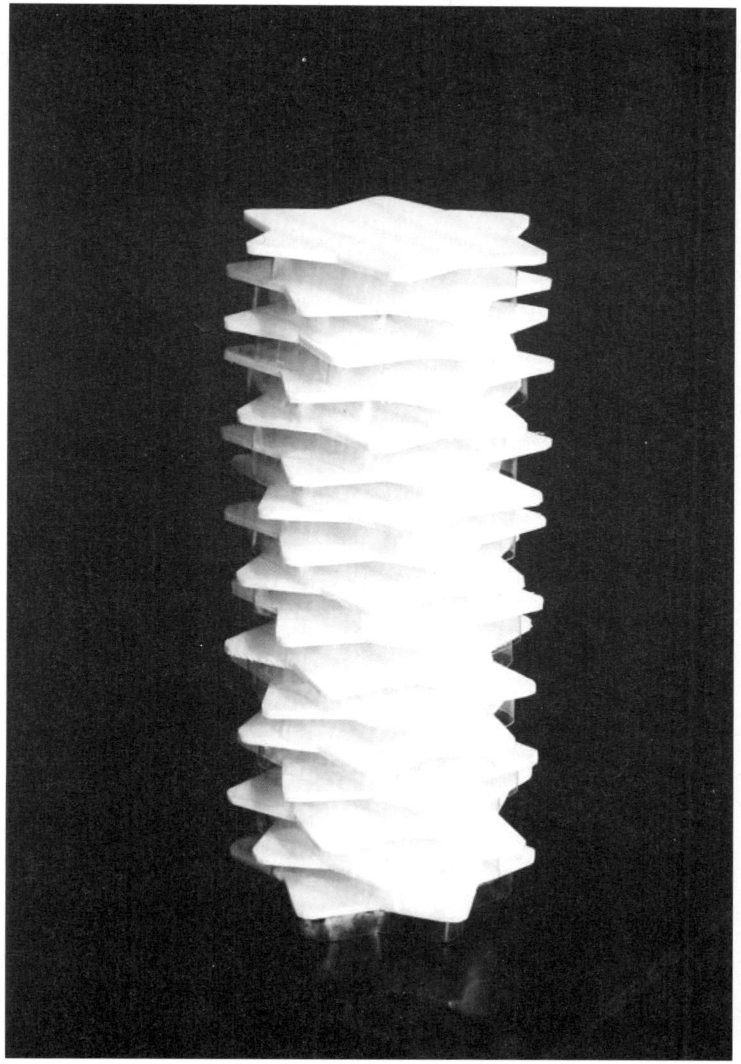

4. 선재를 이용한 건축물 실습

선재 이용

□ 준비물

- 재료 : 철사, 실, 나무 젓가락, 하드보드지
- 칼
- 접착제

□ 실습내용

- 선 부재의 재료특성을 이해하고 다양한 건축물의 형태를 표현한다.
- 선 부재의 반복적이고 연속적인 조합으로 다양한 건축물 표현방법을 이해한다.

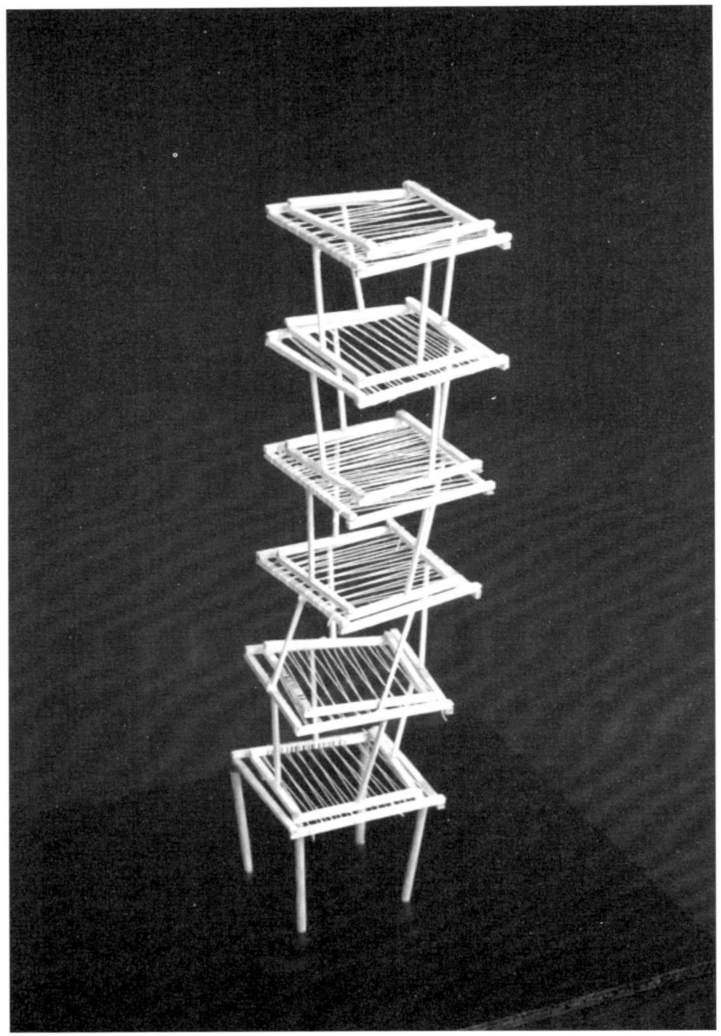

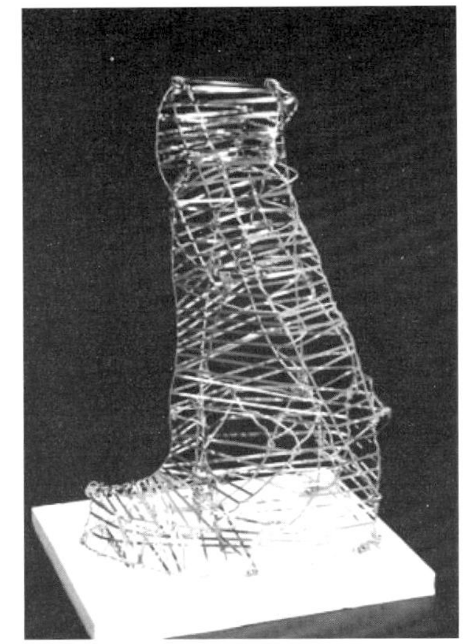

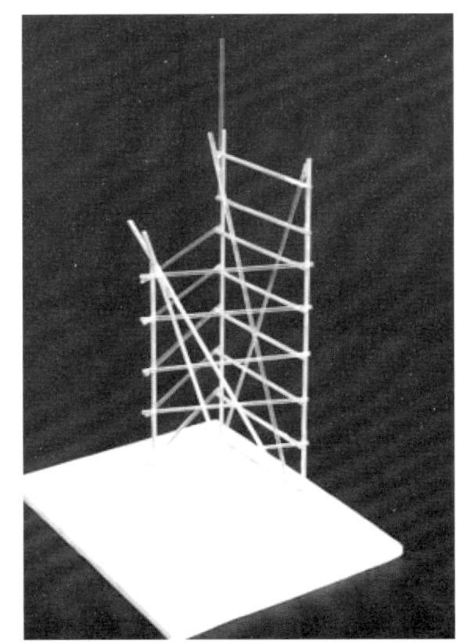

선재를 이용한 건축물 실습

선재 이용

□ 준비물
- 재료 : 나무젓가락, 발사, 하드보드지, 빨대
- 칼
- 접착제

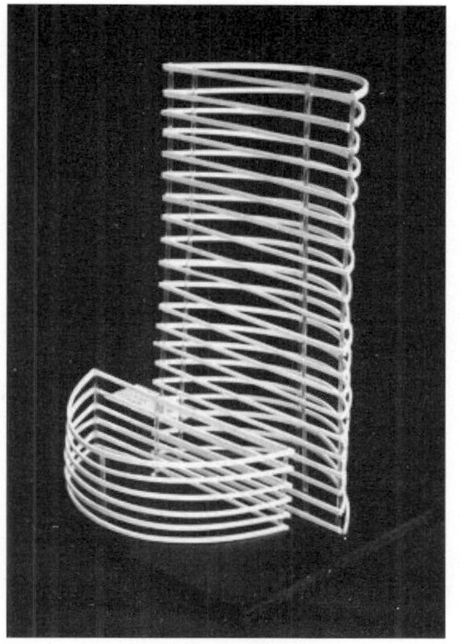

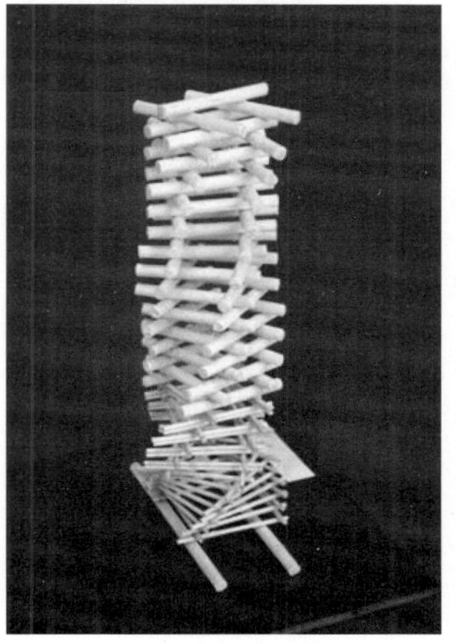

선재를 이용한 건축물 실습

선재 이용

□ 준비물
- 재료 : 발사, 하드보드지, 아크릴
- 칼
- 접착제

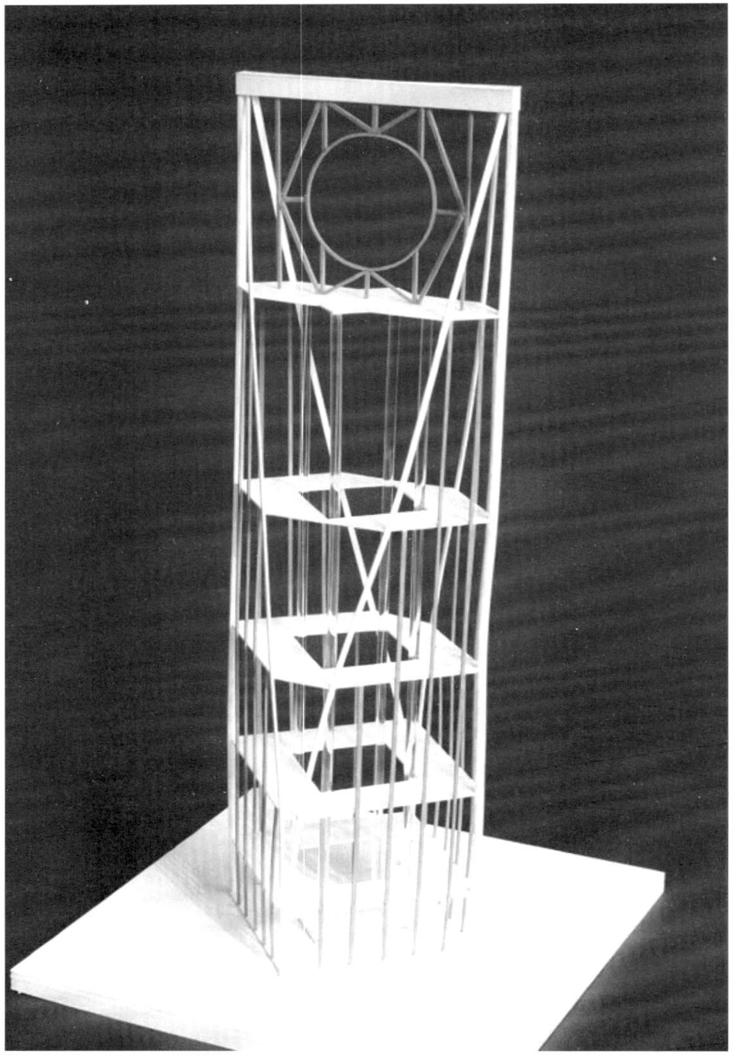

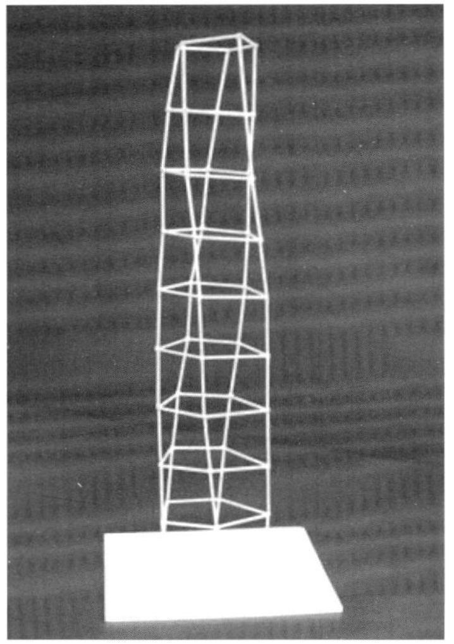

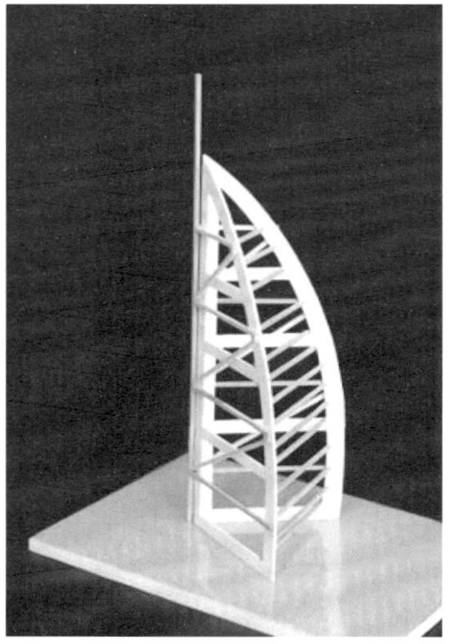

선재를 이용한 건축물 실습

선재 이용

□ 준비물
- 재료 : 하드보드지, 발사
- 칼
- 접착제

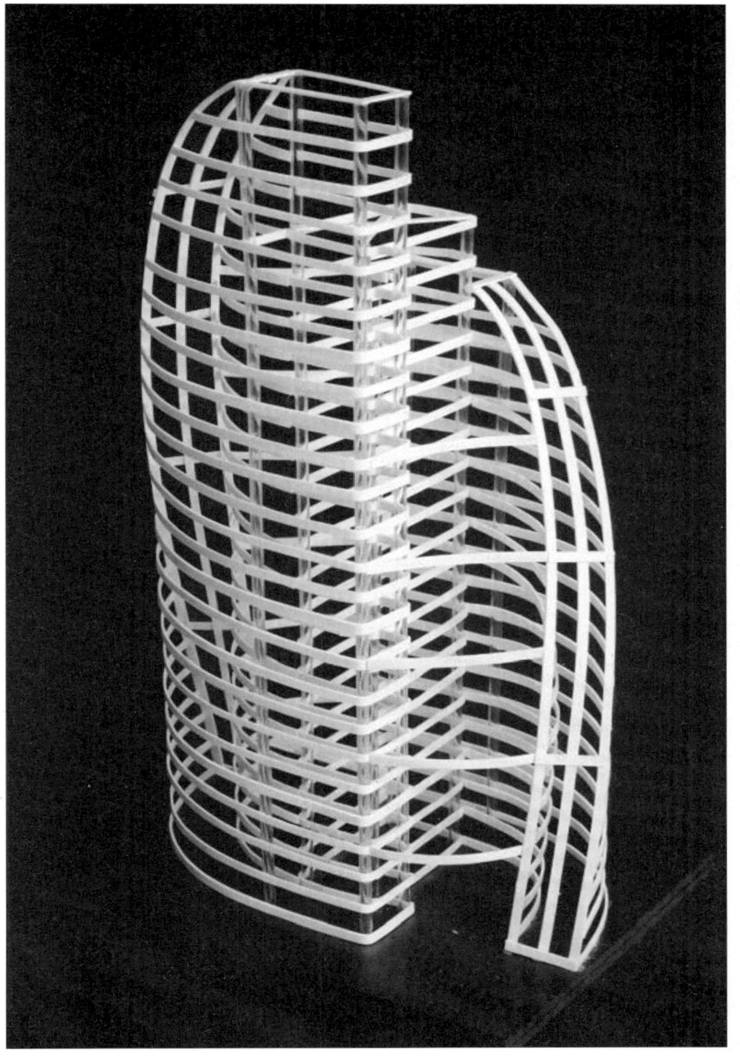

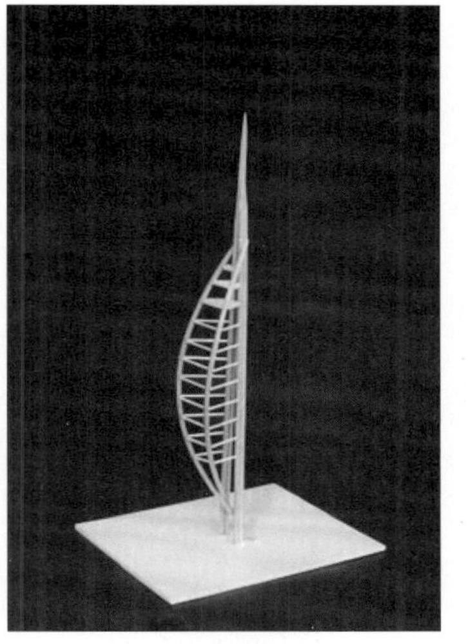

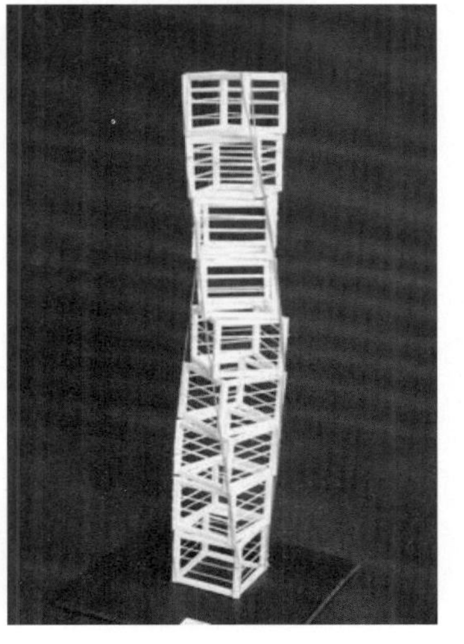

선재를 이용한 건축물 실습

선재 이용

□ 준비물
- 재료 : 철사, 발사, 압축스티로폼, 실, 하드보드지
- 칼
- 접착제

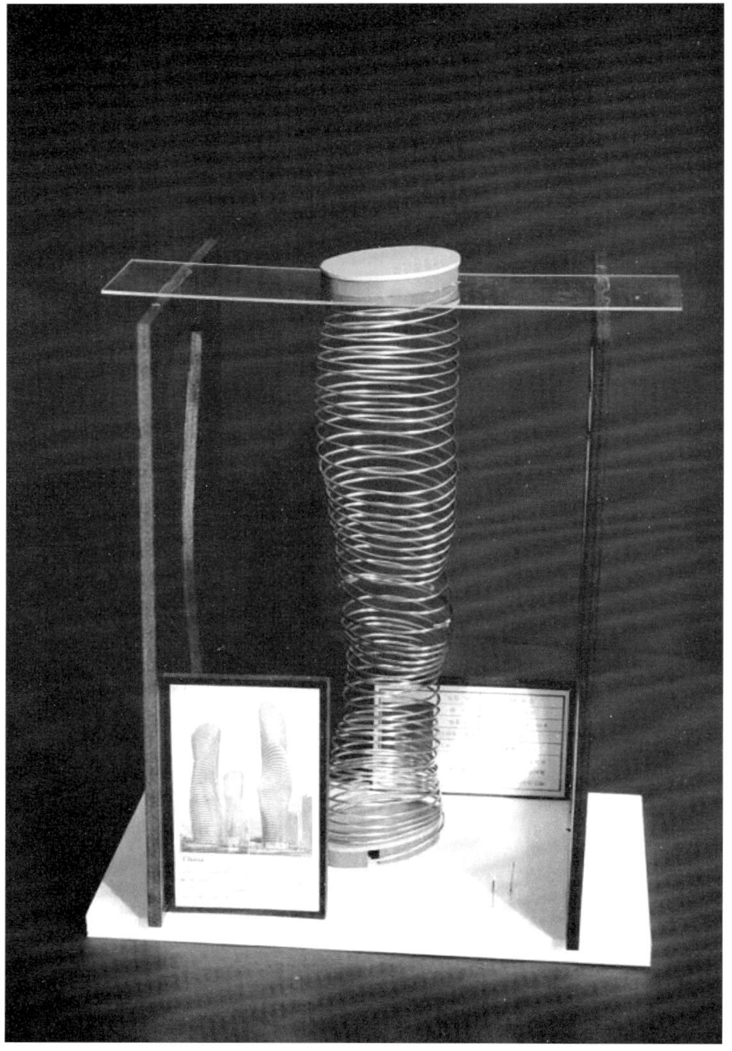

선재를 이용한 건축물 실습

선재 이용

□ 준비물
- 재료 : 하드보드지, 발사, 압축스티로폼
- 칼
- 접착제

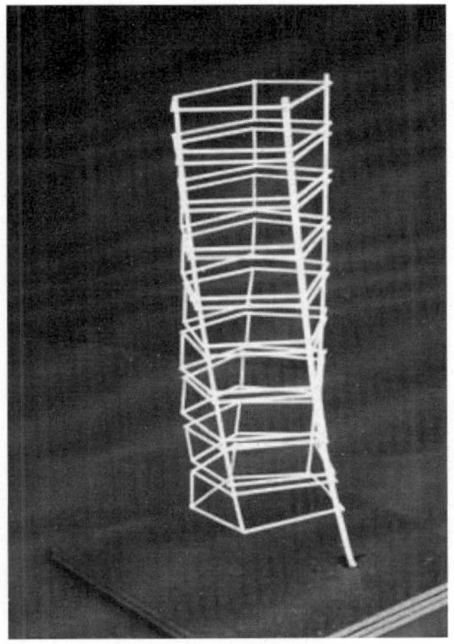

5. 면재를 이용한 건축물 실습

면재 이용

□ 준비물
- 재료 : 하드보드지, 압축스티로폼, 아크릴
- 칼
- 접착제

□ 실습내용

► 면 부재의 재료특성을 이해하고 다양한 건축물의 형태를 표현한다.

► 면 부재의 반복적이고 연속적인 조합으로 다양한 건축물 표현방법을 이해한다.

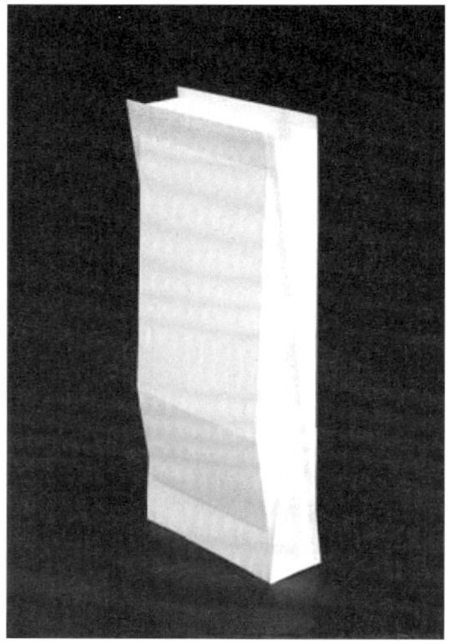

면재를 이용한 건축물 실습

면재 이용

□ 준비물
- 재료 : 아크릴, 하드보드지, 압축스티로폼
- 칼
- 접착제

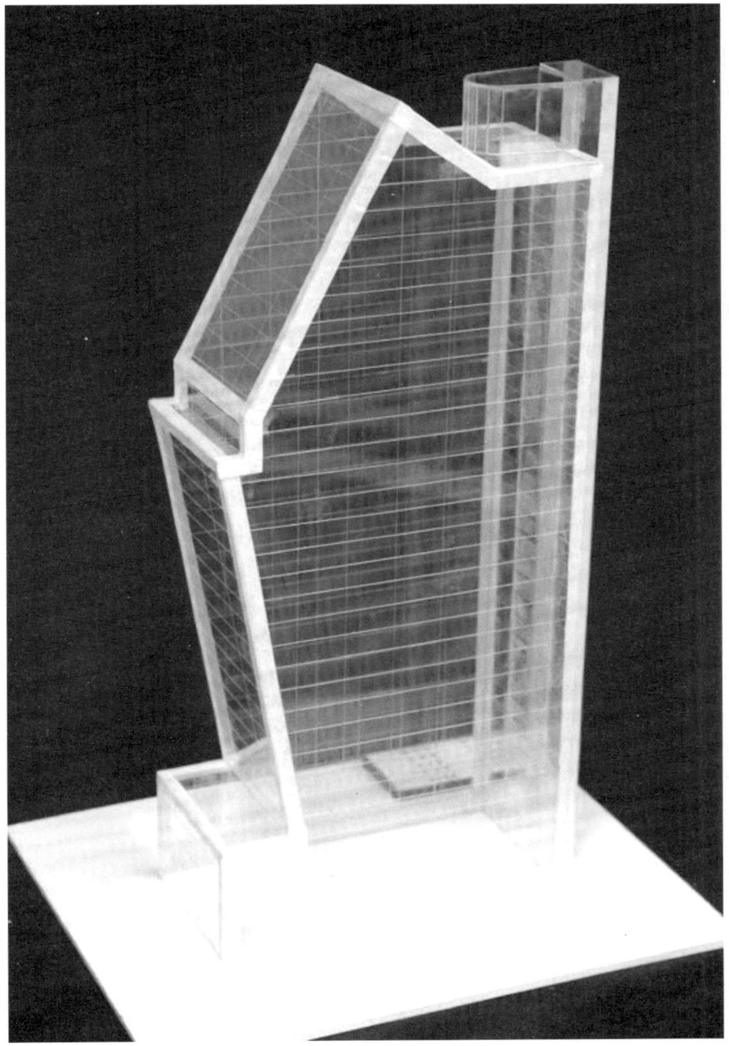

6. 선 + 면재를 이용한 건축물 실습

선+면재 이용

□ 준비물
- 재료 : 하드보드지, 압축스티로폼, 아크릴, 철사, 발사
- 칼
- 접착제

□ 실습내용

- 선 부재와 면 부재의 재료특성을 이해하고 다양한 건축물의 형태를 표현한다.
- 선 부재와 면 부재의 반복적이고 연속적인 조합으로 다양한 건축물 표현방법을 이해한다.

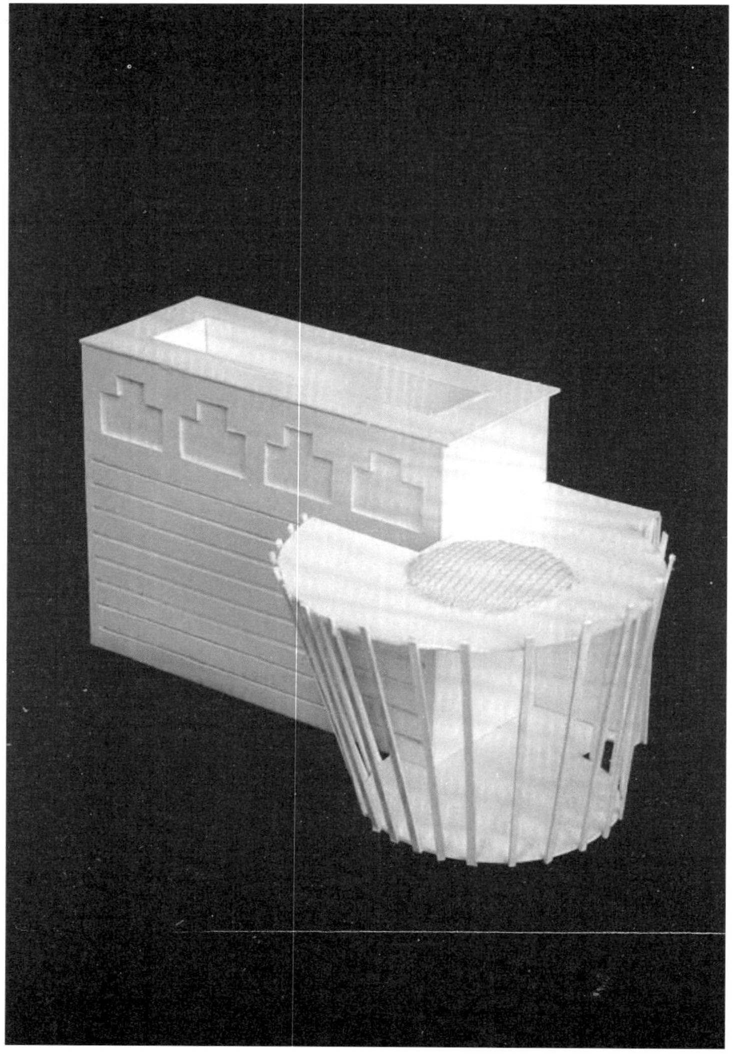

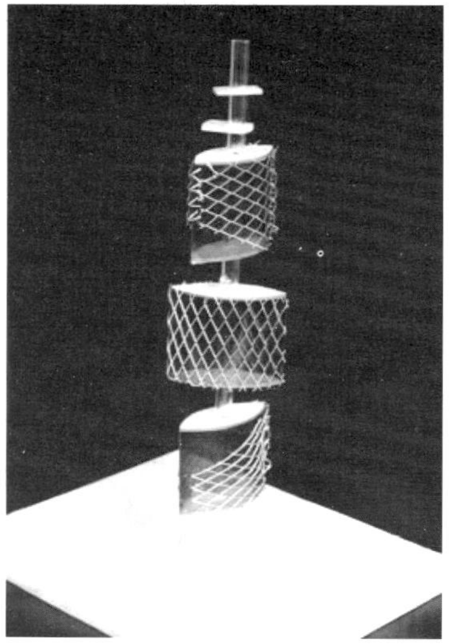

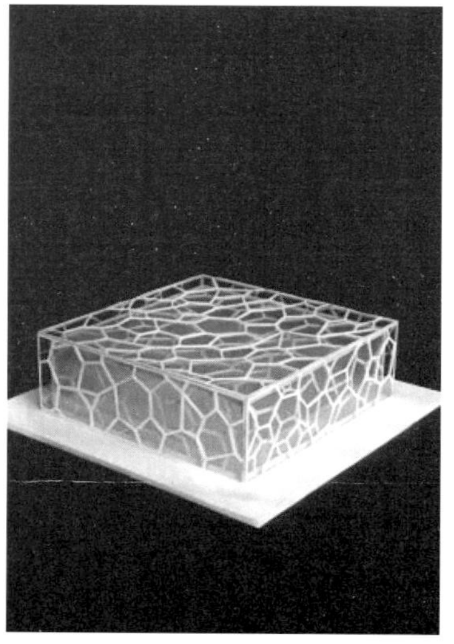

선+면재를 이용한 건축물 실습

선+면재 이용

□ 준비물
- 재료 : 하드보드지, 압축스티로폼, 아크릴, 철사, 발사
- 칼
- 접착제

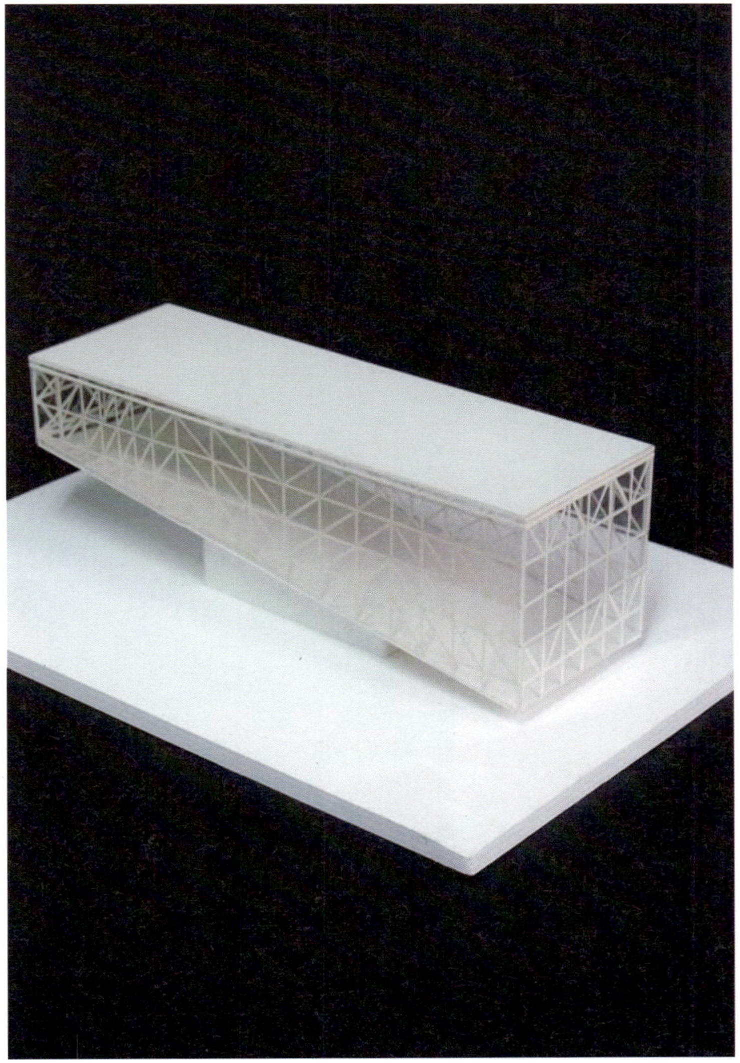

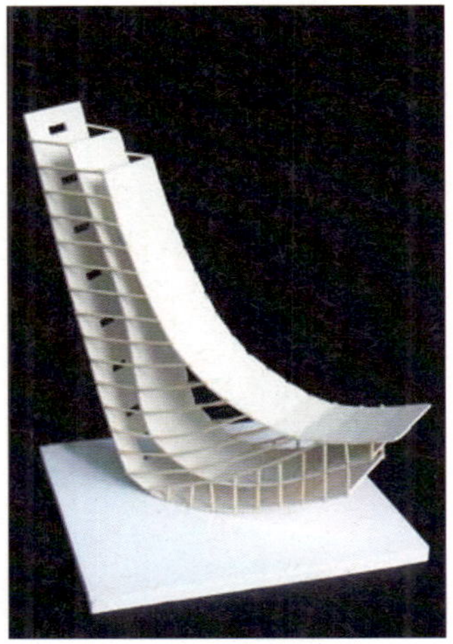

선+면재를 이용한 건축물 실습

선+면재 이용

□ 준비물
- 재료 : 하드보드지, 압축스티로폼, 아크릴, 철사, 발사
- 칼
- 접착제

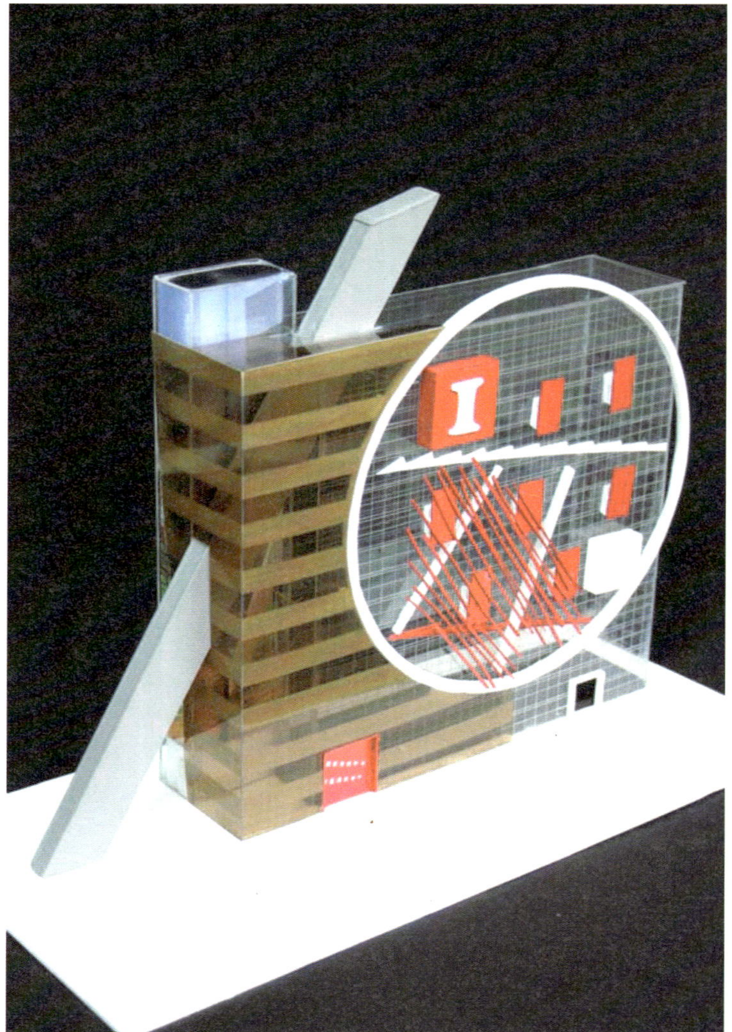

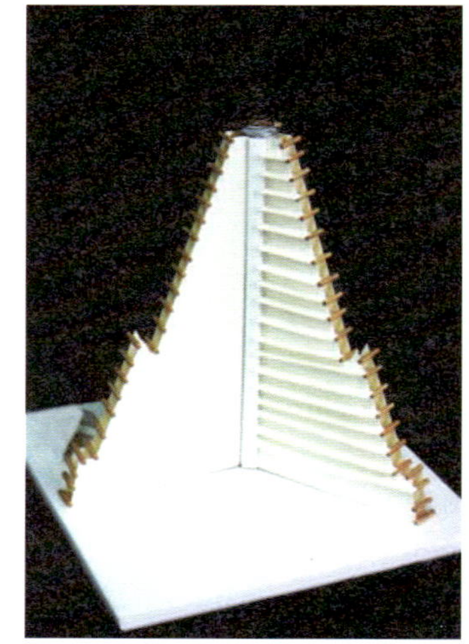

7. 면 분할 및 공간구성 실습

면 분할

□ 준비물
- 재료 : 하드보드지, 압축스티로폼
- 칼
- 접착제

□ 실습내용

- 면을 이용하여 공간을 분할하고 공간을 구성하는 다양한 방법을 표현한다.
- 면 분할에 의한 건축 공간구성을 표현하는 방법을 이해한다.

면 분할 및 공간구성 실습

면 분할

□ 준비물
- 재료 : 하드보드지, 압축스티로폼
- 칼
- 접착제

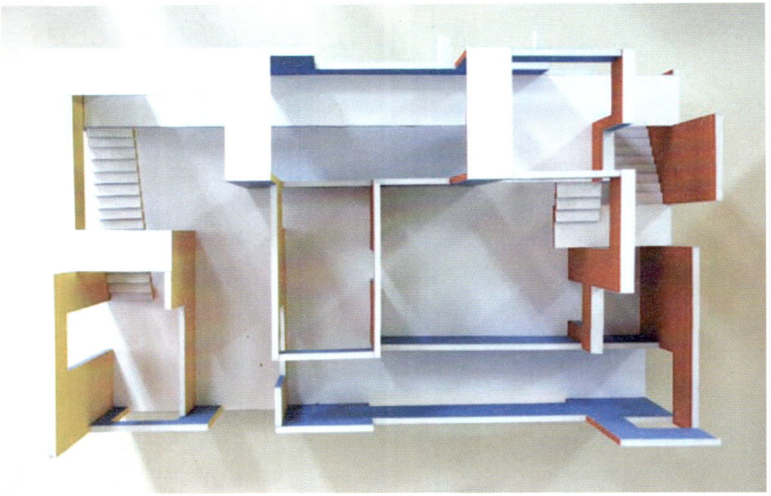

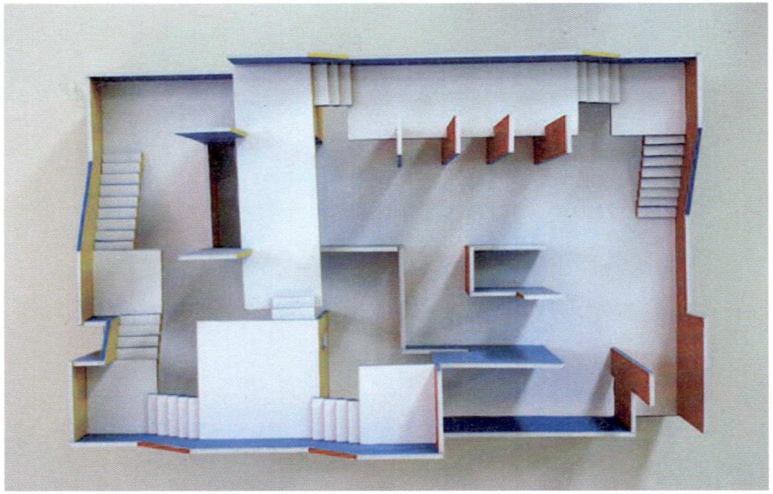

면 분할 및 공간구성 실습

면 분할

□ 준비물
- 재료 : 하드보드지, 압축스티로폼
- 칼
- 접착제

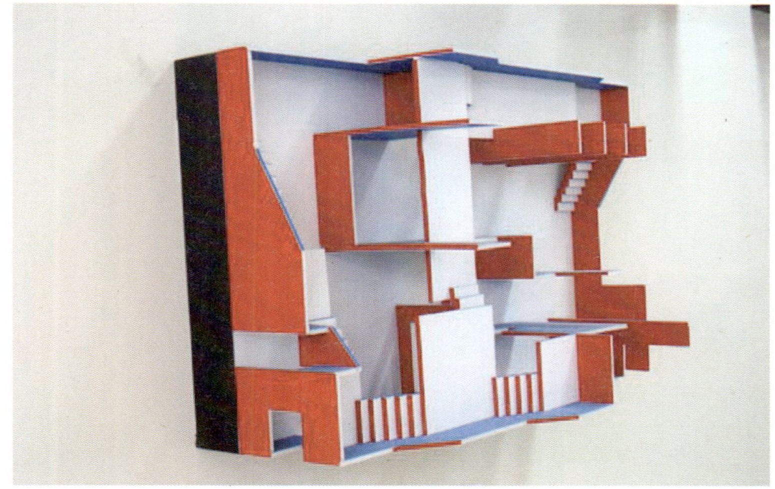
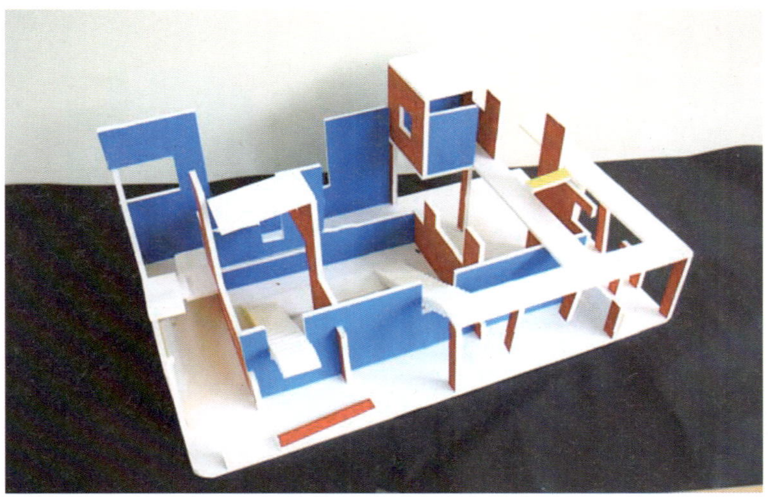
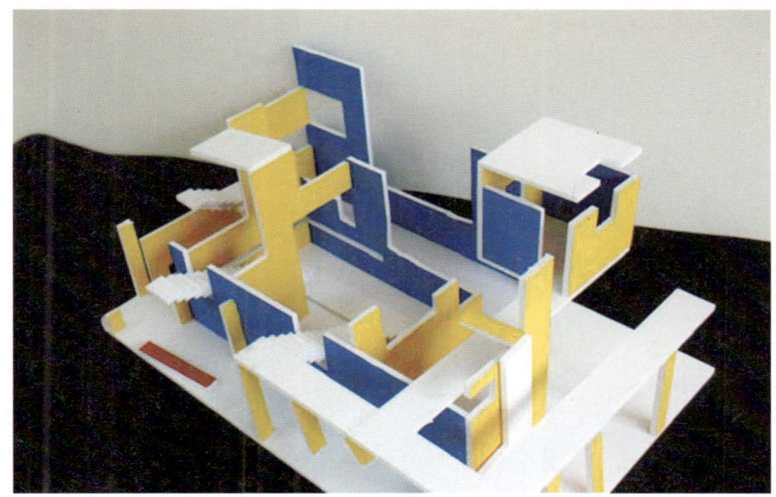

8. 재활용품을 이용한 의자디자인 실습

의자디자인

□ 준비물
- 재료 : 골판지
- 칼
- 접착제

□ 실습내용

- 골판지와 압축스티로폼 부재의 특성을 파악하고 반복적이고 규칙적인 조형감각을 이해한다.

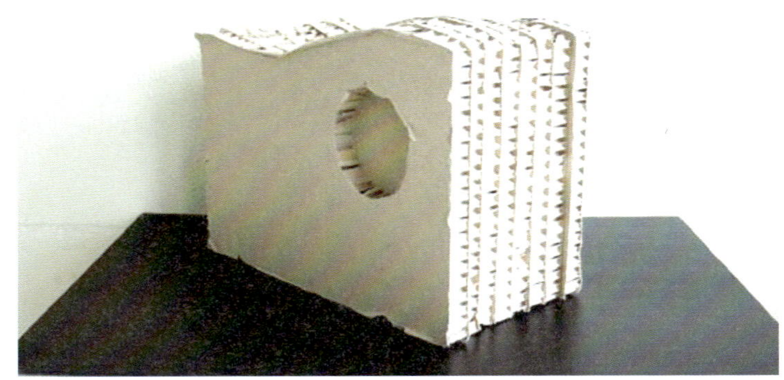

9. 휴게공간 환경디자인 실습

휴게공간 디자인

□ 준비물
- 종이 : 하드보드지, 압축스티로폼
- 칼
- 접착제

□ 실습내용

► 휴게공간의 배치, 평면, 입면, 단면 등을 고려하여 다양한 공간을 구상한다.

► 사용재료의 특성을 파악하고 구상한 휴게공간의 표현방법을 이해한다.

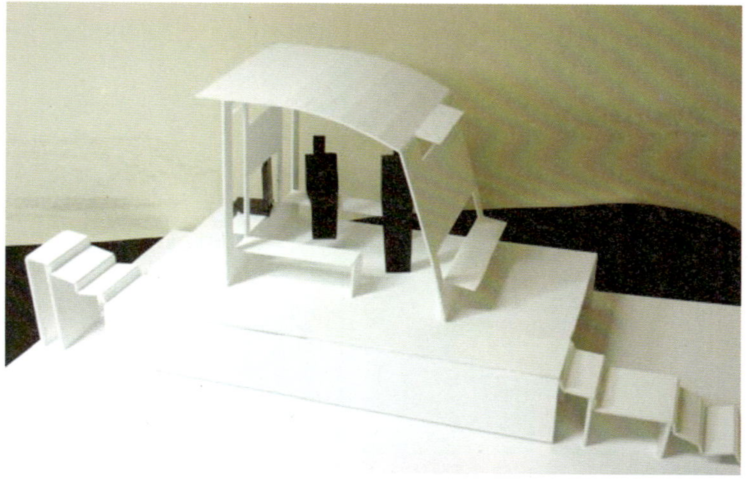

10. 교량디자인 실습

교량디자인

ㅁ 준비물
- 종이 : 하드보드지, 압축스티로폼, 아크릴, 발사
- 칼
- 접착제

ㅁ 실습내용

- 교량은 구조적인 안정성과 시공성을 고려하며 다양한 형태를 구상한다.
- 사용재료의 특성을 파악하고 구상한 교량디자인의 표현방법을 이해한다.

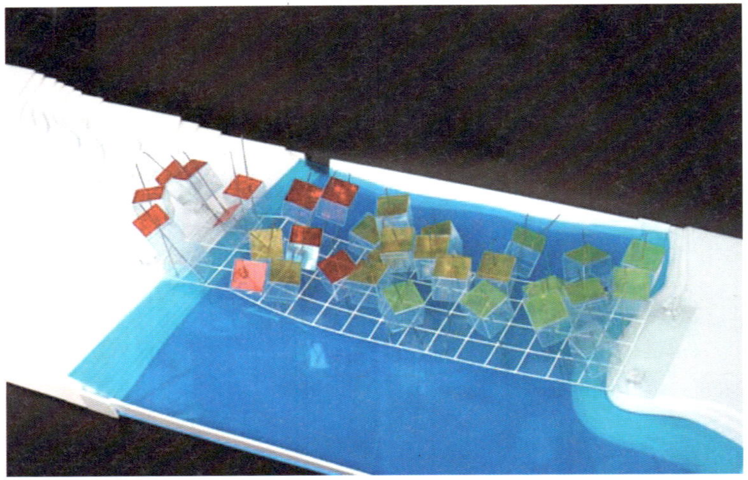

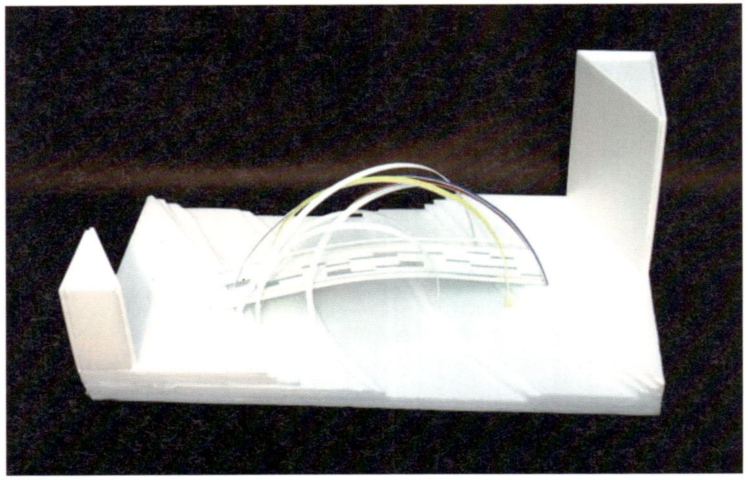

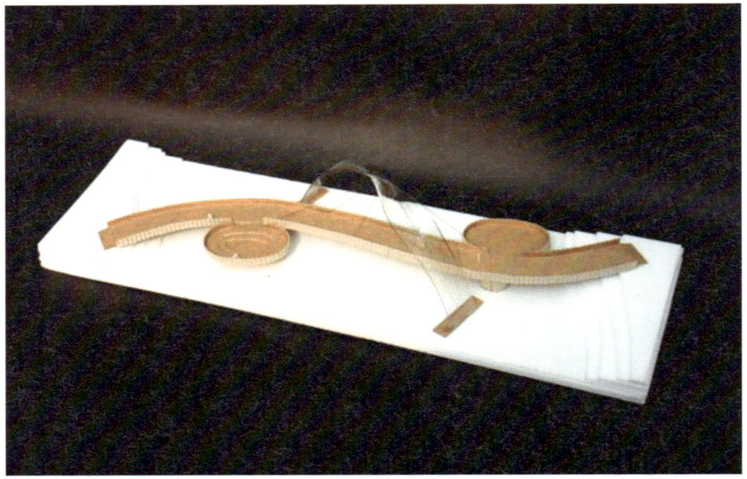

참고문헌

· 권영걸, 공간디자인 16講, 도서출판 국제, 2001.
· 김경숙 역, 포트폴리오 디자인, 기문당, 2002.
· 김보선 외 2인, 건축설계연구, 한솔아카데미, 1999.
· 김영훈 외 5인, 드로잉기법, 카이스, 2003.
· 박재승 역, 건축의 색채 스케치기법, 기문당, 1996.
· 변상재 외 4인, 계획 및 표현기법, 변상재건축학원, 2004.
· 신상섭 외 1인, 조경제도 · 표현의 실제, 기문당, 2003.
· 정한수 역, 건축표현과 디자인, 기문당, 2001.
· 허동국 외 6인, 건축의장과 표현기법, 기문당, 2003.
· 허병이 외 3인, 건축의장론, 광문각, 2001.
· Architectural Graphic Standards, Studet Edition, John Wiley & Sons, Inc., New York, 1994.
· Edward T. White, 건축디자인 개념원집, 도서출판 국제, 1990.
· Francis D.K. Ching, 건축의 형태 · 공간과 규범, 건우사, 1986.
· Frank Ching, Architectural Graphics, Van Nostrand Reinhold Company, New York, 1985.
· Paul Iaseau, 디자인 개념, 도서출판 국제, 1988.
· Roger H. Clark 외 1인, Precedents in Architecture, 도서출판 국제, 1988.
· Thomas C. Wang, Pencil Sketching, 대신기술, 1992.

건축표현기법

2017년 2월 20일 수정판 인쇄
2017년 2월 25일 수정판 발행

저　　자　윤천근 · 강혁진 · 허병이 · 진영서
발 행 인　강 해 작
발 행 처　기 문 당
주　　소　서울시 성동구 무학봉28길 4-1
전　　화　02)2295-6171(代)~5
팩　　스　02)2296-8188
출판등록　1976. 10. 7(1-44)
홈페이지　http://기문당
　　　　　http://www.kimoondang.com
I S B N　978-89-7086-036-7　93540
정　　가　20,000